燕园花事

一位植物学家眼中的北大

汪劲武 著

创于1897 商務印書館 The Commercial Press

2019年·北京

图书在版编目（CIP）数据

燕园花事：一位植物学家眼中的北大 / 汪劲武著. —北京：商务印书馆，2019

ISBN 978-7-100-17280-6

Ⅰ. ①燕… Ⅱ. ①汪… Ⅲ. ①北京大学—植物志 Ⅳ. ① Q948.521

中国版本图书馆 CIP 数据核字（2019）第 062997 号

燕园花事
一位植物学家眼中的北大

汪劲武 著

商 务 印 书 馆 出 版
（北京王府井大街 36 号 邮政编码 100710）
商 务 印 书 馆 发 行
北 京 中 科 印 刷 有 限 公 司 印 刷
ISBN 978-7-100-17280-6

2019 年 7 月第 1 版　　开本 889×1250 1/32
2019 年 7 月北京第 1 次印刷　　印张 22 3/8

定价：120.00 元

前言

PREFACE

一年多前，商务印书馆一位编辑来找我，约我写北京大学校园植物，我当时告诉他，北京大学出版社已于2012年出版了《燕园草木》一书，受到广大读者的欢迎，如果再写北大校园植物，就重复了，没有必要。我自己也年岁已高，能否胜任还是个问题。经过双方深入讨论，才勉强定下来写这书，可我一直认为怎么写是个大问题，况且自己对北大校园植物虽知道一些，但好些年没认真看过了。校园植物变化也不小，真要写，还得认真去实地考察，工作量少不了。但不做又不行。就这样，我先多次去校园考察，带个小笔记本、一把小尺子和放大镜及笔。记得2014年春天，我到一株桑树下看看——我年年同样时间到这儿，树上会落下大片桑葚，可以吃——可现在为什么没有桑葚？我详细察看，树西侧的枝上有花，地上也落了许多花。我惊奇了，这些花全是雄花序，而东侧枝上无此花，地上也没有雄花序。过了几天再去看，东边地上落下许多桑葚。这种桑是雌雄同株而异枝的。桑本是雌雄异株的，同株少见。应记下。

在校园里，有许多小枸杞。一次我偶然见一株枸杞，其茎直径达5厘米多，这么粗的枸杞在校园安然生长，校园真是枸杞的安乐窝啊，把这件事写下来多好！

校园里的酸枣特多，无论哪个小山上都有酸枣。我跑了许多山头去察看酸枣，它们都是成群生长的。一个群少则10多株，多则20株以上，大的小的在一起。我注意到，在一群酸枣中，多数植株是灌木状，但总有少数株有明显的主干，看样子将来必长成乔木；在有的酸枣群中，我见到地上落了许多小圆珠形的红色果实，从果实可以肯定它们是酸枣，其中有一株已长成不小的乔木了。这些现象说明在一个酸枣群中总有少数株会长成乔木，至于有些植株为什么不长成乔木，这个问题需要深入研究。把它记下来多好。

校园里有不少榆树。我观察到临湖轩南草坪上有一株大榆树，主干胸径达70厘米，俄文楼西边的平地上有一株特大的榆树，与临湖轩的那株差不多。可是有一天我走到蔡元培像后面那片杂木林地时，忽然看见一株榆树树干上挂了个红牌，标着一级古树，可这棵榆树看上去不是特大，经反复观察才知道，这是主干下部，而贴近地面处更粗，一量直径，竟有1米多，可不是比前述两株榆树都粗。

从上述这些观察到的例子看，写北大校园植物，并不简单。有许多现象是宝贵的历史资料，应当顺便记下来。

于是，我决定照此思路来写北大校园植物。我想得比较宽，归纳一下，在介绍每种植物时，似乎应有5个方面的内容。首先是说明某种植物在校园中生长在什么地方。在这方面，不妨写具体些，让读者可以据此找到那种植物，不少树木和花木都应如此。

其次，也是最重要的一点，应告诉读者这些植物的分类学特点，包括植物的中文名称，它所归属的科和属，它作为具体的一个种，应有拉丁名。然后按分类学规范化的描述方法描写此植物的形态特征，从外形、根、茎、叶到花序、花朵和果实、种子，再加上花、果期，在北京和全国的分布。植物分类学的描述比较严谨，符合规范的描述往往比较便于准确鉴定物种。这部分可以说是比较准确的参考数据，要学会使用它。这是告知读者认识植物的基本功。

再次，每种植物加入一段“巧识”。这里“巧识”并不是投机取巧之意，而是通过少数重点特征，辨识出某种植物。对有些种类，作者加入了自己历年来的经验，当然并不一定十分成熟。如有疑问，读者可查看分类学特征核对。

由此可看出，前面第二、第三点是要读者学会鉴定所要认识的植物。然后，再看看这种植物有什么实际用处，如有的植物除用于园林风景绿化以外，还可能是一种野菜或药用植物，或兼具食用和药用价值。这一项作为第四点。

最后，第五点范围较广，也很有意思，在校园认识了某种植物的形象，知道它生在校园什么地方，又知道它有一定的用处，在此基础上我们不妨扩大一下读者眼界，即放眼北京和全国。举个例子，北大校园有许多油松，十分美。未名湖岛上有一株园中最大的油松；博雅塔南侧不远处的山包上有一株形象奇特、主干又粗的油松，挂红牌定为一级古树，这两棵树都是北大校园的油松之最了。但这两棵树的干径都在 50 ～ 60 厘米之间。人们要问，北京和我国有没有更大更老的油松？本书就适当解答了这个问题，如北京北海公园团城内有一棵油松，直径接近 1 米，年龄 800 岁，明显大于北大的“油松王”。再看全国，在内蒙古准格尔旗，有一棵老油松胸径超过 1 米，年龄 890 多岁，是我国“油松之王”。这样一比较，从北大校园到北京，再到全国，读者会感受到我国古木文化之光。

北大校园有牡丹、荷花和梅花，介绍它们时除了特性形态以外，适当写写有关这些花的古代奇闻逸事和诗歌等，也能增加阅读的兴趣。

校园里野菜和野草也不少，有的野菜如荠菜，古代名人有诗咏之，如宋代辛弃疾有诗云："城中桃李愁风雨，春在溪头荠菜花。"这些诗歌，使荠菜的形象更生动了。

马齿苋既是野菜也是草药，医书曾记载，某人有严重的脚癣，正常医治无效，后来用马齿苋治好了，未再复发，令人印象深刻。

还有一点要说明，每种植物的标题用一句话表达，其中包含该植物的中文名字，再加入该植物的一个重要特征（重要特征之一），让读者一看就知道植物有什么重要特征，有助于提高鉴别能力。当然这只是一种尝试，效果怎样，还很难说。

总体来看，写作本书时，尽管作者作了深入思考，将重点放在识别校园植物种类上，但因为识别种类难度较大，加上作者经验不足，难免会有许多缺点，请读者多提意见和批评，以便改进。又，本书收入的植物不是校园全部植物种类，有的种为新引进者，有的种鉴定还存在一定问题，有的种（尤其是水生的）一时观察不到。也有的种原来有，后来因种种原因而不见了，书中都未收入，请读者见谅！

由于本人知识有限，在写本书时增加了一些我国古树（与本书收入北大的古树相关者）的资料，其中参考了一些书，特别是《中国树木奇观》一书，对我帮助很大，还有一些别的书，由于篇幅关系，在此不一一列举了。谨向诸多作者、编者和出版社致谢。参考书目列于书后。

汪劲武

2015 年 6 月末于北京大学生命科学院

目录

CONTENTS

裸子植物 Gymnospermae

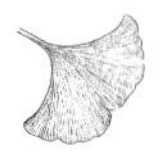

银杏科 Ginkgoaceae / 002

银杏的形形色色 *Ginkgo biloba* / 003

松科 Pinaceae / 007

辽东冷杉叶尖不凹 *Abies holophylla* / 008

白扦叶锥形 *Picea meyeri* / 010

青扦孤株在静园 *Picea wilsonii* / 012

雪松好威武 *Cedrus deodara* / 014

白皮松分枝多 *Pinus bungeana* / 016

华山松叶 5 针一束 *Pinus armandii* / 020

油松姿态出奇 *Pinus tabuliformis* / 023

杉科 Taxodiaceae / 029

水杉主干直上云霄 *Metasequoia glyptostroboides* / 030

柏科 Cupressaceae / 034

侧柏的枝叶扁扁的 *Platycladus orientalis* / 035

圆柏刺叶多扎手 *Sabina chinensis* / 037

叉子圆柏铺地长 *Sabina vulgaris* / 041

三尖杉科 Cephalotaxaceae / 043

粗榧的种子像果实 *Cephalotaxus sinensis* / 044

被子植物 Angiospermae

杨柳科 Salicaceae / 048

毛白杨主干青白 *Populus tomentosa* / 049

新疆杨校园内仅一株 *Populus alba* var. *pyramidalis* / 051

加杨老干有纵裂 *Populus × canadensis* / 052

旱柳的小枝不下垂 *Salix matsudana* / 054

湖畔**垂柳**依依 *Salix babylonica* / 056

胡桃科 Juglandaceae / 059

枫杨不是杨树 *Pterocarya stenoptera* / 060

胡桃成绿荫 *Juglans regia* / 063

薄壳山核桃仅一株 *Carya illinoensis* / 066

桦木科 Betulaceae / 069

珍贵的**白桦** *Betula platyphylla* / 070

壳斗科 Fagaceae / 073

栓皮栎树皮软 *Quercus variabilis* / 074

榆科 Ulmaceae / 076

庄严肃穆看**榆**树 *Ulmus pumila* / 077

小叶朴叶基歪斜 *Celtis bungeana* / 083

大叶榉分枝向上“举” *Zelkova schneideriana* / 085

桑科 Moraceae / 087

柘树有乳汁 *Cudrania tricuspidata* / 088

桑的秘密 *Morus alba* / 090

构树叶毛茸茸 *Broussonetia papyrifera* / 095

马兜铃科 Aristolochiaceae / 097

北马兜铃气味重 *Aristolochia contorta* / 098

蓼科 Polygonaceae / 101

萹蓄叶腋都生花 *Polygonum aviculare* / 102

红蓼叶大花穗红 *Polygonum orientale* / 104

两栖蓼既下水又上岸 *Polygonum amphibium* / 106

酸模叶蓼果实扁 *Polygonum lapathifolium* / 108

圆基长鬃蓼叶基圆 *Polygonum longisetum* var. *rotundatum* / 110

粗壮草本**巴天酸模** *Rumex patientia* / 112

齿果酸模花被有针状刺 *Rumex dentatus* / 114

藜科 Chenopodiaceae / 116

地肤叶有缘毛 *Kochia scoparia* / 117

藜也叫灰菜 *Chenopodium album* / 119

苋科 Amaranthaceae / 121

反枝苋茎上毛密生 *Amaranthus retroflexus* / 122

牛膝花后期反折 *Achyranthes bidentata* / 125

商陆科 Phytolaccaceae / 128

商陆浆果扁球形 *Phytolacca acinosa* / 129

马齿苋科 Portulacaceae / 131

马齿苋叶片似马牙 *Portulaca oleracea* / 132

莲科 Nelumbonaceae / 135

莲——十大名花之一 *Nelumbo nucifera* / 136

金鱼藻科 Ceratophylacea / 139

金鱼藻淹不死 *Ceratophyllum demersum* / 140

毛茛科 Ranunculaceae / 142

国色天香**牡丹**花 *Paeonia suffruticosa* / 143

芍药花像牡丹 *Paeonia lactiflora* / 147

短尾铁线莲花柱羽毛状 *Clematis brevicaudata* / 150

茴茴蒜有毒 *Ranunculus chinensis* / 152

木兰科 Magnoliaceae / 154

玉兰花如白玉杯 *Magnolia denudata* / 155

鹅掌楸有杂交种 *Liriodendron chinense* / 159

蜡梅科 Calycanthaceae / 162

湖畔**蜡梅**不畏寒 *Chimonanthus praecox* / 163

罂粟科 Papaveraceae / 166

虞美人花真漂亮 *Papaver rhoeas* / 167

紫堇的果实像荚果 *Corydalis bungeana* / 169

十字花科 Cruciferae / 171

二月蓝花四个瓣 *Orychophragmus violaceus* / 172

独行菜小果扁圆形 *Lepidium apetalum* / 174

荠菜小果扁三角形 *Capsella bursa-pastoris* / 176

风花菜小果球形 *Rorippa globosa* / 179

沼生蔊菜小果长椭圆形 *Rorippa islandica* / 181

虎耳草科 Saxifragaceae / 183

太平花白，花瓣四个 *Philadelphus pekinensis* / 184

香茶藨子黄花序下垂 *Ribes odoratum* / 187

华茶藨仅一雄株 *Ribes fasciculatum* var. *chinense* / 189

杜仲科 Eucommiaceae / 191

杜仲破叶有丝 *Eucommia ulmoides* / 192

悬铃木科 Platanaceae / 195

悬铃木高过楼顶 *Platanus acerifolia* / 196

蔷薇科 Rosaceae / 198

粉花无毛绣线菊 *Spiraea japonica* / 199

湖畔的**珍珠绣线菊** *Spiraea thunbergii* / 201

三裂绣线菊叶三裂 *Spiraea trilobata* / 203

风箱果星状毛多 *Physocarpus amurensis* / 205

华北珍珠梅花蕾似珍珠 *Sorbaria kirilowii* / 207

白鹃梅蒴果有厚棱 *Exochorda racemosa* / 209

水栒子红果多 *Cotoneaster multiflorus* / 211

山楂果红有斑点 *Crataegus pinnatifida* / 213

石楠叶硬齿尖硬 *Photinia serrulata* / 216

山荆子叶齿细果小 *Malus baccata* / 218

西府海棠果红而小 *Malus micromalus* / 220

海棠花果大色黄 *Malus spectabilis* / 223

垂丝海棠花下垂 *Malus halliana* / 225

皱皮木瓜托叶肾形 *Chaenomeles speciosa* / 227

火棘果累累如红珠 *Pyracantha fortuneana* / 230

多花蔷薇花多 *Rosa multiflora* / 232

月季花叶面平光 *Rosa chinensis* / 234

玫瑰叶面多皱纹 *Rosa rugosa* / 237

黄刺玫小叶小 *Rosa xanthina* / 240

棣棠枝条常绿色 *Kerria japonica* / 242

蛇莓果像覆盆子 *Duchesnea indica* / 244

朝天委陵菜托叶草质 *Potentilla supina* / 246

紫叶李叶紫色　*Prunus cerasifera* f. *atropurpurea* / 248

杏花萼片反折　*Armeniaca vulgaris* / 250

桃花萼外侧有毛　*Amygdalus persica* / 253

山桃花萼外侧无毛　*Amygdalus davidiana* / 256

榆叶梅叶像榆叶　*Amygdalus triloba* / 258

毛樱桃果像樱桃　*Cerasus tomentosa* / 260

梅花奇种有刺　*Armeniaca mume* / 262

东京樱花先叶开花　*Cerasus yedoensis* / 265

郁李花粉红色　*Cerasus japonica* / 268

麦李花白色　*Cerasus glandulosa* / 270

豆科　Leguminosae / 272

紫荆老干生花　*Cercis chinensis* / 273

山皂荚荚扁弯　*Gleditsia japonica* / 276

野皂荚荚短　*Gledifsia microphylla* / 278

槐实念珠状　*Sophora japonica* / 280

紫藤逸事多　*Wisteria sinensis* / 286

洋槐的托叶刺状　*Robinia pseudoacacia* / 289

米口袋果实装了“米”*Gueldenstaedtia multiflora* / 293

红花锦鸡儿有刺　*Caragana rosea* / 295

糙叶黄耆有丁字毛　*Astragalus scaberrimus* / 297

多花胡枝子叶网脉极少　*Lespedeza floribunda* / 299

大花野豌豆小叶凹头　*Vicia bungei* / 301

野大豆茎缠绕　*Glycine soja* / 303

酢浆草科 Oxalidaceae / 305

酢浆草茎平卧 *Oxalis corniculata* / 306

牻牛儿苗科 Geraniaceae / 308

牻牛儿苗果喙螺旋卷曲 *Erodium stephanianum* / 309

鼠掌老鹳草果喙不螺旋卷曲 *Geranium sibiricum* / 311

蒺藜科 Zygophyllaceae / 313

蒺藜卧地果刺硬 *Tribulus terrestris* / 314

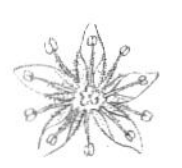

苦木科 Simaroubaceae / 316

臭椿气味臭 *Ailanthus altissima* / 317

楝科 Meliaceae / 321

香椿嫩叶香可吃 *Toona sinensis* / 322

大戟科 Euphorbiaceae / 325

铁苋菜苞片合如蚌 *Acalypha australis* / 326

叶底珠果像叶下生 *Securinega suffruticosa* / 328

地锦草平贴地面有乳汁 *Euphorbia humifusa* / 330

猫眼草苞片像猫眼 *Euphorbia esula* / 332

黄杨科 Buxaceae / 334

黄杨叶小硬而光亮 *Buxus sinica* / 335

漆树科 Anacardiaceae / 337

黄栌即红叶 *Cotinus coggygria* / 338

卫矛科 Celastraceae / 341

白杜假种皮红色 *Euonymus maackii* / 342

冬青卫矛不是黄杨 *Euonymus japonicus* / 344

扶芳藤会爬墙 *Euonymus fortunei* / 346

槭树科 Aceraceae / 348

平基槭不是枫树 *Acer truncatum* / 349

鸡爪槭叶像鸡爪 *Acer palmatum* / 352

梣叶槭就是复叶槭 *Acer negundo* / 354

七叶树科 Hippocastanaceae / 356

七叶树小叶有柄 *Aesculus chinensis* / 357

无患子科 Sapindaceae / 361

校园**栾树**找不尽 *Koelreuteria paniculata* / 362

全缘栾树叶近全缘 *Koelreuteria bipinnata* var. *integrifolia* / 367

鼠李科 Rhamnaceae / 369

初见一株老**枣**树 *Ziziphus jujuba* / 370

酸枣成群有趣 *Ziziphus jujuba* var. *spinosa* / 374

圆叶鼠李小枝顶成刺 *Rhamnus globosa* / 377

葡萄科 Vitaceae / 379

地锦靠吸盘爬墙 *Parthenocissus tricuspidata* / 380

乌头叶蛇葡萄茎髓白色 *Ampelopsis aconitifolia* / 382

乌蔹莓花序生于叶腋 *Cayratia japonica* / 384

椴树科 Tiliaceae / 386

蒙椴叶三浅裂 *Tilia mongolica* / 387

扁担木果像孩儿捏拳形 *Grewia biloba* var. *parviflora* / 389

锦葵科 Malvaceae / 391

木槿花好看 *Hibiscus syriacus* / 392

梧桐科 Sterculiaceae / 394

青青**梧桐**独一株 *Firmiana platanifolia* / 395

堇菜科 Violaceae / 397

紫花地丁花色深 *Viola philippica* / 398

早开堇菜叶长圆卵形 *Viola prionantha* / 401

千屈菜科 Lythraceae / 403

紫薇花瓣有皱 *Lagerstroemia indica* / 404

石榴科 Punicaceae / 407

石榴枝有刺 *Punica granatum* / 408

伞形科 Umbelliferae / 411

田葛缕子叫旱芹菜 *Carum buriaticum* / 412

泽芹长得高 *Sium suave* / 414

水芹像芹菜 *Oenanthe javanica* / 416

山茱萸科 Cornaceae / 418

红瑞木枝红色 *Cornus alba* / 419

山茱萸先叶开黄花　*Cornus officinalis* / 421

毛梾木树皮方块状裂　*Cornus walteri* / 424

灯台树花序平如灯台　*Bothrocaryum controversa* / 426

报春花科　Primulaceae / 428

点地梅花小似梅花　*Androsace umbellata* / 429

海乳草叶肉质　*Glaux maritima* / 431

柿科　Ebenaceae / 433

柿树叶入秋也红　*Diospyros kaki* / 434

黑枣果像小柿子　*Diospyros lotus* / 437

木樨科　Oleaceae / 440

美国红梣果翅下延　*Fraxinus pennsylvanica* / 441

雪柳果实有狭翅　*Fontanesia fortunei* / 443

连翘叶卵形 3 裂　*Forsythia suspensa* / 445

紫丁香花紫色　*Syringa oblata* / 447

红丁香叶长椭圆形　*Syringa villosa* / 450

暴马丁香雄蕊远伸出　*Syringa reticulata* (Blume) H.Hara subsp. *amurensis* / 452

小叶女贞叶顶钝圆　*Ligustrum quihoui* / 454

金叶女贞新叶金黄色　*Ligustrum × vicaryi* / 456

女贞叶大常绿　*Ligustrum lucidum* / 458

流苏树花裂片狭如流苏　*Chionanthus retusus* / 461

迎春花枝向地弯　*Jasminum nudiflorum* / 464

马钱科 Loganiaceae / 466

互叶醉鱼草叶下面白色 *Buddleja alternifolia* / 467

龙胆科 Gentianaceae / 469

荇菜浮水面 *Nymphoides peltatum* / 470

夹竹桃科 Apocynaceae / 472

罗布麻有乳汁 *Apocynum venetum* / 473

萝藦科 Asclepiadaceae / 475

杠柳叶像柳叶 *Periploca sepium* / 476

萝藦叶中脉下端带紫色 *Metaplexis japonica* / 478

地梢瓜株小果大 *Cynanchum thesioides* / 480

鹅绒藤叶三角状心形 *Cynanchum chinense* / 482

旋花科 Convolvulaceae / 484

茑萝的叶像梳子 *Quamoclit pennata* / 485

圆叶牵牛叶全缘 *Ipomoea purpurea* / 487

裂叶牵牛叶中裂片内凹 *Ipomoea hederacea* / 489

田旋花 2 苞片小 *Convolvulus arvensis* / 491

打碗花 2 苞片大 *Calystegia hederacea* / 493

紫草科 Boraginaceae / 495

斑种草茎叶有粗毛 *Bothriospermum chinense* / 496

附地菜有贴伏白毛 *Trigonotis peduncularis* / 498

马鞭草科 Verbenaceae / 500

荆条掌状复叶对生 *Vitex negundo* var. *heterophylla* / 501

海州常山气味大 *Clerodendrum trichotomum* / 504

唇形科 Labiatae / 506

一串红花序通红 *Salvia splendens* / 507

雪见草叶皱缩 *Salvia plebeia* / 509

夏至草萼齿顶有刺尖 *Lagopsis supina* / 511

益母草紫红小花叶腋生 *Leonurus japonicus* / 513

茄科 Solanaceae / 516

龙葵花药顶孔裂 *Solanum nigrum* / 517

酸浆花萼像红灯笼 *Physalis alkekengi* / 519

枸杞有硬刺，果红色 *Lycium chinense* / 521

玄参科 Scrophulariaceae / 523

毛泡桐叶片大，毛多 *Paulownia tomentosa* / 524

地黄花冠筒外紫红，内黄色 *Rehmannia glutinosa* / 526

通泉草花冠唇形，淡紫色 *Mazus japonicus* / 529

紫葳科 Bignoniaceae / 531

厚萼凌霄萼真厚 *Campsis radicans* / 532

梓树的果实像棍子 *Catalpa ovata* / 535

楸树开花紫云一片 *Catalpa bungei* / 538

黄金树叶大不裂 *Catalpa speciosa* / 541

车前科 Plantaginaceae / 543

平车前有直根 *Plantago depressa* / 544

茜草科 Rubiaceae / 546

茜草茎上有倒刺 *Rubia cordifolia* / 547

忍冬科 Caprifoliaceae / 549

猬实果外有刚毛 *Kolkwitzia amabilis* / 550

欧洲荚蒾花药黄白色 *Viburnum opulus* / 552

六道木茎有六道沟 *Abelia biflora* / 554

锦带花枝条像花带 *Weigela florida* / 556

海仙花萼裂达基部 *Weigela coraeensis* / 558

白果毛核木果白色 *Symphoricarpos albus* / 560

忍冬就是金银花 *Lonicera japonica* / 562

金银木很多 *Lonicera maackii* / 564

郁香忍冬叶暗绿色 *Lonicera fragrantissima* / 566

新疆忍冬两果离生 *Lonicera tatarica* / 568

葫芦科 Cucurbitaceae / 570

栝楼花冠流苏状 *Trichosanthes kirilowii* / 571

盒子草果横裂 *Actinostemma tenerum* / 573

菊科 Compositae / 575

全叶马兰叶有细粉状茸毛 *Kalimeris integrifolia* Turcz. / 576

粗毛牛膝菊舌瓣 3 齿裂 *Galinsoga quadriradiata* / 578

小蓬草头状花序小而极多 *Erigeron canadensis* / 580

旋覆花舌状花极多 *Inula japonica* / 582

苍耳总苞有带钩的刺 *Xanthium sibiricum* / 584

腺梗豨莶总苞有腺毛 *Siegesbeckia pubescens* / 586

鳢肠含淡黑色汁液 *Eclipta prostrata* / 588

鬼针草果有硬芒状冠毛 *Bidens bipinnata* / 590

甘菊有股菊香 *Chrysanthemum lavandulifolium* / 592

大籽蒿花序长 *Artemisia sieversiana* / 594

茵陈蒿叶裂毛发状 *Artemisia capillaris* / 596

黄花蒿叶绿、细裂 *Artemisia annua* / 599

白莲蒿叶背有白毛 *Artemisia gmelinii* / 601

艾叶上面有白腺点 *Artemisia argyi* / 603

蒙古蒿总苞长圆形，有茸毛 *Artemisia mongolica* / 605

刺儿菜叶齿端有刺 *Cirsium setosum* / 607

泥胡菜外总苞片有附片 *Hemistepta lyrata* / 609

大丁草有二型 *Leibnitzia anadria* / 611

蒲公英有故事 *Taraxacum mongolicum* / 613

翅果菊舌状花淡黄色 *Lactuca indica* / 616

抱茎苦荬菜叶抱茎 *Ixeris sonchifolia* / 618

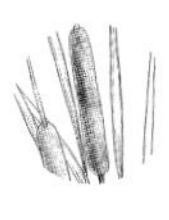

香蒲科 Typhaceae / 620

香蒲花序像蜡烛 *Typha angustifolia* / 621

禾本科 Gramineae / 623

早园竹青青 *Phyllostachys propinqua* / 624

箬叶竹叶子宽 *Indocalamus longiauritus* / 626

草地早熟禾很秀气 *Poa pratensis* / 628

臭草叶鞘闭合 *Melica scabrosa* / 630

芦苇高达 3 米 *Phragmites australis* / 632

纤毛鹅观草花序下垂 *Roegneria ciliaris* / 635

牛筋草茎下部压扁 *Eleusine indica* / 637

虎尾草花序簇生茎顶 *Chloris virgata* / 639

狗牙根地上茎匍匐生 *Cynodon dactylon* / 641

茭白秆基的“茭白”可做菜 *Zizania caduciflora* / 643

求米草叶缘起皱 *Oplismenus undulatifolius* / 646

稗无叶舌 *Echinochloa crusgallii* / 648

止血马唐小穗长 2 毫米 *Digitaria ischaemum* / 650

狗尾草刚毛绿色或紫色 *Setaria viridis* / 652

荻有点像芦 *Miscanthus sacchariflorus* / 654

白茅花序一团白柔毛 *Imperata cylindrica* / 656

野牛草雌小穗簇生成头状 *Buchloe dactyloides* / 658

莎草科 Cyperaceae / 660

头状穗莎草小穗成团 *Cyperus glomeratus* / 661

细叶薹草叶狭细 *Carex rigescens* / 663

异穗薹草成片生 *Carex heterostachya* / 665

青绿薹草雌穗鳞片有芒 *Carex leucochloa* / 667

涝峪薹草果囊大，长 5 ～ 6 毫米 *Carex giraldiana* / 669

天南星科 Araceae / 671

半夏叶片 3 全裂 *Pinellia ternata* / 672

浮萍科 Lemnaceae / 675

萍水相逢的**浮萍** *Lemna minor* / 676

鸭跖草科 Commelinaceae / 678

鸭跖草总苞对折卵形 *Commelina communis* / 679

百合科 Liliaceae / 681

玉**簪**花被漏斗状 *Hosta plantaginea* / 682

风尾丝兰叶硬有刺尖 *Yucca gloriosa* / 684

山麦冬叶条形、小花淡蓝紫色 *Liriope spicata* / 686

鸢尾科 Iridaceae / 688

鸢尾叶剑形 *Iris tectorum* / 689

裸子植物

Gymnospermae

银杏科

Ginkgoaceae

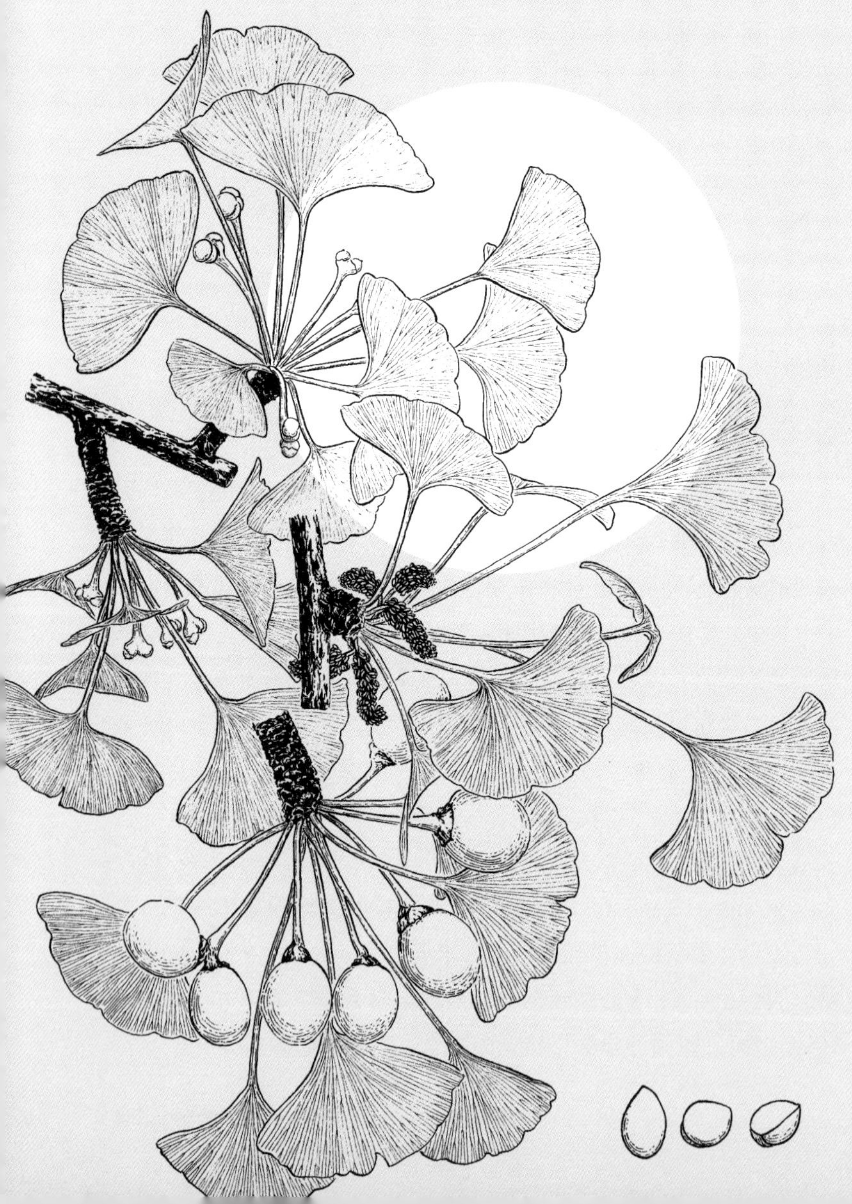

银杏

银杏的形形色色

校园里的银杏树原本不多，在办公楼礼堂西草坪的西南角，却有一株众人称奇的银杏树，它的主干不足1米高，直径约80厘米，而几乎从同一高度处发出十多个分枝。分枝斜向上，都很长，自然分枝之上再有小分枝，使整个树冠如一把扫帚，呈四方散开形，很特殊。整个校园找不出第二株。此银杏的浓密枝叶，带来一片清凉，炎炎夏日，由于树靠近路边，总有人停下来歇歇凉。这银杏是燕大时代的老树了！年岁应在百年以上。

燕园的银杏，近几十年发展了，人们看中它是活化石，形态特殊。它那像小扇子一样的叶子奇特，像黄杏一样的种子，又常被人误认为果实。所以栽种的不少，而且有一个特点，几乎都是成行成排地栽种，像行道树一样，如学生宿舍区在28楼西以及更西的宿

舍区，都有银杏夹道成荫的景致。夏日行其下，暑气全消。在电教大楼东计算机中心西及南，都可见到一行行银杏。在临湖轩东，水池南岸也是银杏成行。在未名湖北岸靠东侧，大银杏成行，而且在一三角地内有一株干径超过 70 厘米的银杏，从 1 米多以上就分枝，分枝相隔的距离很短，一直到树顶，最下面的分枝几乎平展，宽度达十多米。可以看出，此树的地下土壤水分条件好，因此长得又快又好，反之，如果土层薄，水分不足，银杏就会生长缓慢，状态不良。从第二教学楼西侧空地上一些银杏生长不大好可以看出来。

特大的银杏不在燕园本部，而在西校门外西侧蔚秀园内的职工宿舍区，此树胸径达 90 ～ 100 厘米，树高 20 米，年岁应在 200 年左右。

特征 ◉

银杏属于银杏科银杏属，拉丁名为 *Ginkgo biloba* L.。落叶乔木，有长枝和短枝；叶片在长枝上螺旋排列，在短枝上簇生，叶有柄，叶片扇形，上部边缘宽 5 ～ 8 厘米，浅波状，中央浅裂或深裂，有许多二叉状并列的细叶脉。花单性，异株，偶同株，球花生于短枝的叶腋或苞腋。雄球花柔荑花序状，雄蕊多数，每雄蕊有 2 花药。雌球花有长柄，柄端二叉，也有不分叉或 3 ～ 5 叉者，叉端有

1 珠座，珠座上生 1 胚珠。只有 1 个胚珠发育成种子。种子核果状，卵球形、倒卵球形或柱状椭圆形，长 2 ～ 3.5 厘米，直径约 2 厘米。外种皮肉质，成熟时黄色或橙色，表面有白粉，有臭味；中种皮骨质，白色，有纵脊；内种皮膜质，红褐色。花期 4 ～ 5 月，种子成熟期 10 月。

银杏原产于我国，分布广泛，南北各地多栽培，北京多栽培。

巧识 ⊙

注意其叶片宽大，呈小扇形，顶端 2 裂；种子成熟时黄色，大小如杏实；长枝上有许多短枝。

用途 ⊙

为庭院、公园习见的观赏树种，近些年又用作行道树。形态美观，其木材供建筑及家具用。

种子可食用，又可入药，有止咳平喘的作用。

问题 1：银杏有别名吗?

白果、公孙树、鸭掌树等。其中公孙树是指公公（指爷爷）种银杏树，孙子辈才能收到其种子。鸭掌树指其叶极似鸭掌。至于白果则指银白色的种子，民间习称银杏种子为果实，误当作白色果实。

问题 2：银杏有野生的吗?

一般认为浙江天目山有野生银杏。从天目山老殿南路下山，海拔约 960 米处，有一株古银杏，主干已枯，生出 14 个侧干，其中最大的直径达 97 厘米。此银杏被认为是千年以上的野生银杏。另外在三里亭的水边和五里亭不远处各有一株老银杏，胸径分别为 114 厘米和 97 厘米，也被认为是两株野生银杏。

问题 3：我国最古老、最大的银杏在何处?

山东莒县浮来山定林寺，有一株堪称世界之最的银杏，高 24 米，树干最粗处的周长为 15.7 米，树龄约 3000 年。据《左传》记载：公元前 715 年，鲁、莒两个诸侯国的使者鲁伯禽与莒子曾在此树下会盟。当时，此银杏已是大树，由此推算此树至少 3000 岁合乎情理。现国内各地大银杏还有许多，但无一株能与其相比。

松科
Pinaceae

辽东冷杉

辽东冷杉叶尖不凹

若干年前，在原电话室南侧空地上栽培了几株辽东冷杉。这种树原产于东北地区，到北京落户，给北京原有的臭冷杉增加了一个近缘种。

特征 ◉

辽东冷杉属于松科冷杉属，拉丁名为 *Abies holophylla* maxim.。常绿乔木，一年生枝灰黄色或淡黄褐色，无毛。叶紧密排列，条形，长 2 ～ 4 厘米，宽 1.5 ～ 2.5 毫米。先端突尖，上面中脉凹下，树脂道 2，中生。雌雄同株，雄球花单生于叶腋，下垂。雌球花单生于叶腋，直立。苞鳞、种鳞螺旋排列，苞鳞大于种鳞。球果当年成熟，圆柱形，长 5.8 ～ 12 厘米，熟时淡黄褐色或淡褐色，种鳞扇状横椭圆形，种子顶端有翅，翅长于种子一倍。

原产于东北，北京有栽培。

巧识 ⊙

注意它的叶为条形，顶端尖锐，无凹陷。球果可长达 12 厘米。

用途 ⊙

栽于公园，供观赏。

有趣的名字“沙大个子”的来由

东北地区多辽东冷杉，别称“沙松”。在吉林长白山森林中，分布有沙松，其中有一株特别高大，高达 40 米，胸径超过 1 米，树龄 200 多年。由于生长在红松密林中，这株沙松为了争得阳光，就一直向上长，当地人见到此株特高的沙松，趣称为“沙大个子”。

白扦

白扦叶锥形

校园里有几株老的白扦，20 世纪 50 年代即已存在不少年了，至今还是那样子，总有近百年历史了。如西门内办公楼礼堂西北侧有两株，东北侧一株。在静园的北部有一株老白扦，分枝已触地。在大讲堂南边的花坛内有十株以上的白扦，都不大。

特征 ◉

白扦属于松科云杉属，拉丁名为 *Picea meyeri* Rehd. et Wils。常绿乔木，小枝淡黄色或黄褐色，有毛，一年生小枝基部宿存的芽鳞和冬芽芽鳞反卷。叶锥形，长 1.3 ～ 3 厘米，先端钝尖，横切面棱形；四面有气孔线。雌雄同株，雄球花单生于叶腋，下垂；雌球花单生于枝顶，紫红色，下垂，珠鳞腹面有 2 胚珠，背面有极小的苞鳞。球果长圆柱形，长 6 ~ 9 厘米，径 1 ~ 1.3 厘米，苞鳞倒卵形，先端圆或钝三角形，种子有翅，花期 4 ~ 5 月，球果 9 ~ 10 月成熟。

分布在华北地区，北京多栽培。

巧识 ⊙

注意其叶为锥形，较短，长不超过 3 厘米，小枝有毛。

用途 ⊙

为庭院常绿观赏树木。木材供建筑和家具之用。

青扦

青扦孤株在静园

在静园的东北角草地上，独立着一株青扦，高约4米，干径约8厘米。你看它那细细扁扁的叶子，就知与白扦不同，因后者的叶呈四棱形。在这株青扦的西南边不远处就有一株白扦，对照看即知。

特征

青扦属于松科云杉属，拉丁名为 *Picea wilsonii* Mast.。常绿乔木，树枝灰褐色，有不规则块片剥落，一年生枝淡蓝色或淡黄绿色，无毛，枝基部宿存，芽鳞和冬芽的芽鳞不反卷而紧抱枝条，枝细，叶锥形，长 0.8 ～ 1.8 厘米，径约 1 毫米，先端尖，横切面扁形或方菱形，四面有气孔线，稍有白粉，叶螺旋排列。花雌雄同株，雄球花单生于叶腋，雄蕊多数，螺旋排列。每雄蕊有 2 花药，花粉粒有气囊。雌球花生于枝顶，绿色，珠鳞多数，苞鳞小。球果卵状，圆柱形或卵球形，长 4 ～ 10 厘米，直径 2.5 ～ 4 厘米，熟前绿色，熟后淡黄色。种鳞倒卵形，长 1.4 ～ 1.7 厘米，先端圆形或急尖，或钝三角形，基部宽楔形。种子倒卵圆形，连翅长 1.2 ～ 1.5 厘米。花期 4 ～ 5 月，球果熟期 9 ～ 10 月。

分布在华北至西北，不含新疆，湖北西北部、四川东北部也有。在北京曾见于密云坡头林区，生于海拔 1500 米以上针阔叶混交林中，也有少量栽培。

巧识 ⊙

叶稍扁，不像白扦那种突出的四棱形，小枝无毛，应注意小枝基部的芽鳞和冬芽上的鳞不反卷，而紧抱枝条，此点与白扦不同，白扦芽鳞反卷。

用途 ⊙

栽培于园林、公园，为常绿树木，供观赏。

青扦木材好，可作建筑材料。

问题：青扦能不能长成特大的树？

在甘肃省渭源县的莲峰山，有一株特大的古老青扦，高 45 米，胸径 1.2 米，树龄在 2000 年以上，真是“青扦之最”了。传说东汉时马武曾屯兵此山，常把兵器——鞭挂此树上，故此青扦又俗称“马武挂鞭树”。

雪松

雪松好威武

校园东门内两侧各有雪松多株，年代并不太长，都长得十分雄伟，极有气派。其他地方也有单株存在的。有人问雪松是不是一种松树？答案是否定的，雪松不属于松属，而属于雪松属，也是松科的一个属。

特征

雪松属于松科雪松属，拉丁名为 *Cedrus deodara* (Roxb.) G. Don。常绿乔木，高达 50 米。树冠宽塔形，分枝常平展，略下垂，基部分枝着地，分枝很长，一年生枝密生短茸毛，有白粉。叶针形，坚硬，长 2.5 ～ 5 厘米，直径 1 ～ 1.5 毫米，上粗下细，先端锐尖，有气孔线。雌雄同株，球花生于短枝顶端，直立。雄球花长卵形或椭圆圆柱形，长 2 ～ 3 厘米，直径约 1 厘米，淡黄色。雌球花卵球形，长约 8 毫米，径约 5 毫米。球果次年成熟，呈卵球形或椭圆状卵球形，长 7 ～ 10 厘米，成熟后种鳞、种子一起脱落。种鳞倒三角形，长 2.5 ～ 4 厘米，宽 4 ～ 6 厘米，苞鳞极小，种子倒卵形，连翅长 2.2 ～ 3.7 厘米。

原产于喜马拉雅山地区，我国大城市多引种。

巧识 ⊙

注意其叶多针簇生短枝上，坚硬，冬天不落叶，球果 2 ～ 3 年成熟，叶不像松树针叶成束生。

用途 ⊙

雪松材质坚实，为建筑、造船、家具的用材。由于树形伟壮，为园林风景树。

雪松能监测环境污染，空气中如有二氧化硫及氟化物和乙烯等有害气体，雪松叶会有枯黄现象，污染特别严重时雪松会枯死，可为环保工作提供警示。

白皮松

白皮松分枝多

燕园的白皮松很多，几乎到处都能见到，可见当年做绿化工作的人的重视。我在园中到处看了一下，白皮松给我印象最深之处是老树树干灰白色，如临湖轩东南草坪中那两株老白皮松，远望其树干真是白，名副其实。但在园中其他各处所见，则不尽然。许多白皮松的树干光洁，带绿色，有片状树皮剥落，这种情况较多，真正白皮的反而较少。而且白皮松的分枝可谓千差万别，有的树一根瘦主干，高高直上，不见分枝，有的则几乎从挨地面处分枝，有的从稍高处分枝，或从更高处分枝，似无规律；分枝也有从 3 分枝、4 分枝、5 分枝到多个分枝。多分枝的树，则树干较宽大，很好看……总之不一而足。

我比较了一下，单干、皮白的老树应首推临湖轩的两株。而分枝多、树高大、树冠宽的，首推办公楼礼堂西侧草坪的北侧那株白皮松，估计高近20米，树冠宽，约有七八米或更多。其他白皮松真是五花八门了。植物分类学书上描写白皮松为常绿乔木，但实际从燕园白皮松看，有的植株生长得像灌木，其分枝从地面开始，看不清主干在哪里，也可能在地面下。以此来理解，则主干极短，看成乔木也可以。

白皮松在燕园不仅有绿化作用，也有美化的作用，与油松相比，各有千秋。

临湖轩两株白皮松，南株胸径约60厘米，约4米处有1粗分枝，分枝径约30厘米，树高约18米。北边那株胸径约50厘米，1米高处2分枝，高也有18米。此二株在燕园白皮松中称得上第一、二名，其主干基有石座护之。

俄文楼西侧草地李大钊塑像附近有两对白皮松，东侧的二株呈灌木状，一株有8分枝，另一株有9分枝。

西侧的二株类似东侧的二株。

俄文楼的西南角有一株白皮松，主干径约45厘米，高3米处有3个分枝，树高15米，生长良好。树干有市园林绿化局挂的古树牌子，定为二级古树。

蔡元培塑像东南侧山坡下，有一株较大的呈灌木状的白皮松。

静园的西北角大路西台子上，一株白皮松主干径近50厘米，在高40厘米处有4分枝，灌木状，树高有15米。

静园北在油松的南侧有2株白皮松，有一株基部的干径近50厘米。大图书馆南、东、北三侧均有白皮松……白皮松的分枝可谓五花八门。

特征

白皮松属于松科松属，拉丁名为 *Pinus bungeana* Sieb.et Zucc.。常绿乔木，幼树树皮灰绿色，老树树皮灰褐色，呈鳞片状脱落后，露出乳白色花纹斑。叶 3 针一束，长 5 ～ 10 厘米。叶鞘早落，叶树脂道 4 ～ 7 个，边生，中央 1 维管束。球花单性，雌雄同株，雄球花聚生于新枝基部，花粉粒有气囊；雌球花单生，或几个聚生于新枝顶的叶腋。球果卵球形或圆锥状卵球形，长 5 ～ 7 厘米，径 4 ～ 6 厘米。种鳞先端肥厚，鳞盾扁鳞形，横脊明显，鳞脐生鳞盾中央，有向下弯的刺尖头。种子倒卵形，种翅有关节，易脱落。花期 5 月，球果次年 10 月成熟。

分布在山西、河南、陕西、甘肃、四川。北京广泛栽培。

巧识⊙

注意其针叶3针一束，树皮有乳白色或灰绿色斑块，片状剥落，叶鞘脱落。

用途⊙

公园重要常绿绿化树种之一，其木材为建筑、家具用材。球果入药，有止咳化痰、平喘之功效。

问题1：北京有无著名的白皮松?

前文述油松时，曾记载北京北海团城有一株老油松，被乾隆皇帝封为“遮阴侯”。实际在同一地点还有两株大白皮松，其中最大的一株在承光殿前面，此株高30米，胸径1.6米，为金代所植，推算其树龄有800年左右。乾隆皇帝封它为“白袍将军”。

问题2：我国有无更大、更老的白皮松?

陕西长安县黄良乡湖村小学院内，有一株极古老的白皮松，胸径1.1米，高达24米，据说此树为唐高僧鉴真的弟子所栽。计算起来，树龄已有1200多年。此树今天仍生长良好，主干笔直，皮银白色，显示白皮松的本色，中上部有三个分枝，再往上有多小分枝，十分壮丽。

华山松

华山松叶5针一束

燕园有华山松，但是植株不多。我粗略看了一下，不完全统计，恐怕全园不会超过20株，而且多散在各处，没有大树，多为较小植株。

在大讲堂西南侧，可见一株比较矮的华山松，在它的西南一小片草地内有一株华山松，主干径约20厘米，高约8米，恐为最大株了。在大讲堂北侧小斜坡上有2株华山松，也不是大树，高仅4米左右，主干不粗。在静园南头草坪中，有2株较小的华山松。

在临湖轩西门外北侧路边，可见两株华山松，树都不高、不粗。在第二体育馆西运动场北侧，有一条路直接通向国际关系学院后院，此路出口处可见一小株华山松。在朗润园十三公寓的东边，有一株华山松，也不高大。

校医院住院部向西去，走到十字路口再向北，也可见数株新栽不久的华山松。总之全园华山松数目少，也无大树。但华山松引人注目之处是枝叶、树形比较秀气，与油松、白皮松比较，更是如此。因此燕园有华山松不仅增加了树木多样性，也增加了美色。

特征 ◉

华山松属于松科松属，拉丁名为 *Pinus armandii* Franch。常绿乔木，小枝绿色，无毛，树皮灰褐色。冬芽有树脂，针叶 5 针一束，长 8 ～ 15 厘米，树脂道 3 个，中央 1 维管束，叶鞘脱落。球花单性，雌雄同株，雄球花聚生于新枝基部，花粉粒有气囊。雌球花单生或几个聚生于新枝近顶端的叶腋。球果圆锥状卵球形，长 10 ～ 22 厘米，径 5 ～ 9 厘米，熟时开裂，种子脱落。中部种鳞斜方状倒卵形，鳞盾无纵脊，鳞脐顶生，熟后不反卷或稍反卷。种子倒卵形，长 1 ～ 1.5 厘米，径 6 ～ 10 厘米，无翅有棱；子叶 10 ～ 15 个。花期 4 ～ 5 月，球果次年 9 ～ 10 月成熟。

分布在山西、河南、陕西、四川、贵州、云南、西藏，北京有栽培。

巧识 ⊙

注意针叶 5 针一束，树皮灰褐色，无乳白色斑块。球果长 10 ～ 22 厘米，比油松、白皮松的球果都长得多。

用途 ⊙

常绿园林绿化树种之一，材质优，为建筑、家具材料。种子可食，可榨油。

问题：华山松与华山的关系？

华山松是陕西华山（五岳之一）重要森林树种之一，在华山东峰有成片分布的华山松。在华山青柯坪有许多华山松古树，在朝阳台等处，有千姿百态的华山松，吸引游人观赏。

华山松有“夫妻树”

甘肃渭源五行寺，有一株奇特的华山松，主干 1 米多高处分为两个大小相似的分枝，再向上到约 7 米处又合为一干，好像两个情人相吻一样，人们都叫它“夫妻树”。此树高达 18 米，分干的直径约有 40 厘米，估算树龄有几百岁。

油松

油松姿态出奇

燕园的油松很多，我百看不厌。我走在校园时，见到油松总是停下脚步，欣赏一番。这园子里的油松，有大到200年以上的，有近100年的，也有几十年的，还有小树，总之，怎么看都美！

对于油松之美，我常从它的姿态去看，无论树干、分枝、树叶都有得看。我看油松总以未名湖周边一带以及湖心岛上那株老油松为重点。这株老油松，我在不同年代看过多次，在燕园它是最大、最老的，算“油松之王”。其树干胸径达60厘米，高约 15 米，稍向东倾斜，已用四根铁杆支撑。我 2014 年查看它的树干上没有评级挂牌（2007 年，北京市园林绿化局曾对燕园所有古树考察并分级挂牌，评为一级古树者，挂红牌，编号写明挂牌日期是 2007 年；评为二级古树者挂绿牌，并编号写明 2007 年；以下同）。这株“油松王”看年岁，恐怕在 200 年以上。

我要特别指出的是，2014 年春，我偶尔从博雅塔西侧马路经过，抬头向东看，见小山坡上一株主干下围了铁栏杆的大油松。我兴趣来了，忙走上山坡去近看。树干上有一红牌，评为一级古树，挂牌日期 2007 年。我量其主干胸径，约有 50 厘米以上。树皮带红色，整洁美观，在主干高约 7 米处分为两个大小相似的分枝，分枝再上去令我惊奇不已，因为分枝又分枝，再分枝，这些分枝不太守规矩，都弯弯曲曲，好像蛇身一样，煞是有趣。这是我生平第一次见到油松有这种分枝的，从前在嵩山看松，也未见类似的情况。我惊叹自然造型的奇特非人工所能及，心中起了震撼，同时油然而生对美的感想。燕园有这么一株不平凡的油松，真可谓一园生色啊！

我又思考了一下：这株油松上部分枝为什么是弯弯曲曲的？可能与它生长的环境有关。它的着生地是一个土山丘，地下还有不少

石头，地面土层已被人踩得严严实实。土层可能够干燥的了，这种水分不太足的情况，促使松树分枝生长不均匀而弯曲。在这种环境下，此松再长高大一点，会不会倾斜甚至倒下来？我担心一旦倒下，就太可惜了。我去请教绿化科的同志，能不能在此松主干基部多培土护养，得到的答案是培土保不了此松的倾斜压力，只能用铁杆支撑它，像湖心岛上那株松树一样。我不免有点失望，读者们，你们有更好的想法否？

在燕园南阁西侧附近草地上，有一株较大的油松，主干笔直，带红色，整洁，像上述油松，但其上部分枝不弯曲而直伸，是油松正常生长方式。此松胸径近60厘米，树高约15米。树冠圆整散开如伞盖，远望之，姿态十分威严。此树已挂绿色牌，为二级古树。与上文写的一级油松相比，这棵二级古树的主干似乎更粗一点，为什么当年（2007年）未定为一级？我思考了一下，这株油松生在草地上，东边有南阁的房子挡住东方来的阳光，西方还有好多树木，挡住下午太阳的曝晒，草地土层较湿润，因此，此油松生长条件较前株好，长得快些。也许七年前，它的主干与上株差不多，但从姿态看前株更吸引人，因此此株定二级了。可如今它已超过了前株，应够一级标准了。

在俄文楼西南侧马路的南侧，就是静园。据我远观，静园近北部草地上，有一片面积不大的松林，共有5株油松，其中一株从近地面不远处有2分枝，分枝大小相似。不远处又有一株，却是3分枝，也很均匀，还有一株从近地处多分枝，令人称奇。其他两株则下部都不分枝。这5株油松，各有特殊姿态，将那里面积不大的地方，“装点”得引人注目。夏日浓荫遮地，人行其下，顿生凉爽之感。

在学校办公楼礼堂东侧马路之东山坡上，有大片树林，树林中有多种树木，其中杂生油松，它们与前述油松姿态又不一样，许多油松主干下部少有分枝，而是光杆直上，树干顶上树冠不大，好像一个瘦高个儿戴了一顶帽子似的。原来这种油松“身”处密林中，要争取阳光雨露，必须向上冲，“顾不上”多分枝了，主干扶摇直上，就成了这样子。别的树木碰上这种环境也会这么长的。这是一种“生态效应”，十分有趣。

不知何原因，有的油松年岁不大，却长相奇特，如西边勺园附近的草地上，有一株油松，干径未超过15厘米，高只有3～4米。它的分枝从主干西侧斜着向地面长，主干东侧几无分枝，这样看上去，好像一人披了件蓑衣一样滑稽。它这分枝的秘密还有待解开！

燕园的油松还有好多，你如果细心去看每株油松的姿态，从它主干粗细、主干分枝的高度、分枝的多少、分枝的样子、树冠的大小和形态，还有主干直不直、树皮的形态……去观察，会有很多收获；联系生长环境状况来看它们的表现，趣味多矣！

特征 ◉

油松属于松科松属，拉丁名为 *Pinus tabuliformis* Carr.。常绿乔木，高达25米。一年生枝无毛，有树脂。叶2针一束，粗硬，长10～15厘米，有树脂道5～8个或更多，边生。叶鞘部由淡褐色变为黑褐色，宿存。球花单性，雌雄同株，雄球花聚生于新枝基

部，花粉粒有气囊，雌球花单生或数枝聚生在新枝近顶部的叶腋。球果次年成熟，卵球形，长 4 ～ 9 厘米，熟后开裂，可几年不落。种鳞鳞盾肥厚，扁菱形或菱状多角形，横脊明显，鳞脐凸起，有短尖头。种子卵形或长卵形，连翅长 1.5 ～ 1.8 厘米，子叶 8 ～ 12 个。花期 4 ～ 5 月，球果次年 9 ～ 10 月成熟。

分布在东北的辽宁，华北，西北的陕西、甘肃、青海和西南的四川，山东也有。北京有分布，多栽培。

巧识 ⊙

燕园内仅 3 种松树，除油松以外，还有白皮松和华山松，从针叶数上可分：油松 2 针一束，白皮松 3 针一束，华山松 5 针一束。另油松的叶鞘宿存，白皮松、华山松的叶鞘均脱落。白皮松树皮有乳白色或灰绿色花斑，华山松树皮无灰绿色或乳白色花斑，油松树皮粗糙。

用途 ⊙

为美丽的庭院绿化树木，四季常青，颇有优势。

其木材供建筑、造船、家具之用。其松节、松针、松油均入药，有祛湿散寒之功效。花粉可止血。

问题 1：听说北京有老油松，比燕园的大，是吗?

确实如此，北京历代多栽油松，“遗老”不少。如北海团城一油松，主干胸径约 1 米，高 20 米，为金代所栽，已有 800 多岁了，人称“北京油松之最”。据说当年乾隆帝来团城玩，正是夏日炎热难当之时，至此松下，顿感凉爽宜人，龙颜大悦，为此松命名“遮阴侯”。

问题 2：在北京地区以外还有老油松吗?

在内蒙古鄂尔多斯东南部的准格尔旗山地之顶，有一株油松，胸径 1.34 米，高 25 米，已有 900 多岁，据说为北宋时期所植。那里以前油松成林，后被砍伐，仅遗此一株，人称“中国油松第一王”。现在当地人奉它为神树，老年人为之烧香磕头者不少，树干上挂了许多红布条，布条上写着“神灵保佑”。由于迷信，此油松幸存至今，实为大幸!

问题 3：油松的拉丁名来源是怎样的?

1867 年，外国学者为油松命名，其拉丁名如前文。当年外国学者命名时所依据的油松标本就是采自北京的标本!

油松为我国特有种。

杉科

Taxodiaceae

水杉

水杉主干直上云霄

燕园水杉不多，年代久的要推老生物楼前东侧那株，我记得是20世纪50年代栽的，已有60年历史了。如今它已高过了生物楼的屋顶，估计有30米高，胸径达30厘米。水杉的生长在主干，主干直向上生长，而其分枝离地面也较高，分枝比较细，因此看上去特别瘦高。老生物楼西侧那株水杉，晚栽了约20年，现在也长得跟东边那株差不多一样高大。

特征

水杉属杉科水杉属，拉丁名为 *Metasequoia glyptostroboides* Hu et Cheng。落叶乔木，有长枝和脱落性的短枝。叶为单叶，条形，长1～1.7

厘米，宽 2 毫米。上面中脉凹下，下面隆起，叶交互对生，叶基扭转，使叶排成两列，极似羽状复叶。花单性同株，雄球花组成总状或圆锥花序，有雄蕊 20 个，雌球花有珠鳞 22 ～ 25 个，交互对生，各有 5 ～ 9 个胚珠。球果近球形，直径 1.8 ～ 2.5 厘米，有长柄，下垂。种鳞木质，盾形，顶部宽，有凹槽，宿存；中部种鳞内有 5 ～ 9 个种子。种子倒卵形，扁平，周围有窄翅，顶部凹陷。花期 4 月，球果当年 10 月成熟。

巧识 ⊙

小条形单叶，排列成似羽状复叶，落叶性。

水杉的价值

水杉的发现：1941 年冬，原中央大学森林系教授干铎一次从湖北去四川，在一个叫谋道溪之地看见了三株水杉。最大的一株高 33 米，胸径约 2.5 米，估年岁已 500 多岁了。水杉正式命名就是以这株树为模式标本树的。1948 年，我国著名植物分类学家胡先骕和郑万钧两人正式发表发现水杉的论文，这是一个重要的发现，因为在 1 亿年前的白垩纪时期，我国东北、日本北部、西伯利亚、西欧、格陵兰及北美等地，都有活的水杉，后在 2500 万年前的第四纪时，北半球进入冰川期，大部分水杉灭绝了，变

成了化石，只有我国还存有活水杉，干铎教授的发现即为铁证。后来经过调查，在我国湖北利川等地又发现千余株水杉，在湖南湘西龙山县和桑植一带也有水杉，且为大树。

水杉世界闻名，现已引种到多个国家栽培，我国也广为种植。燕园引入的水杉生长良好，为读者提供了可供学习的活标本树。由于植株少，应好好保护。

问题：水杉为什么属于杉科？

水杉是杉科中极特殊的一个属，且只有一种。其特殊在于落叶性，而且叶片交互对生，扭转成2列的形状，排于同一平面，极似羽状复叶。

水杉属于杉科，是由于它的雌球花的珠鳞和苞鳞是愈合的，每个珠鳞生2～9个胚珠。这就不同于松科，松科的珠鳞和苞鳞分离，每珠鳞仅生2个胚珠。它也不同于，因后者叶小，鳞片状或刺状，且常绿。

柏科

Cupressaceae

侧柏

侧柏的枝叶扁扁的

燕园侧柏不太多，但也有比较老的树，如第一教学楼南门外近马路处，东侧有 2 株侧柏，西侧有 1 株侧柏。这 3 株中最东边的一株胸径 40 厘米，高 16 米，其他 2 株胸径都有 50 厘米，高 16 米。这是燕园较大的侧柏，未见挂红牌定为一级古树，上述三株都是挂绿色牌子的二级古树。

未名湖周边一带的山中还有散生的侧柏，但都不太大，没有牌子，但在实验西馆之西山坡下边有一侧柏，主干基部直径达 70 厘米，离地不高处分三大干。

特征 ◉

侧柏属于柏科侧柏属，拉丁名为 *Platycladus orientalis* (L.)

Franco。常绿乔木，树皮浅灰色，小枝扁平，形似复叶。叶长 1 ～ 3 毫米，全为鳞片状，交互对生。花单性，雌雄同株。球花生于枝顶，雄球花有 6 对交互对生的雄蕊，花药 2 ～ 4。雌球花有 4 对交互对生的珠鳞，只有中间两对珠鳞各有胚珠 1 ～ 2 个。球果当年成熟，熟时球果开裂。球果卵球形，直径 1.5 ～ 2 厘米，种鳞 4 对，木质，近扁平，背部上方有一弯曲的钩状尖头，中部种鳞各有 1 ～ 2 个种子，种子小，长卵形，子叶 2 个。花期 4 ～ 5 月，球果当年 10 月成熟。

分布在我国北部，北京山区多见，公园多栽培，为观赏树木。由于枝叶扁平、形象奇特而受重视。

巧识 ⊙

首先其小枝叶呈扁平状，其次只有鳞片叶，无刺状叶。球果当年成熟，开裂。雌雄同株。种子无翅。

用途 ⊙

侧柏能长成极大的树木，木材好，为建筑、家具用材。其枝叶和种子入药，有止血、利尿、止咳、安神之功效。

问题：我国最大、最古老的侧柏在何处?

“皇帝轩辕柏”为最大、最古老的侧柏，它生长在陕西黄陵县桥山黄帝庙中，相传为黄帝手植。今树高近 20 米，胸径 3.4 米。树龄有 5000 多年，堪称“世界柏树之父”。

圆柏

圆柏刺叶多扎手

燕园的圆柏论数量，在针阔叶树木中都是冠军，因为它太多了，无论古树、中年树、幼年树，直至小树都比较多。你如果到未名湖四周的山林中去看看，到处都有圆柏，而且最大的植株直径可达 50 厘米甚至以上，挂上红牌标明是一级古树的就有四株。

在未名湖南岸东部山坡上，有一株一级古木圆柏，在海淀区是第 1 号，编号为 11010800001，2007 年挂的牌。110108 代表海淀区，00001 号即为第 1 号。此树主干直径有 72 厘米，树皮纵裂，生长好，姿态庄严，令人起敬。

在第一教学楼北，东西走向的马路北侧，一较高的台子上生有一圆柏，主干胸径 60 厘米，高 7 米处分枝。树高 20 米，挂红牌为一级古树，编号：11010800005。向西不远，又有一株大的圆柏，编号：11010800025。此外还有一株圆柏，胸径有55厘米，在高6米处分枝，树高20米，却不见有牌子。

除上述挂红牌的3株圆柏以外，在未名湖的东北角，有块三角地，此地北端有一大圆柏，主干胸径达70厘米，已挂红牌，为一级古树，编号：11010800004。西校门内，北侧外文楼西一小山上又有一株大圆柏，主干基有石砌的围护。此圆柏高15米，胸径达60厘米，有红牌，定为一级古树，编号：1101080017。

第一教学楼门外，西侧一圆柏高16米，胸径近40厘米，挂绿牌，定为二级古树，编号：11010800145。

此外，挂绿牌定为二级古树的圆柏，多数胸径在37～50厘米之间，有的超过50厘米，在55～60厘米之间的为数还不少，没有详细统计，估计有几十株。

燕园圆柏最集中之处，在博雅塔下面、未名湖南岸由东向西去的那条路南边山坡上。郁郁葱葱、十分稠密的林带，主要由圆柏组成，一直延伸到钟亭下面，形成燕园有森林味道的一条山脉。及至冬日，未名湖南岸山地仍青葱葱的，美景不减，圆柏为此立下了功劳，也可见当年园林工作者在燕园的绿化上使用圆柏的匠心。

特征

圆柏属于柏科圆柏属，拉丁名为 *Sabina chinensis* (L.) Ant.，又称桧柏。常绿乔木，树皮红褐色，成窄条纵裂脱落。叶二型，刺形叶生幼树上，老树叶为

鳞形叶，壮年树则二者都有。刺形叶3个轮生或交互对生，叶窄披针形，长6～12毫米，先端锐刺形，基部下延。上有2条白粉带，鳞形叶菱状卵形，长仅1毫米，三叶轮生或交互对生，紧密排列。球花单性，雌雄异株。雄球花黄色，雄蕊5对，雌球花有珠鳞6对，交互对生，每珠鳞的腹面有胚珠1～2个。球果2～3年成熟，近球形，不裂，外有白粉。种子1～4粒，无翅。花期4月，球果第二年成熟。

分布在我国中部地区，栽培广泛，北京多见。

巧识⊙

叶有鳞形叶和刺形叶两种，刺形叶三枚轮生或交互对生，下延生长。球果小，外有白粉，熟时不开裂。

用途⊙

圆柏为园林绿化重要树种之一，常绿性尤为突出，有观赏价值。

圆柏木材好，为建筑、家具用材，种子可提取润滑油，枝叶可入药，有活血消肿之功效。圆柏为成大材之树，主干挺直粗长，是其成材之保证。

问题：生长奇特的圆柏在哪里?

北京天坛公园皇穹宇院外西北角，有一株奇形的古柏，树干笋直，树皮表面有纵向的弯弯曲曲的条条和沟沟，好像群龙缠在上面一样，故称“九龙柏”。此柏高约9米，胸径达1.14米。由于树干形象特殊，吸引了许多游客驻足观看。经专家鉴别，此柏为圆柏，又称桧柏。

江苏省吴县光福镇的司徒庙内有古柏四株形态出奇，名为“清奇古怪”。《光福志》称此四怪柏有千年历史，说“清柏”挺拔如笏，叶枝四垂，苍郁清秀，茂如翠盖；“奇柏”一干上矗，顶干折裂，分叉两旁，薄皮连接，新枝簇护；“古柏”身似苑螺，纹理萦绕，斑驳若鳞，如蛟龙蟠；“怪柏”曾遭雷击，剖劈两半，着地再生，卧地三曲，如虬似蟠，欲昂首腾空而去，实为天下之奇观。

话说龙柏

龙柏为圆柏的栽培变种，拉丁名为 *Sabina chinensis* cv.‘Kaizuca’。

龙柏的枝条直向上或向一方向扭转，树冠塔形，叶全是鳞片状，在主茎下部枝条上，有时能见到刺形叶，叶紧密排列，球果有白粉。

北大燕南园东北角墙外对面东西向马路南侧有5株龙柏，排列成一行。主干胸径约6厘米，树高3～4米。另外静园和其他地方散栽有较小的龙柏。

叉子圆柏

叉子圆柏铺地长

校园内有叉子圆柏，铺地生长，如大讲堂东北侧有一大片，在静园东南角有一片，在二教西北角拐弯处有一片……

特征

叉子圆柏属于柏科圆柏属，拉丁名为 *Sabina vulgaris* Ant.。匍匐状灌木，叶二型。幼株上多刺形叶，交互对生或3叶轮生，向上斜展，长3～7毫米，上面凹，背面拱圆，中部有条形腺体。鳞形叶在壮龄树或老树上，斜方形或菱状卵形，长 1 ～ 2.5 毫米，先端钝尖，背面中部有长卵形腺体。球果生于弯曲小枝之顶，倒三角状卵形，花期 4 ～ 5 月，球果 9 ～ 10 月成熟。

分布在我国内蒙古和西北，北京各公园有栽培。

巧识 ⊙

注意其叶有两种：刺形叶和鳞形叶。前者见于幼年株上，后者见于壮年至老年树上。刺形叶互生或 3 叶轮生。

用途 ⊙

可作地面绿化之用，也有观赏价值，又称“沙地柏”。

其根、枝干和叶可提取芳香油，作皂用香精原料。

三尖杉科

Cephalotaxaceae

粗榧

粗榧的种子像果实

燕园近些年新引进栽培了粗榧这种小乔木，许多人很陌生，其实它在南方是十分普遍的，北方过去未栽培，故让人有“少见多怪”之感。

校园里粗榧不多，只在塞万提斯像南侧小路边有一大丛；在勺园东南边的路边，臭椿树的下面也有栽培。

远远望去，粗榧的叶子整整齐齐地排在一平面上，好像羽状复叶，又像杉木的枝叶。对丰富庭院植物种类、普及树木知识，大有好处。

特征 ◉

粗榧属于三尖杉科三尖杉属，拉丁名为 *Cephalotaxus sinensis* (Rehd. et Wils.) Li。常绿小乔木。叶螺旋状生，叶基扭转，排成2

列，每叶条形，常直，2～5厘米或更长，宽约3毫米。基部近圆形或圆楔形，上下部等宽，或上部微窄，尖端微急尖或渐尖但尖头短。花单性同株。雄球花6～7聚生成头状，直径6毫米，球花梗长3毫米；每雄球花有雄蕊4～11个，基部有1苞片。雌球花由数对交互对生、腹面各有2胚珠的苞片组成，梗较长，常常有2～5个胚珠发育成种子。种子卵圆形、椭圆卵形或近圆形，稍扁，长1.8～2.5厘米。花期5月，种子在秋季9～10月成熟。

主要分布在长江以南各省区，北京已引种栽培成功，燕园栽培的生长状况尚好。

巧识 ⊙

注意要与三尖杉（*Cephalotaxus fortunei* Hook.f.）区分开：二者叶形相似，但三尖杉叶更长，呈披针状条形，常稍弯，长4～13厘米，粗榧叶长2～5厘米，条形；三尖杉雄球花较粗，直径约1厘米，其梗较长，有6～8毫米，粗榧的雄球花较小，直径约6毫米，其梗较短，长约3毫米。

用途 ⊙

园林绿化树种之一，形态特殊，种子形似累累果实，十分有趣。

种子可榨油，供制肥皂用，也作润滑油。

粗榧的木材也有用，可作农具。

被子植物

Angiospermae

杨柳科

Salicaceae

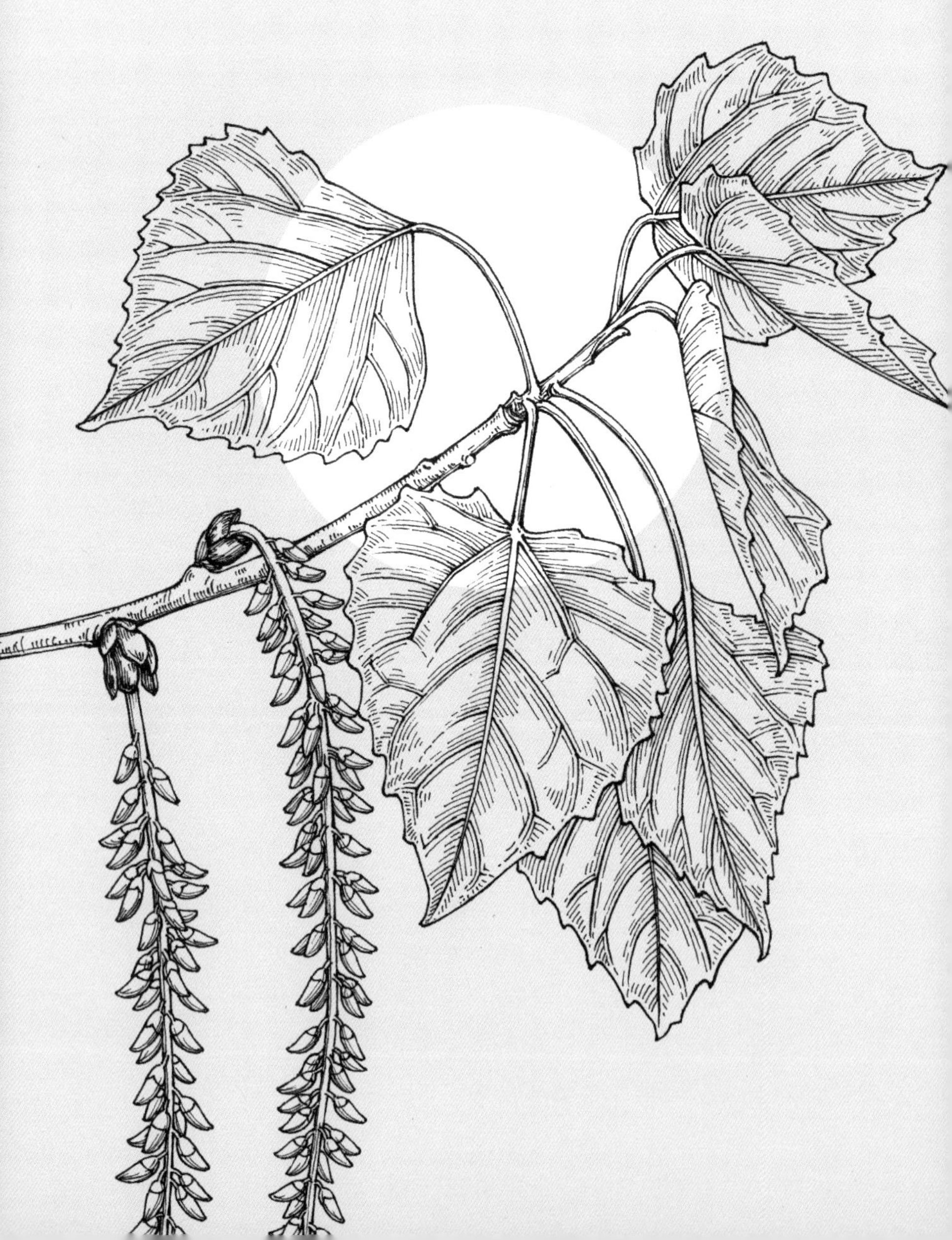

毛白杨

毛白杨主干青白

校园内有不少毛白杨，高多在20米或以上，胸径在50厘米或以上者也不少，如镜春园一带就有多株，在第二体育馆东侧、商店区理发店北门外、燕南园的西南角高墙内、学生宿舍区艺园食堂东门向南去的大路边和拐向东去的大路边，可以见到不少主干高耸的毛白杨。它们已有几十年的历史，是北大这几十年历史的“见证人”。如今它们虽都已进入老年，却还挺直雄壮，生长形势尚好……

特征

毛白杨属于杨柳科杨属，拉丁名为 *Populus tomentosa* Carr.。落叶乔木，幼树皮灰白色，老树皮褐色，杂有白斑，有纵裂。小枝灰褐色，有茸毛，后脱落，冬芽卵状锥形，有褐色短茸毛及树脂。长枝上的叶呈三角状卵形，先端渐尖，基部稍心形，有 2 腺体；上面绿色，下面有茸毛；短枝上的叶较小，卵状三角形，边缘有波状齿，背面无毛；叶柄扁形。花单性，雌雄异株；柔荑花序；雄花序长 10 ～ 20 厘米，下垂；萼片三角状卵形，先端撕裂状，有茸毛；雄蕊 6 ～ 13 个，多为 8 个，生于一斜口形的杯形花盘内，花盘位于苞腋；雌花序开放稍晚于雄花序；雌花生于花盘的基部，子房椭圆形，柱头 2 裂，扁平。果序长 10 ～ 20 厘米，蒴果长卵形，2 瓣裂。种子细少，有白色绵毛。花期 3 月下旬至 4 月上旬，果期 4 月下旬至 5 月上旬。

分布于华北至西北二省（陕西、甘肃），河南、山东也有。北京有分布，多栽培。

巧识 ⊙

注意其幼叶正反面均有白茸毛，成长叶无毛，叶片三角状卵形，边缘有波状齿。

用途 ⊙

毛白杨的木材纹理细，有种种用处。其花序入药，有清热利湿的作用，治赤白痢、支气管炎。

新疆杨

新疆杨校园内仅一株

在电话室东门口附近，有一株较大的新疆杨，是白杨的一个变种，拉丁名为 *Populus alba* var. *pyramidalis*。校园这株新疆杨是大约十年前栽的，当时还栽了很多株，后来因建筑施工，已经锯去了。

特征

新疆杨的树皮灰白色，叶深裂，下面银白色。分枝直向上生长。

加杨

加杨老干有纵裂

北大校园尚有较大的加杨（加杨又称加拿大杨，为美洲黑杨与欧洲黑杨的杂交种），如原商店区银行的南门口东侧，有一株胸径超过 50 厘米的加杨。再向西去，还有几株稍小一些的。学生宿舍区还能找到高大的加杨。在校景亭北水池东岸，有大加杨 2 株，胸径近 1 米，高 20 米，堪称园内“加杨之王”。

特征

加杨属于杨柳科杨属，拉丁名为 *Populus* × *canadensis* Moench.。落叶乔木，树枝多开展，树皮灰褐色，老树皮有纵沟裂，小枝无毛或稍有毛。冬芽褐色，有长尖，有黏性。叶三角形或三角卵形，先端渐尖，基部截形或宽楔形，边缘半透明，有小圆齿，叶柄扁形。

花单性，雌雄异株，雄花序略长，雄花有雄蕊 15 ～ 25 个，生于全缘的花盘内，苞片先端丝状尖裂。雌花的子房圆球形，柱头 2 ～ 3 裂，蒴果。种子有白绵毛。

原产于美洲东部，我国早已引种。北京有栽培。

巧识 ⊙

较大的树，树皮有纵深裂，叶三角形，基部宽楔形或截形，无毛。雄花序的苞片先端有细丝状裂。

用途 ⊙

优秀的行道树，也为庭院观赏树木。其优点是生长快，适应性强，树形优美。

旱柳

旱柳的小枝不下垂

北大校园西校门内一带，有不少旱柳，它们易为人认识，因其枝条直立，不下垂，与垂柳明显不同。在南阁西边的草地靠西的路边，有一株老旱柳，胸径达80厘米，且生出一枝向南的横枝，横枝上生出许多直立的小枝。此树应为校园最老的旱柳，可能有百岁。在未名湖南岸石桥之西，有一大旱柳，胸径达70厘米，树高约18米。

特征 ◉

旱柳属于杨柳科柳属，拉丁名为 *Salix matsudana* Koidz.，俗称河柳或柳树。落叶乔木，树皮粗糙，深裂，灰黑色。小枝无毛，直立，绿色，幼枝有毛。叶片披针形，先端渐尖，基部圆形或楔形，边缘有细锯齿，上面绿色，下面灰白色，托叶早落。花单性，雌雄异株，雄花序为柔荑花序。花序轴有毛，苞片卵形。雄蕊 2，腺体 2，花丝基部有长柔毛。雌花序为柔荑花序，有柔毛，苞片长卵形，子房无柄，光滑，柱头 2 裂，腺体 2。蒴果 2 瓣裂，种子极小，有丝状毛。花期 4 月，果期 5 月。

原产于我国，分布在全国各地，北京多见。

用途 ◈

为庭院重要绿化树种。其木材坚韧、耐湿，为家具、建筑用材。又为蜜源植物。

校园内有旱柳的 2 个变种

- 变种 1：馒头柳（*Salix matsudana* var. *umbraculifera* Rehd.）。本变种的小枝细密，因树冠呈宽伞形或半圆形，形似馒头而得名，原变种没有这一特点。

  在西校门内南侧有大树。

- 变种 2：龙爪柳（var. *tortuosa* (Vilm.) Rehd.）。其枝细长下垂，呈卷曲形。在西校门内石桥东侧，南边有一株，干径达 50 厘米。

垂柳

湖畔垂柳依依

每到春天，未名湖畔垂柳发芽长叶，细长而下垂的枝条，在风中飘来飘去，风景动人。特别是湖的南岸中部一带，垂柳较集中，人们喜欢在这一带休憩，或观景，或拍照留念。垂柳给未名湖增添了迷人的景色，加上湖光塔影，令人流连忘返。

特征 ◉

垂柳属于杨柳科柳属，拉丁名为 *Salix babylonica* L.。落叶乔木，小枝细长下垂，无毛。叶条状披针形或条形至狭披针形，先端渐尖，基部楔形，边缘有细锯齿，两面无毛，托叶披针形。花单性，雌雄异株。花序为柔荑花序，雄花序直立，生于短枝之顶，基部有小形叶 3 ～ 4 片，全缘，花序轴有茸毛，苞片条状披针形，无毛，边缘有纤毛，雄蕊 2，腺体 2。雌花序直立，有短毛，苞片和子房无毛，花柱短，柱头 2 裂，腺体 1，蒴果 2 裂。种子细小而多，有白柔毛，俗称“柳絮”。花、果期 3 ～ 4 月。

分布在我国北部至长江中下游地区，北京多见。

巧识◉

注意其枝条长而柔软下垂，几乎触地。多为老干上发新芽，生出的新枝条长达地面。柔荑花序直立，雌花有 1 个腺体。

用途

园林著名风景树，因其枝条下垂飘拂，景色特殊。北大未名湖畔多垂柳，景色似杭州西湖。蔡元培校长曾作诗《西湖柳》云：“青青湖上柳，袅袅舞纤腰，堤岸闻莺啭，桥边有絮飘，鹅黄方吐艳，鸭绿又添娇，苏小门前往，依依几万条。”这诗的第一、二句，用来形容未名湖的垂柳也十分贴切。

垂柳有抗二氧化硫、抗汞污染的特性，故为环保树木。

木材纹理细直，软而轻，坚韧，为建筑等用材。

问题 1：垂柳为什么称杨柳?

先秦时代即有“昔我往矣，杨柳依依”的名句。后世又有“沾衣欲湿杏花雨，吹面不寒杨柳风”等，其中的杨柳实为垂柳。杨和柳本是不同的树种，却将二者连在一起称杨柳，此作何解？古人有时也搞不清原因，于是编出民间故事来了。如传说隋炀帝开运河，河边多栽垂柳，风景好，炀帝见之，问随从人员河边是什么树，人告之为垂柳。炀帝来劲了，说此树应当姓杨，与我同姓。从此“垂柳”就被叫成“杨柳”了。很明显，这是人们编出来的趣话，今天听起来倒也有趣。

问题 2：我国最古老的垂柳在何处?

青海省循化撒拉族自治县孟达乡大庄村清真寺门前，有一古老垂柳，树高 20 多米，胸径 1.3 米，有人用钻子钻其树干测年龄，已有 360 多年了，堪称“垂柳王”。

胡桃科

Juglandaceae

枫杨

枫杨不是杨树

在大图书馆西侧，路西有两株高大的枫杨，它们既不是枫树，也不是杨树，而是胡桃科的树木，全燕园仅见此二株。

特征◉

枫杨属于胡桃科枫杨属，拉丁名为 *Pterocarya stenoptera* DC.。落叶乔木，幼树皮红褐色，有皮孔。芽有柄，有密生盾状腺体。奇数羽状复叶，少偶数，叶互生，叶轴有翅，小叶 10～16 个，或 6～25 个。小叶无柄，对生，长椭圆形或长圆披针形，先端钝圆，基部常歪斜形，边缘锯齿内弯，中脉、侧脉有短星状毛。柔荑花序先叶而出，雄花序生老枝叶腋，雄花有小苞片和苞片，常 1 枚，少 2 至多枚发育的花被片，雄蕊 5 ～ 18 个，雌花序生于新枝之顶，下垂，雌花疏生于苞腋，左右各 1 小苞片，贴生于子房。花被片 4 个，贴生于子房，在子房顶与子房分离。子房下位，心皮 2。坚果有双翅，果长椭圆形，果翅长 1.2 ～ 3 厘米，果序下垂。花期 4 ～ 5 月，果期 8 ～ 10 月。

主要分布在中部、中南部。喜生河溪、水沟边湿润地或阴湿山地。北京多引种为行道树。

巧识 ⊙

注意其羽状复叶的叶轴有翅。小叶无柄。果有双翅，翅实为小苞片，形成非果皮之翅。

用途 ⊙

作城市行道树或公园绿化树都合适。

木材质轻致密，可制家具。坚果含油量达28%，可提取作润滑油或制肥皂。

叶有毒，可用来做杀虫剂。

问题 1：我国最古老的枫杨在哪里？

我国古老的枫杨不止一株，仅举一例：湖北省远安县洋萍乡新华村，有一株枫杨树，高21米，胸径3.2米。主干中空，树洞内可放一张八仙桌。此树今仍生长旺盛，树龄可能上千年。

问题 2：为什么枫杨在湘西地区被称为“麻柳”？

因为枫杨喜生河边溪畔水湿之地，与垂柳之生水边类似，加上枫杨的花序为柔荑花序，似柳，人们可能由此就叫它“麻柳”或“水麻柳”了。

胡桃成绿荫

在学生宿舍区 28 楼和 31 楼南侧，路的两侧有许多胡桃树。夏日里路上林荫遮阳，行人凉爽，胡桃林立了功。这些胡桃林已有几十年历史，其中最大的一株，胸径达 40 厘米，高 6 ～ 7 米。

特征

胡桃属于胡桃科胡桃属，习称“核桃”，拉丁名为 *Juglans regia* L.。落叶乔木，树皮老时灰白色，有浅纵裂。小枝较粗，无毛，有光泽，有盾状生的小腺体。奇数羽状复叶，小叶常为 5 ～ 9 个，椭圆卵形或长椭圆形，全缘，无毛。雄柔荑花序下垂，长 5 ～ 10 厘米，或达 15 厘米，雄花有苞片、小苞片，有腺毛。花被片也被腺毛，雄蕊 6 至多数。雌花序为穗状花序，有花 1 ～ 4 朵，雌花无

梗，苞片与2小苞片愈合成壶状总苞贴生于子房，且随子房长大。花被片4，高出总苞，前后2枚在外方，两侧2枚位于内方，下部联合贴生于子房。子房下位，由2心皮组成，花柱分为2个羽毛状柱头。果序的果仅1～3个，近球形，无毛，直径2.8～3.8厘米，有2纵棱和不规则浅刻纹。花期4～5月，果期9～10月。

广泛栽培，西北、华北最多。北京广栽。

巧识 ⊙

奇数羽状复叶，小叶 5 ～ 9 个，较大，全缘，无毛。雄花序为柔荑花序，雌花序穗状。果序短，果球形，称核果。实际其肉质外果皮是由苞片、小苞片形成总苞加上花被片发育而成，应为假核果。其果的内果皮（核的壳）硬质，有不完全的 2 室。

用途 ⊙

胡桃的核仁含油丰富，含脂肪 60% ～ 78%，含蛋白质 17% ～ 27%，可生吃。或榨油食用。

胡桃木为硬质木材，光滑美观，不翘不裂。

胡桃的外果皮可提取单宁。

胡桃适宜作为庭院绿化树，具有很高的经济价值。

问题 1：北京有棵“核桃王”，你知道吗？

在北京市门头沟区清水镇燕家台村有一株大核桃，高 27 米，胸径 1.2 米，树龄 300 多年，人称“核桃王”，年结果 100 多公斤。此树为北京市一级古树。

问题 2：我国最老最大的核桃树在何处？

在西藏雅鲁藏布江地区波密县叶通乡，有一株老核桃树，高 22 米，胸径 3.6 米，树龄千年，年产核桃 200 多公斤，被称作我国核桃之最。

薄壳山核桃

薄壳山核桃仅一株

一次偶然的机会，我走到燕园东北部近边界处，在北大外国语学院西侧大马路西草地中，见到一株从未见过的小树，只有不到4米高，主干灰色，直径仅4厘米左右。虽已入冬了，树上还留存着快掉的奇数羽状复叶，无花果。我在附近林中再找不出第二株了。我鉴别它应是薄壳山核桃，从北美引进的，过去燕园从未见过。

特征

薄壳山核桃属于胡桃科山核桃属，拉丁名为 *Carya illinoensis* (Wangenh.) K. Koch.。落叶乔木，老树或成年树树干带有纵裂，芽有毛，小枝有柔毛。奇数羽状复叶，小叶 9 ～ 17 个，小叶卵状披针形至长圆披针形，稍弯，基部稍弯斜，棱形或圆形，顶端渐尖，边缘有稍密的锯齿或重锯齿，脉上有疏毛。雄花序 3 条 1 束，长达 14 厘米，生于上年枝之顶或当年枝基部，花药有毛。雌花序穗状，直立，花序轴有柔毛，有 3 ～ 12 朵雌花，雌花有 1 个苞片和 3 个小苞片，二者愈合为一个壶状总苞，4 浅裂，并贴生于子房，花后随子房增大。无花被，子房下位，长卵形，2 心皮，柱头盘状，2 浅裂。果为假核果，椭圆形或长椭圆形，先端急尖，有 4 条纵棱。外果皮 4 瓣裂，内果皮平滑，灰褐色，有暗褐色斑点，顶端有黑色条纹，基部为不完全 2 室。花期 4 ～ 5 月，果期 8 ～ 11 月。

原产于北美洲。我国多省引种，北京较少见。

巧识 ⊙

注意它的奇数羽状复叶，小叶可多至 17 个，小叶长圆披针形，边缘有较细锯齿，先端渐尖，基部略歪斜。

用途 ⊙

果仁含油脂量高（70%），可榨油供食用。木材坚实，可作为军工用材，也可制作家具。

园林绿化也是好树种。

问题 1：薄壳山核桃能长成大树吗?

能。南京早就引种了此树。1952 年种植的树，已高达 25 米，胸径达 70 厘米。在北美原产地，大树最高可达 55 米，胸径达 2.5 米，年岁可达 300 多岁，堪称“树王”。

问题 2：薄壳山核桃的优秀品质在何处?

在于果核壳薄，易剥离，核仁肥厚，含油率高，高达 70% 以上。可生吃熟吃，味道悦人。

树体高大美观，主干笔直不弯，姿态好。

桦木科

Betulaceae

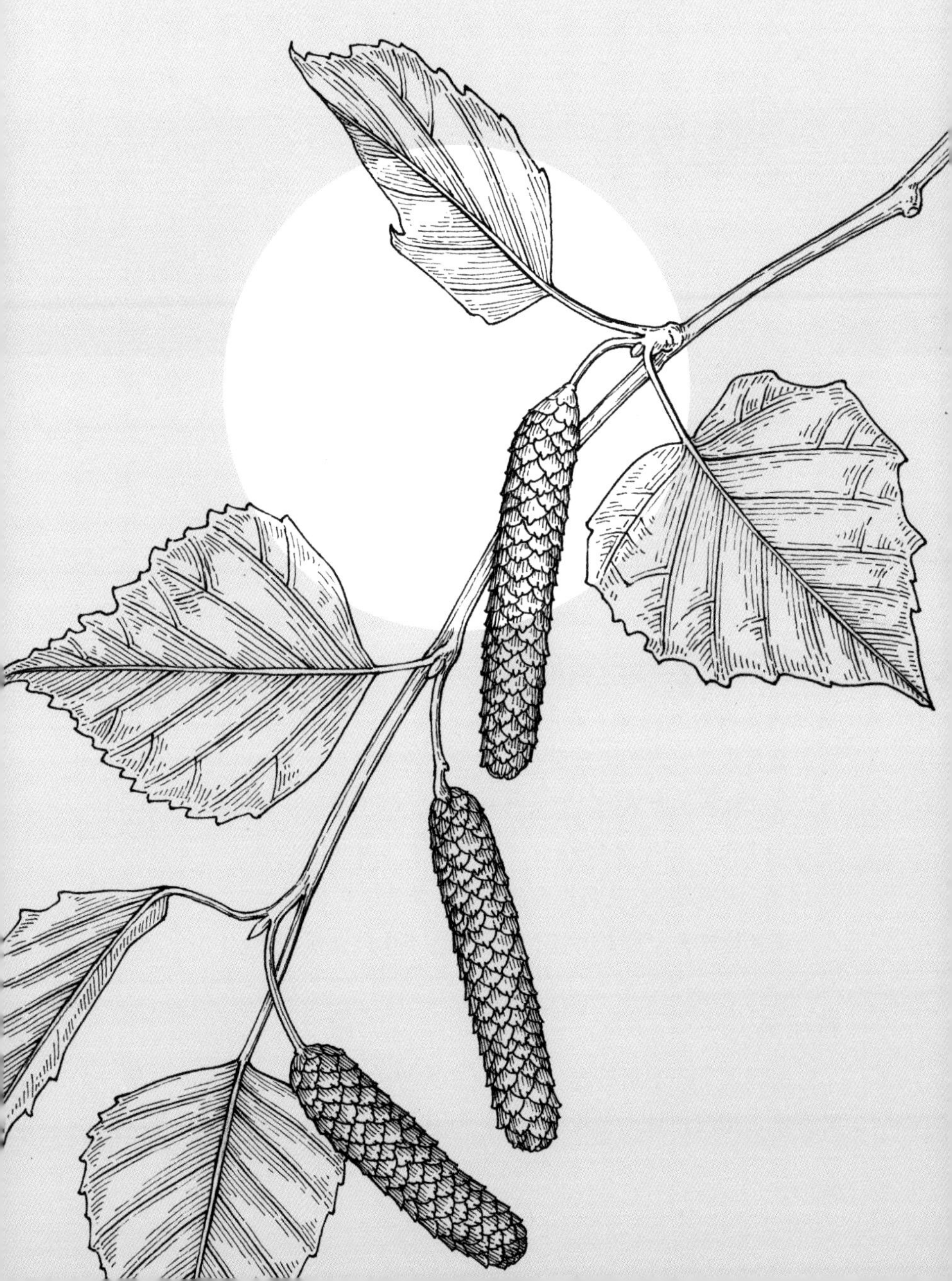

白桦

珍贵的白桦

白桦能进入燕园，全靠有心人的努力。我意外地在燕园东部法学楼（靠西南方的楼）的南侧路边，看见 4 株白桦夹杂在 21 棵西府海棠的中间，形成由西向东一字排开的阵列。

这 4 株白桦并不大。东边两株稍大，但干径也只有 6 厘米左右，高 6～7 米；西边两株稍小，干径只有 3 厘米多，高 3～4 米。2014 年 10 月 16 日见其树叶已呈黄色或黄绿色。

说白桦珍贵，是由于整个燕园仅此 4 株，以稀为贵。

特征

白桦属于桦木科桦木属，拉丁名为 *Betula platyphylla* Suk.。落叶乔木，树皮白色，可片状剥落。叶片卵状三角形、三角形、菱状三角形或卵状菱形，长 3 ～ 11 厘米，宽 2 ～ 10.5 厘米（嫩枝上的叶常大些），先端渐尖，有时短尾状，基部截形至楔形，有时几成心形或近圆形，边缘有单锯齿和重锯齿；无毛，上面深绿色，侧脉间有腺点，下面淡绿色，密生腺点；侧脉 5 ～ 7(8）对。叶柄长 1 ～ 3 厘米，无毛，有腺点。雄花序成双顶生，几无柄，苞鳞覆瓦状排列，每苞鳞内有 2 小苞片，3 朵雄花，花被膜质，基部连合，雄蕊常为 2。雌花序单生于叶腋，圆柱形，下垂，长 3 ～ 4 厘米，苞鳞覆瓦状排列，每苞鳞内有 3 朵雌花。雌花无花被，子房扁平，2 室，每室 1 胚珠；花柱 2，分离。果苞革质，鳞片状，由 3 枚苞片愈合而成，有 3 裂片，中裂片三角形，侧裂片半圆形、长圆形或卵形。小坚果狭长圆形或卵形，长 1.5 ～ 3 毫米。膜质翅比果身长 1/3，少数与之等长。花期 4 ～ 5 月，果期 6 ～ 9 月。

分布于东北、华北和西南地区。北京山区海拔 1200 米以上阴坡多有白桦。燕园引种 4 株实属奇迹。

巧识 ⊙

首先它的树皮白色，叶片三角状卵形或卵状三角形，应好认识。如要详细了解其花、果可看上文。

用途 ⊙

白桦木材细密，可作建筑用材和家具、农具用材。其皮可剥下来制作种种器具。

树含汁液多，桦树汁营养成分多，含有葡萄糖、果糖、多种微量元素和酶，有 10 多种氨基酸、10 多种矿物质及多种维生素。桦树汁做的饮料有杀菌、消炎、助消化的功用，此外桦树汁还可酿酒。

问题 1：白桦的树皮为什么会呈现白色？

因为白桦的外皮含丰富的“桦皮脑”，含量达 35%，桦皮脑是一种白色结晶体，它们聚集于树皮表面，故而树皮就呈现白色了。

问题 2：白桦树皮为什么不透水，可用来做桦皮船？

因为白桦树皮含有丰富的软木脂，使其能防潮隔水。

壳斗科

Fagaceae

栓皮栎

栓皮栎树皮软

燕园内有多株栓皮栎老树。在钟亭西山坡下，有一株栓皮栎，胸径在30厘米以上，下部分枝低又长，人手可触；从北阁之北一小路向北，西侧山上有两株栓皮栎，主干略粗于上株，高18米；从其西南侧下坡去，又见一大株栓皮栎，其主干胸径约50厘米，高18米以上。在蔡元培塑像南，一小路向西去，半路上的北侧林中，有一株大栓皮栎，十分苍老，主干有一条纵裂缝长达6米，测胸径达60厘米，高20米，为燕园栓皮栎之王。由蔡元培塑像东边一小路往南去，东侧还可见两株栓皮栎，但比前株小些。在蔡元培塑像西南方，向南去的小路西侧还有一株栓皮栎，在40厘米高处又分二枝。此树下部干径约35厘米，树高10米左右。

从胸径看，这些栓皮栎都是燕京大学建校之前就有了的，它们的生长慢于其他阔叶树，因此没有特别粗的，但年岁已在100年以上了。

特征 ◉

栓皮栎属于壳斗科栎属，拉丁名为 *Quercus variabilis* Bl.。落叶乔木，树皮黑褐色，有纵裂，木栓层发达，有弹性。叶稍带革质，椭圆形或长圆披针形，长达 15 厘米，宽达 6 厘米，先端渐尖，基部圆形或宽楔形，边缘有刺芒状锯齿，侧脉 14 ～ 18 对，上面无毛，下面密生灰白色星状毛。雄花序为下垂柔荑花序，雄花小，无花瓣，有 4 ～ 6 裂的花被片，雄蕊数个。雌花单生或数朵聚生，花被片数裂，柱头 3 裂，下有总苞，总苞由多数苞片组成，成熟时总苞变成硬质，为壳斗。苞片锥形，向外反曲，壳斗内有一硬质坚果，光滑。卵圆形或圆形，直径达 1.5 厘米，高达 1.9 厘米。5 月开花，第二年 9 ～ 10 月果熟。

分布于河北、山西、陕西等省。北京多见。

巧识 ◉

先看树皮，木栓层发达，用手使劲按压，有软质的感觉；次看其叶片，有刺芒状锯齿；再看果实，为坚果，下有壳斗。

用途 ◉

庭院绿化或山地造林中的重要树种之一。木材为建筑材料，木栓层厚者可制软木塞。其坚果含淀粉，可以造酒。

榆科

Ulmaceae

榆

庄严肃穆看榆树

在校园，如果你从未名湖周边一带往北去，到朗润园和镜春园，再到西校门内东南一带走走，会发现有好多大榆树，其主干胸径少则 40～50 厘米，多则 70～90 厘米，还有胸径达 1 米的“榆树王”。这些大榆树、老榆树，每株都给路人一种庄严肃穆之感。据不完全统计，大榆树有约二十株。我多次到树林中去看，一天忽然在偏僻处看见了“燕园的榆树王”。它的主干近地面处直径足有 1 米，超过了临湖轩和俄文楼前的大榆树。2007 年市园林绿化局为之挂了红牌，定为一级古树。大概阔叶树胸径达 1 米者可定一级古树，不够 1 米、够 50 厘米者，定为二级古树。那株榆树王的年岁，我估计至少有百年以上。

校园的大榆树，我几乎全看过了，每次走到它们跟前时，总要先看树干形状，再抬头看树冠和叶子。大榆树的主干多是挺立的，让人一看就肃然起敬。每株榆树都像一个顶天立地、威力无比的巨人一样，绝没有阔叶树那种柔弱或秀气之感。我草草统计了一下：

在临湖轩草地上，有一株老榆，胸径接近 1 米，主干 3 米高处有 2 大分枝，树高约 25 米，为燕园第二大榆树，属二级古树。

在俄文楼西，门的对面一株大榆，主干胸径近 90 厘米，在 4 米处有 1 分枝，此树高 25 米，为二级古树；俄文楼东北侧一大榆，主干胸径 85 厘米，在 4 米高处 2 分枝，树高 25 米，为二级古树；俄文楼西北侧路北一榆，主干胸径 60 厘米，于 4 米处分枝 1，主干下方围以铁栏，为二级古树。

在临湖轩西北山坡下一榆，主干胸径 80 厘米，高 25 米，4 米高处有 2 分枝，树皮深裂，挂牌为二级古树。

在生命科学学院之西马路北侧，一榆主干胸径近 70 厘米，高 25 米。树冠浓密，小枝向下垂，十分好看，无牌，应为二级古树。

在第一体育馆北边往西去全斋的路上，路北一榆，主干胸径 80 厘米，高 25 米。

在第一体育馆北，原水池西南角一榆，主干胸径70厘米，高达30米。附近另一榆，高30米，胸径70厘米。

在一体西北角小石桥南边向东不远处一榆，主干胸径75厘米，高约25米，为二级古树，此树生于近水沟处，生长好，主干直。

在镜春园建筑学院平房东侧一大榆，胸径达70厘米，高4米处分2枝，树高20米。

镜春园79号院之东侧一大榆树，胸径达70厘米，高5米处分枝，高约20米。二级古树。

在李兆基人文学院石牌之西，一大榆，分2枝，主干胸径约60厘米，高约20米，生长良好。

未名湖北岸有一东西走向的山梁，山梁东部北坡一大榆，主干胸径超过70厘米，高4米处有3大分枝，树高30米。由于树干略倾斜，已用铁杆支撑，挂牌示为二级古树。

在德斋的东侧草地北边，一大榆，胸径在60厘米以上，树高16米，有2分枝。

在北阁之北的小路边土山上，一大榆，树皮有深裂，胸径近60厘米，树高达20米。

在未名湖北岸中部，一临水的大榆树，胸径近60厘米，高13米，在高2米处分2大枝，分枝的直径几达40厘米。由于生长在近水处，生长良好。

在大讲堂北、学二食堂东北的马路边一榆，高20米以上，主干胸径50厘米以上。

在勺园东门北边马路东一榆树，胸径达60厘米，树高25米。

在博雅塔南约15米处一山包上，有一榆，胸径超过50厘米。

在西校门内北部，外文楼西部，有一土山。山上有一榆，胸径达70厘米，高20米。外文楼北侧有二榆，胸径均达70厘米。

上株榆附近还有一榆更大，胸径达90厘米，高30米，树皮有深裂，在高约5米处一分枝很大，横伸出，已用物支撑。

西门内向北过一山梁再往北，在小石桥之西山坡边有一榆，胸径达 70 厘米，高 25 米，在高 3 米处分 3 大枝。

在西门北一山上有一榆，胸径 65 厘米，在高约 6 米处有大分枝，树高 25 米。

在生命科学学院大楼南门西侧，有一大榆，其胸径有 50 厘米，树高 18 米，夏日为树下自行车遮阳。

我在燕园总共看到 28 株大榆树，其中树干直径达到 1 米多的就是前文提到的燕园榆树王，它所在处反而不易为人所知；其次是临湖轩草坪上的榆树，胸径近 1 米；第三名应为俄文楼西中央那株大榆，胸径达 90 厘米，为二级古树，有牌子。

余下的大榆，主干胸径至少 50 ～ 60 厘米，也可达 70 ～ 85 厘米及以上。这一批大榆树曾经为燕园的绿化做出了大的贡献，今天看着它们仍生机勃勃的样子，让人十分高兴。实际燕园的榆树除上述大树以外，可能还有漏掉的，胸径在 50 厘米以下的也不少。燕园是榆树的乐园，我们看到有的大榆树由于主干稍倾斜，就用铁杆支撑，说明园林管理人员对榆树的爱护之心。

特征 ◉

榆属于榆科榆属，拉丁名为 *Ulmus pumila* L.。中文名植物学上称榆，北京乃至北方地区民间习称榆树。落叶乔木，树皮暗灰色而粗糙，有纵裂。小枝黄褐色，有短毛。单叶呈椭圆卵形或椭圆披针形，长 2 ～ 9 厘米，宽 1 ～ 3.5 厘米，先端锐尖或渐尖，基部圆形或楔形，边缘有单锯齿，侧脉 9 ～ 16 对，叶柄长 2 ～ 8 毫米，有毛。花两性，先叶开花，花簇生，形成聚伞花序，生于上年枝条的叶腋。花被片仅 4 ～ 5，雄蕊 4 ～ 5，花药紫色，伸出花被之外，子房扁平，花柱 2，胚珠 1。翅果扁平，倒卵形，有膜质翅。3 月开花，4 ～ 5 月结实。

分布于东北、华北、西北及长江以南地区。北京平原多见野生和栽培。

巧识 ⊙

注意它的小枝不易拉断，因其韧皮纤维发达。叶片卵形或较长的披针状椭圆形。春天在树木中开花早，花小、簇生状，两性花，花药紫色。果为翅果，周围有膜质翅，似钱币，称为“榆钱”。

用途 ⊙

木材坚实，为建筑用材。嫩叶、嫩果、树内皮、根皮都可以食用。嫩叶晒干加入小米中煮成稀饭，有黏质，味可口。我 1960 年曾在北京门头沟区清水镇参加劳动，那年缺粮，农村食堂用榆叶加小米煮稀饭，十分新鲜，让我第一次亲身体验榆叶的滋味。榆的皮和根皮可磨成粉当粮食，为救荒植物。

榆的贡献

一方面是感激榆在缺粮的年代提供了食物，另一方面为了更多地了解榆的贡献，我又查阅了不少文献，深知古人对榆早有深刻认识。《汉书》有云：蒙恬为秦侵胡，辟地数千里，累石为城，树榆为塞。今陕北榆林县就在长城边上，因当年多栽榆树与长城共御外侮而得名。望着燕园老榆那老成持重之态，仿佛到了边塞地区，让人对榆产生崇高的敬意。

榆能长到多老?

我国有没有存活至今的特老的榆树？带着问题，我查考了《中国树木奇观》一书。在河北省崇礼县西湾子镇四道沟村，有一老榆，高 24 米，胸径 2 米，当地称它为“寿星榆”，据说已有 800 多岁。在北京怀柔区碾子乡郑栅子村，有一老榆，高 18 米，胸径 1.9 米，已有 500 多岁了。燕园胸径达 1 米多或 90 厘米至 1 米者与之相比，胸径少一半，年岁也小一半，如果前述两老榆年岁准确的话，那么燕园榆王至少也有 200 多岁了！

古诗的榆钱

榆钱指榆的果实，因有翅，呈古钱币状，称“榆钱”，又称“榆荚”。北周庾信的乐府《燕歌行》中云：“洛阳游丝百丈连，黄河春冰千片穿。桃花颜色好如马，榆荚新开巧似钱。”形容新榆荚似细巧的古钱。

古人诗中，有用榆荚代表气象的，如宋代诗人余靖的《暮春》诗云：“草带全铺翠，花房半坠红，农家榆荚雨，江国鲤鱼风。”这里榆荚雨即春雨之意。

小叶朴

小叶朴叶基歪斜

校园内有一些散生的小叶朴，未名湖岛上西侧有一株，南侧有一株较大的，树枝上有许多圆球形虫瘿。下面环岛的路边也有一株差不多大小的。

在临湖轩西北侧杂木林一带，也有散生的小株小叶朴。有一株小叶朴生在老化学楼西侧，与金银木混生，但它较高，主干径约 3 厘米，高约 3 米，生长良好。

特征 ◎

小叶朴属于榆科朴属，拉丁名为 *Celtis bungeana* Bl.。落叶乔木，树皮平滑无毛。一年生枝褐色，无毛，有光泽。叶互生，单叶，叶片卵形、卵状椭圆形，长 4 ～ 11 厘米，宽 2 ～ 4 厘米，先端渐尖，基部偏斜或近圆形，叶边缘在中部以上有锯齿，有时全缘，基部有 3 条主脉，伸向叶边缘，两面无毛。叶柄短，长 5 ～ 10 毫米。花杂性，雌雄同株，雄花簇生新枝基部，成聚伞花序。两性花或雌花单生于枝条上部的叶腋或几朵成簇，花被片 4 ～ 6 片，离生。雄蕊与花被片同数，且与之对生。雌蕊由 2 心皮组成，子房卵形，花柱分叉向外曲，1 室，1 胚珠。果常单生于叶腋，近球形，径 4 ～ 7 毫米，紫黑色，果柄长达 1.2 ～ 1.8 厘米，较叶柄长。果核白色，光滑。花期 4 月，果期 9 月。

分布于辽宁、华北、西北、华东至西南地区的四川和云南。北京山区多见。

巧识 ⊙

就燕园岛上的小叶朴观之，首先注意，树上有许多小圆球形的虫瘿，为重要识别标志。其叶片斜卵形，基出 3 脉，至少部分叶的基部偏斜。如有果实，则为小球形核果，果梗比叶柄长许多。

用途 ⊙

小叶朴木材纹理密，为好的建筑用材。

枝干可入药，名“棒棒木”，有祛痰、止咳、平喘的作用，治支气管哮喘、慢性气管炎。

问题：我国最老的小叶朴在何处？

山东莱州市路旺镇佛台村，有一朴树，高 9 米，胸径 1.5 米，为明代所栽，已有 600 多年，堪称“小叶朴王”。

北京东长安街明清府衙旧址内有一小叶朴，胸径达 1 米，有 300 多岁了，为“北京小叶朴王”。

大叶榉

大叶榉分枝向上“举”

新栽不太久的榉树，就在静园北部，共4株，其中1株较高大，在北部近中间处，胸径有40厘米，高有10米以上。分枝多，几乎直向上举，因此叫榉树是有点道理的。此株越长越雄伟可敬。在它的西侧不远处，竹丛的附近，还有3株榉树，比较矮小些，但胸径也已达20厘米或过之，高6米以上。枝叶茂盛，显示其生长好，是不可多得的树种之一。

特征 ◎

大叶榉属于榆科榉属，拉丁名为 *Zelkova schneideriana* Hand.-Mazz.。落叶乔木，叶片长椭圆卵形，长2～14厘米，宽1.5～6.5厘米。边缘有单锯齿，略向前弯，齿顶有短小刺尖，侧脉7～16对，叶先端渐尖，基部圆形或稍带浅心形，有偏斜，成熟叶两面粗

糙，上面有稀短糙毛，下面脉上略有糙毛。叶柄长 1 ～ 4 毫米。花单性，少杂性。雌雄同株，雄花簇生于新枝下部叶腋或生于苞腋，雌花 1 ～ 3 生于新枝上部叶腋，花被片 4 ～ 5（6），宿存。花柱 2，歪生。坚果上部歪斜，径 2.5 ～ 4 毫米。

分布于秦岭、淮河以南，达广东和西南地区。

巧识 ⊙

看它的叶片极像榆树的叶，但比榆叶（指普通榆的叶）宽大；果实歪斜，无翅。其次看它的大树分枝斜向上。

用途 ⊙

庭院绿化树种之一，能长成极高大的树，主干分枝上举，姿态特殊，具观赏价值。

树皮和叶入药，治感冒、头痛、肠胃实热、痢疾。叶治疔疮。

问题：我国最大的大叶榉在哪里？

广西壮族自治区资源县中峰乡，有一株大叶榉树，号称“榉木王”。树高 28 米，胸径 1.3 米，因分枝斜直上，树冠呈倒圆锥形。传说为明代所栽，年岁已达 600 多岁。

桑科

Moraceae

柘树

柘树有乳汁

一天，我从二体北侧经过，忽然见静园西南角不远处有株异样的树，走到它前面一看，方知是柘树。一阵惊喜之后，左右找一找，没有发现第二株。不知是什么时候栽上的。这株柘树不大，也就高1米左右，干径不超过4～5厘米，可是分枝多，又几乎平展开，占的面积不小。

特征

柘树属于桑科柘树属，拉丁名为 *Cudrania tricuspidata* (Carr.) Bur.。落叶小乔木或灌木，枝条无毛，有硬刺，刺长达3.5～4厘米。叶片卵形、倒卵形或椭圆形，长3～15厘米，宽3～9厘米，先端渐尖，基部楔形或圆形，全缘或有3裂，上面绿色，下面色淡，幼叶两面略有毛，老叶背面中脉有细毛，叶柄短，长8～15毫米，有毛。花单性，雌雄异株，球形头状花序腋生，单一或成对。雄花序径约5毫米，雄花花被片4，顶肥厚内卷，雄蕊4，与花被片对生，有退化雌蕊。雌花序直径1.3～1.5厘米，雌花花被片4，花柱1。聚花果近球形，直径2.5厘米，肉质，红色，瘦果外包以肉质化花被片和苞片。花期5～6月，果熟期9～10月。

分布于辽宁至西北陕西、甘肃，西南的四川、贵州、云南，华东和中南地区也有。北京有栽培。

巧识 ⊙

注意其枝有许多硬刺。叶含乳汁，叶片全缘或3裂。雌雄异株，聚花果球形，径约2.5厘米，肉质，红色。

用途 ⊙

茎皮纤维好，为造纸原料。根皮入药，有祛风湿、活血、消炎之功效。果实可食。

柘树名释

据陆佃《埤雅》云：“柘宜山石，柘之从石，取此意。”说明柘生在石子多的山上也能生长好，不怕土中有石头。

桑

桑的秘密

我喜欢桑树，主要原因是它能结桑果，即桑葚。这桑葚熟时有白色的、紫黑色的两种，且不同株，常常是白色的更甜些。20世纪50年代我在北京山区野外实习时亲身体验，白桑葚更甜，而且不染牙齿，而紫黑色桑葚吃了后，牙齿也成紫黑色了。

燕园的桑树，我见过多株，且均为“年届古稀”之树，如西校门内东北水池之东北角有一古桑，号称有300多岁，是一雄株，是燕园最老的一株。在校史馆之北、老化学楼之西北角有一桑树（雌雄同株），地面上有4个茎干，相互距离不过20～30厘米，可能地底下仅一主干，实为一株。此树不及前株古老，但恐怕也有100多年历史了。

在临湖轩的东边有一水池，可通未名湖。水池东岸一老桑，主干倾向水面，已经半朽，用水泥修补了一下。此桑为雌株，年年结实，紫黑色。向东去不到十几米远处，即在东馆、西馆（均为生物系的实验馆）之间，路边有一株桑，主干耸直，与众不同，干径超50厘米，树高18米。我几乎年年从其下面一小路走到未名湖去。我到临湖轩去，也都要驻足看看这株壮年桑树。它带给我许多乐趣，一是树势雄壮好看，生长良好；二是年年4月它结的桑葚成熟后，总是落下一地紫黑色。我常会拾几颗尝一下味道，还挺甜。由于树高，无法上树去摘桑葚，捡一些地上的，回去洗一洗吃也很有意思。有好些年，我都这么吃此树的桑葚，十分惬意。

植物分类学书上介绍，桑为雌雄异株的，即雄树只开雄花，不结桑葚，只有雌株才结桑葚。但书上也说，偶有雌雄同株现象。我曾经寻找过雌雄同株现象，可一直没有结果。今年（2014年）4月，我又一次经过上述桑树下，忽见其主干两侧的地上有落下的花，拾些一看，是雄花，拾了好多均如此，再抬头看树上，确为此树树枝落下的雄花。因为树枝上还有许多未落的雄花，摘了一些看看，果真如此。而再看树，周围不见桑葚。以前桑葚落地集中在树干东边和南边，难道这边的树枝今年不开雌花、不结桑葚了？又过了五六天，我再一次去查看，发现树干东边地上落了好多紫黑色桑葚，如往年一样。这时我才明白了，桑树雄花开的时间早几天，然后雌花开，结桑葚，桑葚是东边树枝上的，而雄花是西边树枝上的，两种花同株而异枝；可能我过去未注意西边枝。因为脑子里一直有桑为雌雄异株的印象，今天自己亲眼见到了桑树确实偶有雌雄同株异枝的现象，十分高兴。植物学上认为，雌雄同株演化成雌雄异株，上述桑树如果雄花或雌花退化就成了雌株或雄株了（即雌雄异株），而今见到雌雄同株都是桑树的返祖现象，即由雌雄异株返回雌雄同株。我从校史馆西边向北去，见一桑，四干相距极近，可能地下为同一主干，地上四干靠东北二干全是雌花，靠西南二干全为雄花，又是一雌雄同株异枝现象。

西校门内水池的东北角有一株号称有 300 多年历史的老桑树，据我多年观察，此株为地地道道的雄株，且历史极久，为燕园桑树之首。但我在朗润园石桥北部、北大发展研究院的南小门外靠西侧的墙边小山上见一古桑，下部干径足有 1 米多，几齐地面分两大干，较小干斜伸，较大干直上，树高 12 ～ 15 米。此株桑树是雄还是雌，我因春天从未来此，难以确定，留待下年再看。不过此株桑论年岁应有 200 年以上，比西校门内那雄株小不了多少。镜春园一带，还有几株老桑树，干径达 50 厘米。另外，未名湖石舫附近岸上，有一桑树主干胸径达 50 厘米，主干直上，高 15 米，生长很好。

特征 ◉

桑（树）属于桑科桑属，拉丁名为 *Morus alba* L.。植物学上称桑，另又有别名：白桑、家桑，民众多称为桑树。为落叶乔木，有乳汁，树皮灰褐色，有浅纵裂口，幼枝无毛或有毛。单叶，互生，卵圆或宽卵形，长达 15 厘米，宽达 13 厘米，先端急尖或钝形，基部近心形；叶缘有锯齿，有时有裂，上面几无毛，下面脉上有疏毛，脉腋有簇毛；有叶柄，柄有柔毛。托叶较窄，披针形，早脱落。花单性，雌雄异株，偶同株。柔荑花序，雄花序长 1 ～ 2.5 厘米，雌花序长 0.5 ～ 1.2 厘米，雄花有花被片 4，雄蕊 4，与花被片对生，中无雌蕊。雌花有花被片 4，在结实时，花被片肉质化。雌蕊无花柱，柱头 2 裂，宿存。果为聚花果，即桑葚，长 1 ～ 2.5 厘米，熟时紫黑色或白色。花期 4 ～ 5 月，果期 5 ～ 6 月。

桑分布广泛，南北多省皆有，北京很多。

巧识⊙

首先看它的叶，应有白色乳汁，几无毛，桑科几乎都有乳汁；其次托叶窄而早落，果实为聚花果，即桑葚。

用途⊙

桑的叶可养蚕，木材坚实，可做各种器具；茎皮纤维可造纸（桑皮纸）；根、皮、叶、桑葚均可入药；桑葚可生食，注意其肉质化花被片为可食部分，花被片内的小型瘦果也可吃。

桑的趣闻

蒙桑还是桑

北京山区有一种野生的蒙桑（*Morus mongalica* Schneid.），又称刺叶桑、岩桑，为小乔木或灌木，其叶卵形，顶端渐尖或尾状渐尖，边缘有粗锯齿，齿端有刺芒状尖，与桑明显有区别。燕园内没有蒙桑。

在河北省承德避暑山庄有个奇山叫棒槌山，山半腰一小块平地上，生有桑树 1 株（也说 2 ～ 3 株），有人认为是蒙桑，后又有人认为非蒙桑，而为桑，且是雌雄同株异枝。由于山高，人又上不去，有何办法能确定到底是哪种桑树呢？

桑树救人的故事

1942 年，一个八路军侦察员为逃脱敌军的追捕，急中生智爬上一株枝叶茂密的桑树上躲避，安然脱险。此桑救人立功，因此成为北京市的保护树木；此桑在北京延庆二道河乡孟家窑村，树高 9 米，主干胸径 1.2 米，有约 300 年树龄。

古代吃桑葚活命的皇帝

公元前 205 年，刘邦在徐州被项羽打败后逃入一深山，肚子饿了，加上生病，苦不堪言。他见山上有桑，且有桑果，就摘来吃，肚子饱了，病也好了。刘邦后来当了皇帝，仍不忘吃桑葚。据现代医药家研究，桑葚有养血生津之功效，证明当年刘邦吃桑葚吃对了。可见那时人们对桑葚之为食物早已知之，历代用以备荒，并充作军粮。如汉光平元年九月，桑有葚时，刘宏驻军小沛，年荒谷贵，士众皆饥，仰以为粮。史载魏武帝年乏食，得干葚以济饥。金末大荒，民皆食葚，获活者不可胜记。如此之事，古代多矣。

一年五熟的桑树

在山西省运城市常平村的关羽庙前，有一株奇怪的桑树，是一雌株。一年中从春天到冬天，它陆续能结五次果实，人称之为“五熟五落”。每次结的桑葚都甜蜜可口，村中从老人到小孩都喜欢吃。为什么一株桑树一年之中能结五次桑葚？至今无人能说出个道理。

桑树能吸收有害气体

桑树有较强的抗二氧化硫有害气体的特性，对硫化氢也有一定的抗性。在氟化物的污染下，含氟量可增加 2.5 倍甚至更多倍而不受害。可见桑树是环保树木。

构树

构树叶毛茸茸

校园内几乎各处都有构树，只是大多为不像树的树，因为其主干多较细，高也不过两三米到七八米左右，而且乱七八糟地散生在个别地方，由于偏僻，平常人少去，它们就任意繁殖，似乎成了森林。这个地方在镜春园一个小池的北岸，一条小路穿行其中。你会感觉构树唯一的显著特征是叶片较大，比桑树叶子大，毛茸茸的。撕破一点，马上流出白色乳汁。偶尔可见到高大一些的植株，如镜春园 83 号门外附近有多株较大的构树，胸径 10～15 厘米。朗润园石桥东山上有胸径 20 厘米的。

特征 ◎

构树属于桑科构树属，拉丁名为 *Broussonetia papyrifera* (L.) Vent.。落叶乔木，树皮暗灰色，光滑没有裂，小枝密生茸毛。叶

宽卵形，不规则 3 ～ 5 深裂或不裂，长 7 ～ 20 厘米，宽 6 ～ 15 厘米，边缘有粗齿，上面有粗毛，下面有柔毛。叶柄长 2.5 ～ 8 厘米，密生柔毛。花单性，雌雄异株。雄花组成柔荑花序，生于叶腋，长 3 ～ 6 厘米，下垂，花被片 6，基部合生，雄蕊 4。雌花组成球形的头状花序，直径 1.2 ～ 2 厘米，苞片棒状，尖端有毛，花被管状，顶部 3 ～ 4 裂。花柱侧生，丝状。聚花果球形，径 2 ～ 3 厘米，成熟时肉质，鲜红色。花期 5 ～ 6 月，果期 9 ～ 10 月。

分布范围从河北到南方多省，云南、四川也有。

巧识 ⊙

注意其叶大，多毛，用手摸摸即知；撕破流白色乳汁。雄花序为柔荑花序，长 3 ～ 6 厘米，下垂；雌花序球形，熟时鲜红色，肉质。

用途 ⊙

构树韧皮纤维发达，我国著名的宣纸使用的原料就有构树皮，造出的纸质优、价昂。构树木材柔，可做箱板材料。果实入药，有补肾、强筋骨的作用。

构树奇景

河南许昌市社稷坛，有一大侧柏，高 17 米，胸径达 1.6 米。在它距地 6 米处一分枝上，生有一株大构树，高 6 米，胸径 40 厘米，形成大乔木上生长另一种乔木的奇景。人们推测，可能是鸟把构树种子带到侧柏树上去繁殖而成的。

马兜铃科

Aristolochiaceae

北马兜铃

北马兜铃气味重

燕园有个地方有很多北马兜铃，它是草质藤本植物，茎藤喜欢缠在灌丛或草本植物上向四周发展，条件许可时可爬成一大片，显示出它生命力的顽强。

燕园北阁的北部有一条小路，向北可通到蔡元培塑像区域。小路的东侧，有生长茂密的乔木和灌木，近路边灌丛上爬满了北马兜铃，那一片都是它的天下。我记得前几年还只见那个坡的南头路边上有少量北马兜铃，不成气候，可现在大不同了，可见条件适宜时，这植物真能大发展。

特征

马兜铃属于马兜铃科马兜铃属，燕园这种马兜铃，应称“北马兜铃”，还有一种称“马兜铃”的种，产于南方。北马兜铃的拉丁名为 *Aristolochia contorta* Bunge。多年生缠绕草本，全株无毛，茎细长，有纵沟。单叶互生，有叶柄，长 1.5 ～ 6 厘米。叶片三角状心形、心形或卵状心形，长 4 ～ 12 厘米，宽 4 ～ 10 厘米，全缘，上面绿色，下面灰绿色，从叶基出 7 条主脉。花几朵簇生于叶腋，花被管状，两侧对称，有长而弯曲的筒部（管部）；筒的口部缩小，由此伸展成檐部，下部绿色，上部带紫色，内侧有软腺毛，基部呈球形，有 6 条隆起的纵脉和明显的网状脉；筒部连同球形基部共长 1 ～ 2.5 厘米，花被筒上部二唇形开展，先端延伸成细尾状。雄蕊 6，生于 6 裂柱头之下，药室内侧贴生于肥厚肉质的花柱上，子房下位，6 室；柱头膨大 6 裂，肉质蒴果，下垂，广倒卵形，顶端微凹，室间开裂，种子多数，种子有膜质翅。花期 7 ～ 8 月，果期 9 ～ 10 月。

北马兜铃分布在东北和华北地区，北京山区多见。燕园的北马兜铃是野生的，有幸进入了人工园林。

巧识 ⊙

首先它为草质藤木，叶形为三角状心形，叶柄两侧有较大空

间，叶片基部两侧裂片形似圆耳。花被筒状，弯曲，上部二唇形，先端有细尾尖。蒴果广倒卵形，较大，室间开裂。撕破叶闻一下，有浓烈刺鼻的气味。

用途

马兜铃的花奇特，种于庭院，可供观赏。北马兜铃管状的花有生物学意义：管部（筒部）内侧生有倒向的毛，昆虫进入后，倒毛阻挡虫体，使其不能退出。昆虫在花内乱冲时，身上带了花粉，当毛萎缩时，昆虫即可退出去，进入另一朵花，为北马兜铃异花授粉。可见北马兜铃花内的毛不是白生长的，而是一种利于授粉的适应性特征。

北马兜铃的成熟果实入药，有清热去火、止咳平喘的作用，可治慢性支气管炎、肺热咳喘、百日咳。

北马兜铃的茎叶入药，称“天仙藤”。在秋天霜降前割地上带叶的茎藤，晒干即成药材，有扩气活血、止痛利尿之功效。

蓼科

Polygonaceae

萹蓄

萹蓄叶腋都生花

萹蓄在燕园各处都有，未名湖边草地、俄文楼西草地、静园草坪等地均可见。萹蓄是一种小草，然而也是一种常用的中药。

特征

萹蓄属于蓼科蓼属[*]，拉丁名为 *Polygonum aviculare* L.。一年生草本，茎直立或平卧。叶狭椭圆形或长圆倒卵形，长 0.5 ~ 4 厘米，宽 1.5 ~ 10 毫米，先端钝尖，基部楔形，全缘，两面光滑无毛，托叶鞘膜质，常 2 裂，下部带绿色，上部白色透明，有脉纹，无毛。花生于叶腋，常 1 ~ 5 朵成簇，花被 5 裂，裂片有白色或

* 后人将萹蓄属（*Polygonum*）同蓼属（*Persicaria*）区分开来，本书仍采用传统分类法。

粉红色的边缘，雄蕊 8，花丝短，花柱 3，离生。瘦果三棱状卵形，长 3 毫米，黑褐色，表面有线纹，果实稍长于花被。花期 5 ～ 7 月，果期 8 ～ 10 月。

分布几遍全国，多见于田边、路边、荒地。北京多见。

巧识 ⊙

首先它是矮小草本，叶小、狭椭圆形，托叶鞘膜质，2 裂。花腋生，花被 5 裂，裂片有白或粉红的边缘。瘦果三棱状卵形，黑褐色。

用途 ⊕

萹蓄全草入药，有清热利尿、解毒驱虫的作用，治泌尿系统感染、结石、肾炎、细菌性痢疾等。

红蓼

红蓼叶大花穗红

在燕园原朗润园至镜春园一带住家的院落中或近水边，我见到过植株高大、花鲜红美丽的红蓼。

特征

红蓼属于蓼科蓼属，拉丁名为 *Polygonum orientale* L.，又称“狗尾巴花”。一年生草本，有粗壮的根，茎直立、粗壮，高可达3米，有节，分枝多，中空，全体密被粗长毛。单叶互生，有长叶柄，叶片宽卵形或卵形，长10～20厘米，宽6～12厘米，先端渐尖，基部近圆形或近楔形，全缘，两面有粗长毛和腺点。托叶鞘筒状，下部膜质、棕色，上部绿色、草质，呈环状。茎上部叶渐小，为卵状披针形，圆锥花序顶生或腋生，苞片卵形，有长缘毛，苞内生白色或粉红色花。花开时下垂，花被片 5，椭圆形。雄蕊 7，外伸，有花盘，齿裂状，花柱 2，柱头球形。瘦果近圆形，稍扁，长约 3 毫米，黑色，有光泽，包于宿存花被之内。花期 7 ～ 9 月，果期 9 ～ 10 月。

分布在东北、华北、华南、西南地区。野生或栽培，北京多为栽培。

巧识 ⊙

植株高大，高可达 3 米。茎粗壮，密生毛。叶宽披针形或近圆形，长可达 20 厘米或更长。花序下垂，鲜红色，美丽。瘦果稍扁圆形，黑色。

用途 ⊙

可栽于庭院，为一种美丽的观赏高草。其果实入药，名“水红花子”，有活血、消积、止痛、利尿、明目的功能。

本种嫩苗可做菜吃。用干叶磨粉浸液可作农药，防治棉蚜虫效果不错。

两栖蓼

两栖蓼既下水又上岸

两栖蓼为草本，我从前在燕园只见过它的陆生型植株，有一年从西校门回校，经过校门内南侧水池边时，忽然看见水面上有两栖蓼的水生型，十分高兴。

特征 ◎

两栖蓼属于蓼科蓼属，拉丁名为 *Polygonum amphibium* L.。多年生草本，水陆两栖性，有横走的根状茎，节部生根。水生型的叶浮于水面，有叶柄，叶片长圆形，长 5 ～ 13 厘米，宽达 4.5 厘米，先端钝或微尖，基部心形或稍心形，全缘。托叶鞘圆筒状，膜质。陆生型的茎直立，不分枝，叶宽披针形，先端急尖，基部近圆形，密生短硬毛，叶柄短，花序穗状，顶生或腋生。苞片膜质，有 3 ～ 4 朵花，淡红或白色，花被 5 深裂。雄蕊 5，与花被对生，花柱 2，伸出花被外。瘦果卵圆形，黑色有光泽。花期 5 ～ 9 月，果期 7 ～ 10 月。

分布于全国各省区，生水边。北京有分布。

巧识 ⊙

容易见到此种蓼的陆生型植株，其叶较窄长，茎直立，不分枝，茎叶有硬细毛。水生型植株叶卵圆形，浮于水面，上面有光泽。

用途 ⊙

全草可入药，有清热利湿的作用，治痢疾。外用治疗疮。

补充资料

两栖蓼的水生型与陆生型有联系：水生型植物体有根状茎，可以从水边生长横钻入岸边去，在岸上出土，长出陆生型来。说明二者为同一个种，由于环境不同，体态适应环境而起了变化。

酸模叶蓼

酸模叶蓼果实扁

酸模叶蓼在燕园也多见，但以湿地为多。由于是一年生植物，有时一长一片，但地方不固定，植株高矮都有。花穗上的小瘦果是扁的。

特征 ◎

酸模叶蓼属于蓼科蓼属，拉丁名为 *Polygonum lapathifolium* L.。一年生草本，茎直立，上部有分枝，带粉红色，节部膨大。叶片披针形或宽披针形，长 4 ～ 20 厘米，宽 1 ～ 5.5 厘米，先端渐尖，基部楔形，全缘，有缘毛，叶脉及叶边缘有粗毛。托叶鞘筒状，膜质，无毛，端截平，常无缘毛。多花组成圆柱状花序，再组成圆锥花序，顶生或腋生，苞片漏斗状，内有数花，花淡绿色或粉红色。

花被常4深裂，偶5深裂，裂片椭圆形。雄蕊6，花柱2。瘦果扁卵圆形，两面平，黑褐色，有光泽，包于宿存花被内。花期6～7月，果期7～9月。

分布于全国各地，北京平原极多见，生水边湿地、荒地。

巧识 ⊙

一年生，植株有时很高，达1米，有时矮，仅40～50厘米。茎干粉红色，托叶鞘圆筒形，顶部截形，无缘毛，叶片披针形，花被裂片常为4，雄蕊6。瘦果两面扁平。

用途 ⊙

江苏、河北一带将酸模叶蓼的果实当作水红花子入药，水红花子为红蓼的果实，有活血、消积、止痛、利尿的作用。

酸模叶蓼有一变种，名绵毛酸模叶蓼（var. *salicifolium* Sibth），特点为叶片下面密生灰白色绵毛。此变种在燕园也有。

圆基长鬃蓼

圆基长鬃蓼叶基圆

在西校门内南侧水池边，偶然见到这个变种，十分高兴。因为在 20 世纪 70 年代，我曾在镜春园北部那个芦苇池边见过这一变种，后来环境变迁，可能没有了。这次是 2014 年 11 月见到的，只有两三株，还开着花呢！它生长的地方在水边，那里少人干扰，估计会存活下去。

特征

圆基长鬃蓼属于蓼科蓼属，拉丁名为 *Polygonum longisetum* De Br. var. *rotundatum* A.J Li。一年生草本，茎直立，上升或基部近平卧，基部即分枝，高 30 ～ 60 厘米。无毛，叶片长圆披针形，长 5 ～ 13 厘米，宽约 1 厘米。先端急尖，基部圆形或稍带心形。上面近无毛，下面沿叶脉有短毛，边有缘毛，几无叶柄，托叶鞘筒状，长 7 ～ 8 毫米，有疏毛，顶端截形，有缘毛，长 6 ～ 7 毫米。总状花序穗状，顶生和腋生，下部间断，直立，长 2 ～ 4 厘米，苞片漏斗状，无毛，有长缘毛，花梗长 2 ～ 2.5 毫米，花被 5 深裂，淡红色或淡绿色，雄蕊 6 ～ 8，花柱 3，柱头头状。瘦果有 3 棱，黑色，有光泽，长 2 毫米，包于宿存花被内。花期 6 ～ 11 月，果期 7 ～ 11 月。

分布在东北、华北、华东、华中、华南等地区，北京有分布。

巧识 ◉

注意看它的叶形狭长，两边近平行，基部呈圆形，有时几近浅心形，绝不为楔形。

用途 ⊙

在江苏，人们以本变种的原变种长鬃蓼作辣蓼入药。推想本变种似乎同样也可入药，写在此供参考。

中草药中“辣蓼”的原植物有二，一为辣蓼（*Polygonum flaccidum* Meisn），另一为水蓼（*P. hydropiper* L.）。前者分布在东北、江西、福建、广东，后者分布在东北、河北、北京、华东、中南、西南和陕西、甘肃、新疆等省区。

巴天酸模

粗壮草本巴天酸模

巴天酸模有时一长一片，我在北大学五食堂的南墙下，看见巴天酸模在一行桧柏树下的草地上长得很茂盛，因有桧柏的保护，它们才得以欣欣向荣。在燕南园西南角一带路边也能见到它们。

特征 ◉

巴天酸模属于蓼科酸模属，拉丁名为 *Rumex patientia* L.。多年生草本，根粗壮，黄色，茎直立。上部有分枝，有棱槽。基生叶长圆披针形，长 15 ～ 30 厘米，宽 4 ～ 12 厘米，先端圆钝或急尖，基部近心形或圆形，全缘，有波状起伏，叶脉突出，叶柄长达 10 厘米，粗壮，茎上部叶较小，几无柄，托叶鞘筒状，膜质，无毛。圆锥花序顶生或腋生，花两性，花被片 6，排成 2 轮，内轮 3 片，宽 5 ～ 6

毫米，在结果时增大，宽心形，全缘，有网纹，其中一片常有瘤状突起，有时3片均有瘤状突起。雄蕊6，瘦果三棱形，褐色，有光泽，包在宿存内轮花被之内。花期5～8月，果期6～9月。

分布于东北、华北及西北地区，在北京很普遍。

巧识 ⊙

本种植株粗壮，叶片也较宽大，注意其叶基常为微心形或圆形，不为楔形，内轮花被片在果期常只1片有瘤状突起。

用途 ⊙

又称“土大黄”，其根入药，有清热解毒、活血化瘀、润肠的功效。

嫩茎叶可做菜吃，含粗蛋白质，又含较多粗脂肪，还含维生素C。种子可提取油脂和淀粉。

近缘种：齿果酸模（*Rumex dentatus* L.）

多年生草本，基生叶长圆形，长4～10厘米，宽1.5～3.5厘米，基部圆形或稍心形，花序上有叶。内轮花被卵形，果时增大，有网纹，边缘有长短不一的针状刺3～5对，常为3对，刺直伸或稍弯，每片有长圆形瘤状突起。果三棱形，淡褐色，光滑。花期5～6月，果期6～10月。

分布在南方多省，河北省、北京市也有，北大校园荒地、湿地曾发现过。

齿果酸模

齿果酸模花被有针状刺

校园偶尔可见齿果酸模，似无一定之处。曾在西门内南北侧草地见过。

特征

齿果酸模属于蓼科酸模属，拉丁名为 *Rumex dentatus* L.。多年生草本，茎有分枝。基叶长圆形，长 4 ～ 10 厘米，宽 1.5 ～ 3.5 厘米，先端钝尖，基部圆形或略呈心形，边缘波状，叶柄长。茎叶较小，叶柄短。圆锥花序顶生或腋生，花序上有叶。花两性，花被片 6，形成 2 轮，黄绿色。外轮花被片长圆形，内轮花被片卵形，果时增大，有网纹，边缘有不等长的针状刺 3 ～ 5 对，常为 3 对。刺先端直或稍弯，每片都有长圆形瘤状突起，雄蕊6。瘦果三棱形，褐色，有光泽，包在内轮花被之内。花期5～6月，果期6～10月。

分布在河北、山西至南方多省。北京多见，生湿地和荒地。

巧识 ⊙

注意其基生叶长圆形，基部圆形或心形。内轮花被片果时增大，有3～5对，常为3对，有长短不齐的针状刺。果三棱形。

用途 ⊙

其根入药，有清热解毒和通便之功效。

藜科

Chenopodiaceae

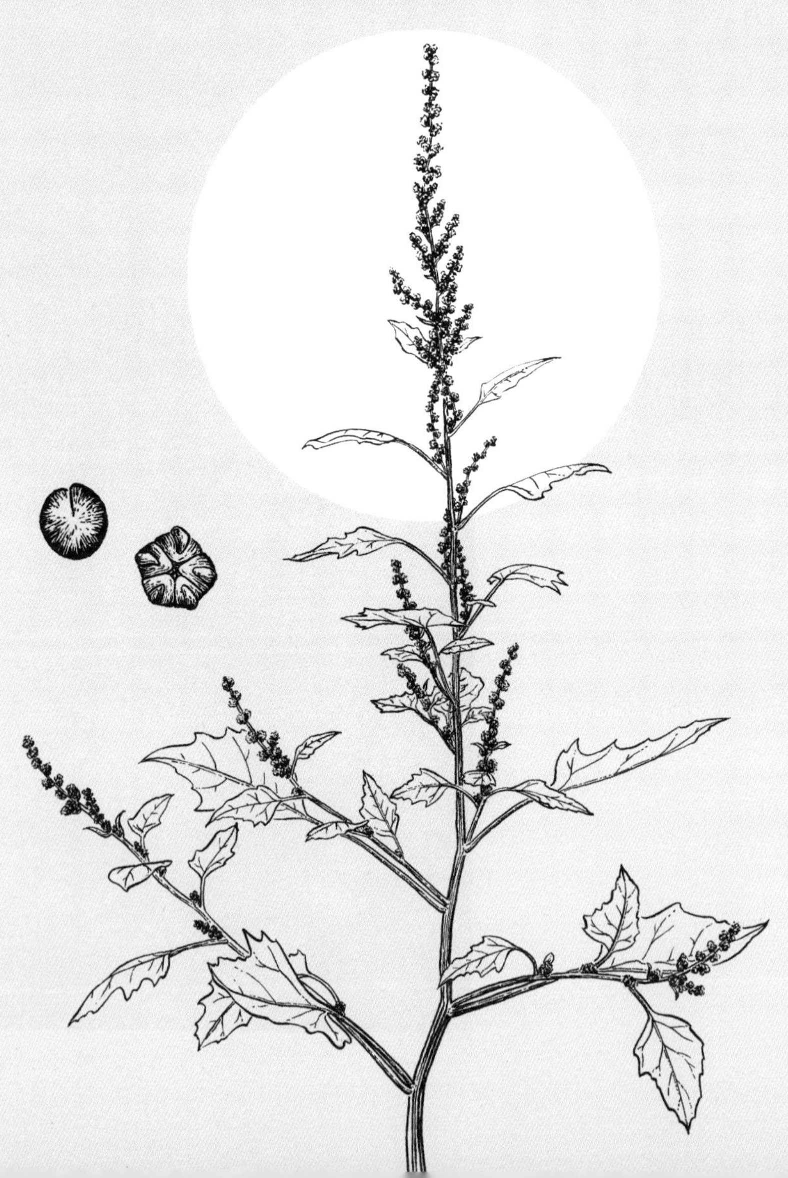

地肤

地肤叶有缘毛

在未名湖东北部一带的路边，夏天可见到有地肤生长。这是种一年生草本植物，高可达 1 米，样子很特别。

特征 ◎

地肤属于藜科地肤属，拉丁名为 *Kochia scoparia* (L.) Schrad.。一年生草本，高达 1 米，茎直立，分枝斜上。整株呈扫帚状，淡绿色，有时带紫红色。有多条纵棱，叶披针形或条状披针形，长 2 ～ 5 厘米，宽 3 ～ 7 毫米，先端短渐尖，基部渐狭，有 3 条主脉，边缘有缘毛。茎上部叶小，无柄，1 脉。花两性或雌性，1 ～ 3 花簇生于叶腋，组成穗状圆锥花序。花被近球形，淡绿色，裂片 5，三角形，有毛，果时花被裂片背部各有1横翅状附属物，膜质，有脉纹。雄蕊5，花丝丝状，花药淡黄色。子房上位，花柱细，柱头2，丝状，紫褐色。胞果扁球形，果皮膜质，与种子离生。种子卵形，黑褐色，略有光泽；胚环状，外胚乳块状。花期6～9月，果期7～10月。

分布在全国，为杂草。北京极多见。

巧识⊙

主要看它的叶片有3条纵脉，有毛，花被近球形，淡绿色。在果期，花被裂片背部生出一膜质横翅。

用途⊙

地肤嫩苗叶可做菜吃。果实入药，称“地肤子”，为常用中药，有清热利尿的功能。果实含油量为15%，可榨油食用或工业用。

藜

藜也叫灰菜

未名湖一带或俄文楼西边一带的路边，夏日可见到成片的藜生长。这是一种一年生草本植物，高可达到 1 米多，甚至 2 米以上，是一种不为人注意的杂草，又称灰菜。

特征

藜属于藜科藜属，拉丁名为 *Chenopodium album* L.。一年生草本，茎嫩绿色，直立，较粗壮，多分枝，高 1 ～ 2 米，甚至 2 米以上。叶分生，叶片菱形、卵形或宽披针形，长 3 ～ 6 厘米，宽 2.5 ～ 5 厘米，先端急尖，基部楔形至宽楔形，上面无粉，嫩叶上面有时有紫红色粉，叶边缘有不整齐锯齿。花两性，花簇生于枝上

部，排成穗状圆锥花序，花被裂片5，宽卵形或椭圆形，雄蕊5，柱头2。胞果包于花被内，顶端稍露，果皮薄，种子紧贴。种子横生，双凸镜状，黑色，有光泽，有浅沟纹。花、果期5～10月。

分布在南北各地，北京极多，为田间荒地杂草。

巧识⊙

一年生草本，叶菱状卵形，嫩叶有时有紫红色粉，花穗特密，呈穗状圆锥花序，花小。胞果包于5个花被裂片内，每果一种子。种子极多，因此春天见藜时，幼苗往往一大片。

用途⊙

其嫩苗叶民间作野菜吃，称“灰菜”，是由于叶片呈淡灰绿色。但不宜多食。全草可入药，有止泻功效。

近缘种：小藜叶中裂片长

小藜（*Cheropodium serotinum* L.）为一年生植物。叶长圆状卵形，长1.6～5.2厘米，宽1～3.5厘米，3浅裂，中裂片长，两侧边缘近平行，边有波状齿或近全缘，叶形明显不同于藜。

分布在全国，北京也多。与藜生长地差不多，燕园也有。

苋科

Amaranthaceae

反枝苋

反枝苋茎上毛密生

燕园的反枝苋多，路边、杂草地、草地都可见，散生或成片，无一定的地点。

特征

反枝苋属于苋科苋属，拉丁名为 *Amaranthus retroflexus* L.。一年生草本，高可达 80 厘米，茎较粗壮，有分枝，淡绿色，密生短柔毛，叶椭圆卵形或菱状卵形，长 5 ～ 12 厘米，宽 2 ～ 5 厘米，先端锐尖或尖凹，有小凸尖，基

部楔形，全缘或波状，两面和边缘有柔毛，下面毛更密。圆锥花序顶生、腋生，由多个穗状花序组成。每花有1苞片和2小苞片，干膜质，钻形，白色，背面有1龙骨状突出，并伸出成1白色尖芒。花被片5，长圆形或长圆倒卵形，白色，有1淡绿色的细叶脉，顶端急尖或尖凹，有凸尖。雄蕊5，子房有1直生胚珠，柱头3，花柱短，柱头长刺锥状，有时2柱头。胞果扁卵形，环状横裂，包于宿存花被内。种子直立，倒卵圆形或近球形，棕黑色。花期7～8月，果期8～9月。

分布在美洲热带地区，归化我国，北京极多见。

巧识 ⊙

一年生草本。特别注意其茎中上部密生短柔毛，叶菱状卵形，长达12厘米，顶端锐尖。尤以茎上部密生毛为最大特点。

用途 ⊙

其嫩叶可采作野菜吃，又称“野苋菜”，也可作为家畜饲料。

种子和全草入药，有治腹泻和痢疾的效果。

近缘种：皱果苋果皱缩

皱果苋（*Amaranthus viridis* L.）为一年生草本。茎直立，无毛，叶卵形、卵状椭圆形，两面绿色或绿紫色，无毛，长3～9厘米，宽2～6厘米，尖端凹缺，少钝圆，有1芒尖。圆锥花序顶生，由穗状花序组成，圆柱形，直立。胞果扁球形，绿色，不裂，表面极皱缩，超出花被片。种子近球形，黑色，有薄而锐的环状边缘。花期6～8月，果期8～10月。

分布广，北京有分布。燕园可见，但无固定地点，多生荒地、湿润地。

辨识上要特别注意其叶片卵形，先端凹缺。胞果的表面皱缩特明显，果超出花被片。

此外，其嫩茎叶可作蔬菜。

近缘种：凹头苋叶顶凹

凹头苋（*Amaranthus blitum* L.），一年生草本，茎平卧或斜上升，基部分枝。叶卵形、菱状卵形，长 1.5 ～ 4.5 厘米，宽 1 ～ 3 厘米，顶端凹缺，有 1 芒尖，基部宽楔形，花簇腋生，上下叶腋均有花簇。枝端也可生穗状花序或圆锥形花序。胞果近扁圆形，稍皱缩近平滑，不裂。种子黑色，有环状边缘，花期 7 ～ 8 月，果期 8 ～ 9 月。

分布在南北多省，北京郊区平原多见。燕园也发现过。

本种嫩茎叶也可作菜吃。

本种与皱果苋不同之处在于，本种小花簇腋生，茎多平卧或上升，非直立；皱果苋花序顶生，一般叶腋不生花序，茎直立。

牛膝

牛膝花后期反折

我记得20世纪70年代初，燕园还没有牛膝。后来由于生物系开设中草药专业，在实验西馆前空地上栽了不少中草药，其中就有牛膝。牛膝发展快，繁殖力强，到今天，几乎到处都有它的身影，有的地方还成片生长。

特征

牛膝属于苋科牛膝属，拉丁名为 *Achyranthes bidentata* BL.。多年生草本，高可达1.2米。根圆柱形，黄色。茎四棱，分枝对生。叶椭圆形或椭圆披针形，偶倒披针形，长4.5～12厘米，宽2～8厘米，先端短尖呈短尾状，基部楔形，两面有毛，叶柄短，穗状花序腋生和顶生。花在后期反折，苞片宽卵形，干膜质。小苞片2，有1长刺，基部加厚，两边有膜质翅。花被片5，披针形，顶端急尖，有1中脉。雄蕊5，退化雄蕊顶端平圆，花丝基部连合成短杯。子房长椭圆形，1室，1胚珠。花柱丝状，宿存，柱头头状。胞果椭圆形，长约2毫米。种子长圆形，黄褐色。花期7～9月，果期9～10月。

分布在全国各地，但东北不产。北京各区均有，生沟边湿地。

巧识 ⊙

多年生草本，枝叶对生，根土黄色，叶椭圆形。花期特别注意穗状花序顶生、腋生，花在后期反折，即向下折。小苞片刺状。

用途 ⊙

牛膝的根入药，有活血通经、补肝肾、强腰膝的作用，为常用药。

牛膝之名的故事

从前有个郎中（即大夫）带三个徒弟采药行医，传给徒弟医道。后来郎中老了，他有个秘方想传给对他最忠心的徒弟，可怎么知道谁最忠心呢？一天他对三个徒弟说，我老了，带不了你们了，你们各自独立谋生去吧。大徒弟说，师傅去我家好了。师傅到了大徒弟家，大徒弟见师傅没什么积蓄，就变了脸，说养不起师傅，师傅只好走了。二徒弟说去我家吧，结果跟大徒弟一样待师傅不好，师傅只好又走了。最后三徒弟诚心对师傅说，我养您终生，不食言。师傅去了三徒弟家，果然小徒弟对他特别好。师傅放了心，一天对小徒弟说，我有个老偏方，传给你吧。师傅采来一种不知名的小草，告诉小徒弟，以草煎汤服，可治腰酸背痛的病，是补肝肾的好药。小徒弟感谢师傅传授药方，待师傅更好了。不久，师傅去世，小徒弟安葬了师傅之后，看着这草却不知名字。他看此草节部膨大，像牛的膝盖，就取名为“牛膝”，从此用它为百姓治病，治好了很多人，“牛膝”之名就传下来了。

商陆科

Phytolaccaceae

商陆

商陆浆果扁球形

在西校门内北部的杂草树林中，你准能在夏日见到商陆，没有人管理它，它年年会出土。在校景亭西南的那些林木和灌丛附近，也有商陆……燕园的商陆没个固定地方，但它能生存下去。2014 年秋，我在西校门内北侧水池之北杂木林中，就见到有商陆正开花。

特征

商陆属于商陆科商陆属，拉丁名为 *Phytolacca acinosa* Roxb.。多年生草本，全株无毛，有肥大的肉质根，呈圆锥形。茎直立，圆柱形，有纵沟，绿色或紫红色。叶互生，有叶柄，叶片椭圆形、长椭圆形，长 10 ～ 30 厘米，宽 4 ～ 15 厘米，先端锐尖或渐尖，基部楔形，全缘。总状花序顶生或与叶对生，长达 15 厘米，苞片条形，膜质，花柄上部 2 小苞片，条状披针形，膜质。花两性，萼 5

裂，黄绿色或淡红色，无花瓣。雄蕊8～10个或10个以上；心皮8，离生。花柱短，子房上位，近球形。浆果扁球形，熟时黑色，种子肾形，黑褐色。花期4～7月，果期7～10月。

分布在东北、华北、西北、华南、西南地区，北京山区多见。

巧识◉

多年生粗壮草本，叶较大，椭圆形，长可达30厘米，全缘。花两性，无花瓣，心皮常为8个，离生，花柱短，浆果扁球形，熟时黑色。

用途◎

根入药，有泄水、利尿、消肿之功效，主治水肿、小便不利，外用治痈肿疮毒，但有毒，应慎用。

马齿苋科

Portulacaceae

马齿苋

马齿苋叶片似马牙

燕园北部一带的荒废地路边，有时可见到马齿苋。在东门内北部草地中也曾见到，似无固定的地方。

特征

马齿苋属于马齿苋科马齿苋属，拉丁名为 *Portulaca oleracea* L.。一年生肉质草本，茎分枝多，常平卧地面，淡绿色，有时暗红色。单叶互生或对生，叶扁倒卵形，先端钝圆或截形，肉质，全缘，长 1 ～ 2.5 厘米，光滑无毛。花数朵，黄色，生于枝顶。总苞片 4 ～ 5 个，三角卵形，先端有细尖，萼片 2，绿色，基部与子房合生，呈筒状，紧贴子房。花瓣 5，倒卵状长圆形，凹头，下部结

合。雄蕊 8 ～ 12 个，基部合生，子房半下位，卵形，花柱单一，柱头 5 裂。蒴果盖裂，种子多数，黑褐色，肾状卵圆形，表面有密的小疣状突起。花期 5 ～ 8 月，果期 7 ～ 9 月。

分布范围从东北经华北直到长江以南多省，陕西、甘肃也有。北京平原极多，常生菜田内或附近荒地上。

巧识 ⊙

首先注意它是肉质小草本，茎平卧地面，但有时分枝直伸，总长不高。叶片肉质，很厚，扁倒卵形，形如马的牙齿，故有马齿苋之称。花黄色，果盖裂。种子多，黑褐色。

用途 ⊙

民间常采马齿苋嫩枝叶做野菜吃，有点酸味。全草入药，有预防痢疾之功效。

问题 1：为什么叫“马齿苋”？

李时珍在《本草纲目》中，对马齿苋之名有解释：“其叶比并如马齿，而性滑利似苋，故名。”

问题 2：马齿苋为什么又称“晒不死”？

马齿苋全身肉质，如果拔出来放在地上不管，日晒夜露，它也能维持多日不死，因此人们叫它“晒不死”。对于这个名字，民间还有个传说：古代天上本来有十个太阳，太阳的光热让地球上的万物受不了。天上的玉帝派了个会射箭的神，用箭去射太阳。经一阵追赶，射下了九个太阳，剩下最后一个太阳东躲西藏。危急中，这个太阳见荒地上有一大片马齿苋，就藏在马齿苋的密丛中，躲过一劫。后来太阳为了感谢马齿苋的救命之恩，遇到马齿苋就让阳光热度降低。马齿苋因此不怕晒，得了个“晒不死”之名。这自然只是传说，但听起来也很有趣。

莲科

Nelumbonaceae

莲

莲——十大名花之一

莲又称荷花，是我国十大名花之一。在北大西南门内马路南北两侧各有一池塘，皆有荷花。在未名湖的西岸边也有荷花。朗润园至镜春园一带水域也能看到荷花的身影……

特征

莲属于莲科莲属，拉丁名为 *Nelumbo nucifera* Gaertn。多年生水生高大草本，高 1 ～ 2 米。有肥厚根状茎，横生地下，外皮黄白色，节部有鳞叶及不定根，节间膨大，呈纺锤形或圆柱状，内有蜂窝状孔道。叶茎生，叶柄特长，圆柱形，中空，柄上有坚硬小刺，黑色。叶片圆形，盾状，直径 25 ～ 90 厘米，波状全缘，挺出水面以上。上面粉绿色，有细毛，下面深绿色，叶脉呈放射状。花大，常单生，直径 10 ～ 25 厘米，粉红或白色，有香气。萼片 4 ～ 5，绿色，小，早落。花瓣多数，椭圆形，先端尖，雄蕊多数，早落，花丝细长，花药条形，黄色，药隔先端有棒状附属物。心皮多数，离生，埋藏于倒圆锥形花托（莲蓬）内。坚果（莲子）椭圆形或卵形，长达 1.5 厘米，成熟后灰黑色。种子椭圆形，种皮红棕色。花期 7 ～ 8 月，果期 8 ～ 9 月。

原产于我国，世界各地广为栽培。

巧识 ⊙

莲形态特殊，故较易认识。其地下根状茎为藕；叶片大，圆形，盾状，伸出于水面之上；花大，粉红或白色。果为坚果，俗称莲子。

用途 ⊙

莲全身都是宝，其根状茎为食用的藕，也可制成藕粉食用。坚果即莲子，可供食用。藕、叶、叶柄、莲蕊、莲房（即花托）均入药，有清热止血的作用。莲子补脾止泻、养心益肾，莲心即种子的胚，能清心火、降压。荷叶可作包装之用。

荷花盛开于夏日的池塘，有美化庭院的作用。

莲的特殊地位

古人对于莲出淤泥而不染的特性评价极高，喻之为花中君子，也以之形容人的品德。古人还用莲表达含蓄的爱情。如乐府民歌中，《西洲曲》云："……开门郎不至，出门采红莲。采莲南塘秋，莲花过人头。低头弄莲子，莲子清如水。置莲怀袖中，莲心彻底红。"这是谐音法，"莲"字与"怜"字同音，"莲子"与"怜子"同音，故文中"怜"是"爱"的意思，"子"是"你"的意思，怜子就是爱你。"莲子清如水"意即我爱你（意中人）的心如同水一样纯洁。"置莲怀袖中，莲心彻底红"表示了女主人公对爱情的尊重，对意中人爱得彻底。

并蒂莲迷人

莲一般独花（单花）而出，但也偶有两花并出（二花紧紧依靠）的，其景色特异，古来即为人们所称颂，于是就有关于并蒂莲的民间故事。传说从前湖北当阳玉泉寺附近有一座庄园，园主有一个女儿叫莲姑，她爱上了轿夫蒂哥。莲姑将亲手做的香罗帕送给蒂哥为定情信物，不巧让园主看见了，园主就将莲姑许配给县太爷做妾。莲姑和蒂哥二人一同出逃，家人紧追，二人便相拥跳入池中。第二年池中生出并蒂莲花，人们认为这是莲姑和蒂哥的化身。这是人们为了赞颂忠贞的爱情而写出来的故事，虽非真事，却极动人。

慈禧太后喜吃莲花

莲花美观洁净，且花大动人，极富观赏价值。清代慈禧太后却喜欢吃莲花，每年六月荷花盛开时，慈禧太后在太阳未出时就起床，带着宫女到颐和园，泛舟于万寿山下的莲湖上，看着含苞欲放的莲花出神。待红日上升，莲花怒放时，慈禧指挥宫女采一些最娇嫩的莲花带回膳房，挑选肥美无瑕的花瓣，浸在已用鸡蛋、鸡汤调好了的淀粉糊里，再一片片放入油锅中，炸成又黄又酥脆的片片，据说吃起来口感极佳。

宋代杨万里咏莲诗极有名

其一：毕竟西湖六月中，风光不与四时同。
接天莲叶无穷碧，映日荷花别样红。

其二：红白莲花开共塘，两般颜色一般香。
恰如汉殿三千女，半是浓妆半淡妆。

金鱼藻科

Ceratophylacea

金鱼藻

金鱼藻淹不死

校景亭两侧的方形水池中有金鱼藻，不捞出来不易见到。

特征

金鱼藻属于金鱼藻科金鱼藻属，拉丁名为 *Ceratophyllum demersum* L.。淡水中沉水生的多年生草本，植株长可达 50 厘米，分枝多。叶子 8 ～ 10 个轮生，1 ～ 2 回二叉分歧，长达 1.5 厘米，裂片丝形或丝状条形，边缘有疏生的刺状细齿。花小，单性，雌雄同株，单生于叶腋，或多至 2 ～ 3 朵，几无花梗。花被片 8 ～ 12，条形，长约 1 毫米，顶部有 2 短刺尖，宿存。雄花有雄蕊 10 ～ 16 个，花丝几无，花药外向，直立。雌花有花被片 9 ～ 10，心皮 1，花柱宿存，针刺状。子房1室，上位，1个悬垂的直生胚珠，花柱细长，花唇呈针刺状。小坚果扁椭圆形，长4～5毫米，有3个针刺，表面平滑。花期4～7月，果期8～9月。

分布在全国各地，水生。北京多见于池沼和河沟中。

巧识⊙

注意其为沉水生草本，叶8～10个轮生，1～2回二叉状分歧，裂片丝状条形或条形，边缘有刺状小齿，花单性。小坚果扁椭圆形，有3个针刺，表面光滑。

用途⊙

全草为家禽和鱼的食料，也可作猪的饲料。

毛茛科

Ranunculaceae

牡丹

国色天香牡丹花

静园北部靠西侧，栽了许多牡丹，盛花期时，我去看了一回，真是红艳一片，十分美丽。牡丹花的附近有古老的苍松，也有稀有的阔叶树，树和花相衬，景色宜人，是游人的好去处，只缺少几把椅子让游人坐下细细欣赏。

北大二教西侧也栽了不少牡丹，也是一个景点。

特征◎

牡丹属于毛茛科芍药属[*]，拉丁名为 *Paeonia suffruticosa* Andr.。落叶灌木，树皮黑灰色，分枝粗短。叶纸质，二回三出复叶，顶生小叶长可达10厘米，三裂，侧生小叶较小，斜卵形，上面无毛。叶柄长5～11厘米，无毛。花单生于枝顶，直径10～27厘米。萼片5，绿色，宽卵形，大小不一。花瓣5，或重瓣，有红色、粉红色、白色带紫红色。雄蕊多数，花盘革质，杯状，紫红色，顶端有短齿或裂片，全包住心皮；心皮5个，离生。外有密柔毛，柱头扁平，反卷，胚珠多数，生腹缝线上。蓇葖果长圆形，密生黄褐色硬毛，成熟时沿腹缝线开裂。种子数个，黑色，无毛。花期5～6月，果期7～8月。

原产于陕西，各地有栽培。

巧识◎

主要需要与芍药区分：从叶形上看，牡丹的小叶分裂，芍药的

* 芍药属（含牡丹、芍药等种在内）按传统的分类属于毛茛科，后人研究认为，芍药属应独立成芍药科芍药属。本书采用传统的分类法，将芍药属归入毛茛科。

小叶不分裂；从花盘上看，牡丹的花盘革质，全包心皮，芍药的花盘肉质，仅包心皮基部；从体态上看，牡丹为灌木，冬天地面上茎枝不死，芍药为多年生草本，冬天地面上的部分全部枯萎。

用途 ⊙

牡丹为极有名的观赏花木。因其花朵特大，在花木中首屈一指，有“花王”之称。“唯有牡丹真国色，花开时节动京城”就道出了大家喜欢牡丹的热忱。

根皮入药，称丹皮或牡丹皮。根皮含芍药甙等多种成分，有清热凉血、活血化瘀的功效。

牡丹花瓣可食，也可提取芳香油，可制酒。

珍奇牡丹在河北

河北省柏乡县北郝村有一株老牡丹，人称“汉牡丹”，高 2 米多，每年开花上千朵，自汉代始，许多文人以诗赞之。传说两汉之间，当王莽追捕刘秀时，刘急中生智，躲藏在“汉牡丹”的花丛中，居然脱险。刘秀感谢“汉牡丹”救命之恩，曾作诗曰：“小王避乱过荒庄，井庙俱无甚凄凉。唯有牡丹花数株，忠心不改向君王。”“汉牡丹”之名由此而来。

牡丹逸事

为什么唐代即称牡丹花“国色天香”？

唐文宗在赏牡丹时，问一画家：“牡丹诗谁的最好？”画家说，中书舍人李正封的诗，公卿多吟之，李有诗曰：“国色朝酣酒，天香夜染衣。”皇帝听后甚为钦佩，后来人们就称牡丹“国色天香”了。

问题 1：牡丹被称为“国花”从何时始？

明代迁都北京，在极乐寺种了不少牡丹。到清初，有个亲王入寺赏花，在大门上挂一新匾“国花寺”，从此人们就称牡丹为“国花”了。

问题 2：陕西延安万花山盛产牡丹，那里的牡丹是什么牡丹？

延安的牡丹与我们在公园见的牡丹同属牡丹这个种，只是它的植株比一般牡丹矮些。一般牡丹可高达 2 米，而延安的牡丹只有 0.5 ～ 1 米高，花也较小一点，直径约 11 厘米。因此植物分类学上将它作为牡丹的一个变种，叫“矮牡丹”，拉丁名为 *Paeonia suffruticosa* Andr. var. *spontanea* Rehd.。

问题 3：牡丹能长成大树吗？

徐城北先生的书《这里是老北京》第二章“话锋一转说花鸟”，引《北京工商史话》一书中最后一篇文章《牡丹之特点及培养方法》：“甘肃某地山中……发现古庙一处……庙内有大牡丹数十棵，独幸者，干径多在 30 公分以上，丛生者多，皆高达 10 米。花开极繁，开辟以后，设为公园，管理人员马国瑞曾在 1953 ～ 1954 年两次来到北京，因会谈得知。又北通县东 20 里，有三义庙后殿阁宁七间，前有大牡丹花树四棵，高在十米以上，开花极多，可在阁楼之上赏花。余年十二岁时，同塾师往观一次。清庚子年，被八国联军焚毁。”

以上所述，如为实情，则牡丹可长成大树矣！

芍药

芍药花像牡丹

燕园有芍药，其花似牡丹，也很大。校园内多处有栽培，如燕南园的中心小花园，就栽有芍药。

特征

芍药属于毛茛科芍药属，拉丁名为 *Paeonia lactiflora* Pall.。多年生草本，根粗厚，黑褐色。茎基有鳞片，下部茎生叶为二回三出复叶，小叶狭卵形、披针形或椭圆形，先端渐尖，基部楔形或偏斜，边缘有细齿，两面光滑无毛，叶柄长 5 ～ 9 厘米。花几朵，生于茎顶和叶腋，直径 9 ～ 13 厘米，萼片 4，宽卵形，长 1 ～ 1.5 厘米，花瓣 9 ～ 13，倒卵形，长 0.5 ～ 6 厘米，白色，有时花瓣基

部有紫斑，雄蕊多数。花盘浅杯状，包心皮基部，顶端有圆裂片，心皮3，无毛。柱头反卷，胚珠多。蓇葖果，熟时沿腹缝开裂，种子数个，黑色，圆形。花期5～6月，果期9月。

分布在辽宁、吉林和华北，陕西、甘肃也有。北京多栽培。

巧识⊙

首先注意其叶，小叶狭卵形、披针形，不分裂。其地上茎非木质茎，为草质茎，冬天枯死。花直径小于牡丹，有5.5～10厘米，花中的花盘只包住心皮的基部。

用途⊙

为园林观赏花卉之一，由于花朵大，颜色鲜艳，受到大家欢迎。

栽培芍药的根入药，叫“白芍”，有养血、敛阴、柔肝、止痛之功效。野生芍药的根可作“赤药”入药，有凉血、活血、消肿止痛之功效。

芍药的花瓣可食，《御香缥缈录》中记载：“慈禧太后爱食花，将完整的花瓣浸在鸡蛋调和过的面里，加鸡汤和精糖，乃甜咸二种，一片片放油锅里炸透，成极适口的小食。”这里的花瓣包括芍药、牡丹、玉兰和荷花等。

芍药的栽培历史

三四千年前，牡丹还在山里不为人知，芍药就来到了人间。“芍药”之名来自“绰约”，有漂亮之意，由“绰约”谐音成了芍药。后来牡丹来到人间，人见牡丹花像芍药，就称牡丹为“木芍药”。

芍药花期晚于牡丹，在春末时才开花，俗语“立夏三朝看芍药”，说得十分中肯。宋代苏东坡有诗云：“多谢花工怜寂寞，尚留芍药殿春风。”故芍药又名“殿春”。

宋代时，洛阳牡丹盛，扬州芍药胜，扬州在历史上就以芍药闻名。据说扬州芍药开的花，有大到直径超过 25 厘米的。

北京在明代引种扬州芍药，到了清代，丰台芍药多，有“甲天下”之誉。

短尾铁线莲

短尾铁线莲花柱羽毛状

校园的草质藤本植物中，短尾铁线莲较特殊，因为它开白色的花，且繁多显眼。花后的果实小，却有长近3厘米的羽毛状花柱，也很别致……

在新电话室北部的山中，人们从路边走过，就能看见它常爬在灌丛或石头上。未名湖南岸一带也能见到。

特征

短尾铁线莲属于毛茛科铁线莲属，拉丁名为*Clematis brevicaudata* PC.。草质藤本，有分枝，褐色，疏生短毛，1～2回羽状复叶，对生，小叶5～15个，长卵形或披针形，长1.5～6

厘米，先端渐尖至长渐尖，基部圆形，边有疏锯齿，有时3裂，近无毛。圆锥花序顶生和腋生，短于叶，花梗长达1.5厘米，有短毛，花朵直径达2厘米。萼片4，白色，狭倒卵形，长约8毫米，两面有短毛，无花瓣。雄蕊多数，离生，白色，心皮多数，离生，每心皮有1个下垂的胚珠。瘦果多数聚生，卵形，长约3毫米，密生柔毛，有宿存的羽毛状花柱，长达2.8厘米。花期7～8月。

分布在东北、华北、西北、华东和西南地区，北京山区分布普遍。

巧识 ⊙

在燕园内认识它应不难，因为铁线莲属种虽多，都不在燕园。本种为草质藤本，1～2回羽状复叶，对生——这一点十分重要。小叶先端常长渐尖，呈短尾状。白色的花是4个白色的萼片，无花瓣。果实为瘦果，有羽毛状的宿存花柱。形态特殊。

用途 ⊙

用于庭院绿化及观赏，看花、看果均很好。

茴茴蒜

茴茴蒜有毒

我在燕园未名湖西岸那个小石桥附近的水边看见过茴茴蒜，这是一种开黄色小花的草本植物，也是我最难忘的一种草。

特征

茴茴蒜属于毛茛科毛茛属，拉丁名为 *Ranunculus chinensis* Bge.。多年生草本，高可达 50 厘米，茎及叶柄均有伸展的长硬毛，3 出复叶，基叶和茎下部叶均有较长叶柄。叶片宽卵形或三角形，长 2.5 ～ 7.5 厘米，宽 3 ～ 8 厘米，中间小叶有 0.8 ～ 1.4 厘米长的柄，3 深裂，裂片狭长，上部有疏生的不规则锯齿。侧生小叶几无柄，有 2 ～ 3 深裂或全裂，茎上部叶渐小，几无柄，3 全裂。单歧聚伞花序有少数花，花梗有贴生的硬糙毛，花直径 0.6 ～ 1.2 厘米。萼片 5，淡绿色，舟形，长 4 毫米，外有疏毛。花瓣 5，淡黄色，宽倒卵形，长3.2毫米，有短爪，里面基部的蜜槽有小鳞片，雄蕊多数，离生，向心发育，心皮多数，离生，含1胚珠。花托短柱状，心皮螺旋生于花托上。聚合瘦果呈椭圆形，长约1厘米，径达0.6～1厘米；瘦果扁平，长约3.2毫米，有极短的喙。花期5～8月。

分布在东北、华北、西北、西南和华东地区，北京山区、平原均见，多生水边。

巧识⊙

应与同属的毛茛分开。毛茛为单叶，茴茴蒜为3出复叶，茎和叶均有开展的硬长毛。花较小，直径1.2厘米，淡黄色。毛茛花大，直径可达2.2厘米，花瓣深黄色，有光泽。茴茴蒜聚合果大，椭圆形，长达1厘米；毛茛聚合果球形。

用途⊙

茴茴蒜为有毒植物，能使皮肤发疱，为外用药，但使用时应谨慎。我至今记忆犹新的一件事是1970年夏在北京金山北大生物系的生物实习站，我协助北医三院的大夫们认识野生中药。当时看守实习站的为一对上了岁数的夫妇，男的双腿有牛皮癣，大夫中有人见此情况，就跟我说，实习站外水边有一种叫茴茴蒜的草，外敷可以治大爷的牛皮癣。我据此告知了大爷，岂知大爷求治心切，私自去水边采了些，自己捣烂外敷了。结果白天敷上，当晚即皮肤发痛，一看起疱了。我得知赶紧告知那个大夫，大夫用药物处理，去掉外敷的草，大爷的腿掉了一层皮，才渐渐恢复，但牛皮癣并未治好。这是一个教训，因为当时的中草药手册只介绍此草可治牛皮癣，但到底怎么治，并无详细说明，慌忙从事是要出问题的。教训深刻！此事我至今不忘。

木兰科

Magnoliaceae

玉兰

玉兰花如白玉杯

不知哪一年，反正不是太早，燕园出现了许多株玉兰，现在长得大的如农园食堂北门东侧一株，树已高 10 米以上（杂交种）。在实验西馆的西侧，山坡下有一株玉兰，已高 15 米以上，胸径达 35 厘米，附近还有几株较矮的玉兰。国际关系学院之西，玉兰成了行道树；北部光华管理学院东门外，也有玉兰成为行道树……学生宿舍区也有玉兰。

特征 ◉

玉兰属于木兰科木兰属，拉丁名为 *Magnolia denudata* Desr.。落叶乔木，高可达十多米，冬芽有灰色茸毛，小枝灰褐色。叶互生，倒卵形，倒卵状矩圆形，长 10 ～ 18 厘米，宽 4 ～ 10 厘米，先端

有短突尖，基部楔形至宽楔形，全缘，上面无毛，下面有柔毛，叶柄长达 2.5 厘米。先叶开花，单生枝顶，花大，杯状或钟状，直径 10 ～ 15 厘米，花被片 9，每 3 片为一轮，矩圆状卵形。雄蕊多数，排列在柱状花托的下部，呈螺旋状排列，雌蕊多数，螺旋状排列在花托上部。聚合果长圆形，长 8 ～ 12 厘米，淡褐色。果梗有毛，蓇葖果长圆形。

我国南北广为栽培。北京早有栽培。

巧识 ⊙

注意其叶倒卵形、倒卵状矩圆形，先端有短突尖。花先叶开放，白色，花被片 9 片，排列成 3 轮，每轮 3 片。雄蕊多数，离生，雌蕊多数，离生，花托柱状，聚合蓇葖果。

用途 ⊙

著名园林观赏花木，花先叶开放，花朵大，洁白如玉，有香气，形似白杯，深受广大群众欢迎。我国在唐代即已栽培供观赏。今北京颐和园、大觉寺均有玉兰，且都为闻名花木。

玉兰的花蕾入药，称“辛夷”，有祛风散寒、通肺窍之功效，可治慢性鼻窦炎、过敏性鼻炎。

民间有用玉兰花被片蘸面粉油炸成“玉兰片”的食法。

问题 1：玉兰品种中，有名“二乔玉兰”者，是怎么回事？

二乔玉兰是法国人索兰格·博丁于19世纪初，将原产于中国的两种玉兰，即白玉兰（玉兰）和紫玉兰（辛夷）进行杂交所得的杂种，其花有两个亲本的特性，花朵白里透淡紫，像玉兰又有点像紫玉兰，有新鲜感，故以我国三国时著名美人大乔、小乔命名。前文说燕园有二株较大的玉兰，一在农园食堂北门东侧，一在实验西馆西侧，据我观察，似乎就是二乔玉兰。

问题 2：玉兰的生长习性是怎样的？

玉兰为较耐寒的花木，但性喜向阳、湿润肥沃、土层深之地，怕涝又怕旱，也怕积水，因此不宜盆植。繁殖则以紫玉兰为砧木，用切接法成活率高。

问题 3：为什么说玉兰不是木兰？

玉兰别名为白玉兰，加个“白”字，主要说它的花洁白。另一种辛夷又称紫玉兰，也叫木兰，花紫色，这个种绝不是玉兰，有人混为一谈，是一种误解。

玉兰之名出自《群芳谱》，别名在各地还有不少，在此不赘，但白玉兰之名出自河南。木兰之名出自《植物名实图考》，别名辛夷是江苏扬州的传统叫法，紫玉兰之名出自河南。《花镜》一书卷四“玉兰”称:“玉兰古名木兰。”该书又称木兰为“木笔”。现今植物学书多采用玉兰为白玉兰、紫玉兰即辛夷也称木兰的说法。

问题 4：荷花玉兰（*Magnolia grandiflora* Linn.）燕园有没有?

有。在燕南园的西南角出口处之内，北京大学离退休干部办事处平房南门口有两株荷花玉兰，主干径 8 厘米，高 2 米多，叶常绿，上面深绿色，有光泽，下面有棕色细毛，叶厚革质。全园仅此 2 株。

问题 5：紫玉兰少，燕园有没有?

紫玉兰（*Magnolia liliflora* Derr.）又称辛夷、木笔，为灌木，花瓣 6 片，外面紫色或紫红色，北大校园有栽培。

趣闻

传说唐上都安业坊唐昌观有玉兰多株。元和中，春光宜人，玉兰花开。一女郎来到花下，以扇遮面，一时异香四散，数十步外可闻香。女郎命女仆取花多枝而去， 时人见女郎已在半天之上，方知是仙女下凡。

鹅掌楸

鹅掌楸有杂交种

鹅掌楸入住燕园已有许多年，最初在生命科学学院大楼的东侧草地有三株，在老生物楼东路东边草地也有几株……后来由于这一地区要建大楼，多株鹅掌楸搬迁到了东门内大马路北侧，由东向西栽植成一行，但因生长不良，仅余一株。

特征 ◉

鹅掌楸属于木兰科鹅掌楸属，全世界只有两种，一种产自中国，一种产自北美。产自中国的种名叫鹅掌楸，拉丁名为 *Liriodendron chinense* (Hemsl.) Sargent；产自北美的叫北美鹅掌楸，拉丁名为 *Liriodendron tulipifera* Linn.。

鹅掌楸别名马褂木，落叶大乔木，高达 40 米，胸径可达 2.6 米，小枝灰色。叶片马褂状，长 4 ～ 18 厘米，宽 2 ～ 19 厘米（幼树的叶更大得多)，叶近中部每边有一宽裂片，基部也各有一宽裂片，叶下面有白色突起，叶柄长 4 ～ 8 厘米 (幼树叶柄更长)。花单生于枝顶，杯状，径达 6 厘米，花被片外面绿色，内面黄色，长 3 ～ 4 厘米。雄蕊和心皮均为多数，覆瓦状排列，聚合果纺锤形，长达 9 厘米，小坚果有翅，种子 1 ～ 2 个。

分布在长江以南各省区，生林中，由于叶形似马褂 (民国时文人穿的一种上衣) 而别名马褂木。

北美鹅掌楸为落叶大乔木，高可达 60 米，胸径达 3.5 米。小枝紫褐色，叶片马褂状，长 7 ～ 12 厘米，宽与长约等，每边 1 ～ 2 个裂片，少有 3 ～ 4 个短而渐尖的裂片，幼叶下面有密细毛，后脱落。老叶下面无毛、无白粉。叶柄 3 ～ 7.5 厘米。花单生于枝顶，花被片外面的卵状披针形，灰绿色，易落；内面的椭圆倒卵形，长 4 ～ 5 厘米，灰绿色，近基部有橙黄色宽边。雄蕊多数，心皮多数，先端较尖锐。聚合果纺锤形，长 6 ～ 8 厘米，小坚果先端光或突尖，形态有趣。

分布在北美东南部。北京、南京、青岛等城市引种为园林观赏树木。

杂种鹅掌楸（*L.chinensis*×*L. tulipifera*）是以鹅掌楸为母本、北美鹅掌楸为父本进行杂交后的杂种，可称为杂种鹅掌楸。杂种有优势，其根系发达，生长旺盛，适应性强。形态特点：杂种小枝紫褐色，是父本的性状；叶形倾向母本但有变化，树皮和花表现为中间型，雄蕊增多，雌蕊和果实增大，树的生长也较快。杂交工作于1963 年和 1965 年由南京林学院叶培忠教授和南京中山植物园的同事们合作进行，后来南京林学院育种组又繁殖了一批杂种苗木，引种推广到各省市，包括北京，效果很好。

问题：中国和北美隔着太平洋，两种鹅掌楸亲缘极近，怎么解释？

有一种说法是，从地质史上看，从前亚洲大陆与美洲大陆之间，即在如今的白令海峡处，有个陆桥相连，那时是陆地，中国的鹅掌楸可以通过陆桥散布到北美洲去。到那里以后，由于环境不同，中国的鹅掌楸产生变异，成了北美鹅掌楸。后来陆桥为海水所淹，两种鹅掌楸就各自发展，呈现为隔着太平洋的间断分布了。

中国和北美的植物有很多类似鹅掌楸的例子，如紫葳科梓属，中国有梓树、楸树，美国有黄金树。忍冬科毛核木属，中国有一种叫毛核木，美国有几个种，形态极为相似……这说明中国植物与美国植物的亲缘关系相当密切。上述这种同属不同种分布在中国和美国，中间隔了太平洋的现象，植物地理学上称为“间断分布”。

蜡梅科

Calycanthaceae

蜡梅

湖畔蜡梅不畏寒

在未名湖北岸中段，环湖路的北侧，是一片不大的平地，其北则为一条山脊。这平地上，不知是哪一年，忽然栽上了六株蜡梅，都是分散、独立的。每丛至少有十多根茎干，茎干不粗，我用手摸了一下它们的叶片：不错，是蜡梅。燕园从前没听说有蜡梅，现在有了，令人高兴！蜡梅不畏寒，开花就预示着春天快来了。燕南园中路近北部西侧有一丛较高的蜡梅。

特征 ◉

蜡梅属于蜡梅科蜡梅属，拉丁名为 *Chimonanthus praecox* (L.)

Link。落叶灌木，高达 3 米，芽多鳞片。单叶对生，近革质，椭圆状卵形、卵状披针形，长 7 ～ 15 厘米，宽 2 ～ 6 厘米。先端渐尖，基部宽楔形或圆形。叶面脉上有短硬毛，叶柄极短，长仅 3 毫米。花先叶而开，直径 1.2 ～ 2 厘米，有芳香。花被片多片，呈蜡黄色，有光泽，内层花被片小，有爪，基部有紫晕，能育雄蕊 5 ～ 6 个，心皮多数，离生，生在壶形花托内，花托边缘有不育雄蕊，子房 1 室，1 胚珠。花托在结果时变为半木质化，长 2.5 ～ 3.5 厘米，像蒴果，宿存，外有丝状毛，内有几个瘦果。花期 12 月至次年 2 月，果期 9 ～ 10 月。

分布在四川、陕西、湖北等省，北京的公园有栽培。

巧识 ◉

灌木，单叶对生，用手摸叶面，搓一搓，会感到粗糙磨手，因其叶面有短硬刺。

这一点十分重要。另外叶片较大，多椭圆卵形，长可达15厘米。冬季先叶开花，花蜡黄色，有芳香。著名品种有磬口、素心和狗牙等。

用途

早春名花，先叶开花，特点突出。有特别的香气。

根、茎、叶、花均入药。叶治疮疤红肿。花为解毒生津药，又可提取芳香油。

问题1：北京地区有无最著名的蜡梅？

在北京卧佛寺，天王殿前的东侧檐下，有株蜡梅植于清代，有200多年历史，人称北京“蜡梅之最”。系狗牙品种，耐寒，高3～4米。隆冬季节，满枝黄花，分外美丽。据说《红楼梦》中贾府的海棠花枯而复荣的故事，就是从上述蜡梅得到启发——上述蜡梅在百多年前也曾枯而复荣。北京上方山藏经阁的月亮门外，有一丛蜡梅高3.5米，年岁近200年，也是老蜡梅了。

问题2：蜡梅有没有野生的？

野生蜡梅分布在湖北省西北部新县，主要是武当山脉、荆山山脉、神农架北坡等地区，其中保康县为蜡梅的集中产地，有几百亩蜡梅的原始纯株。

问题3：蜡梅为灌木，有没有例外，长成乔木的？

在上述原始蜡梅林地，发现有一单株是乔木，此株高13米多，胸径达28厘米，年岁有100多年。

罂粟科

Papaveraceae

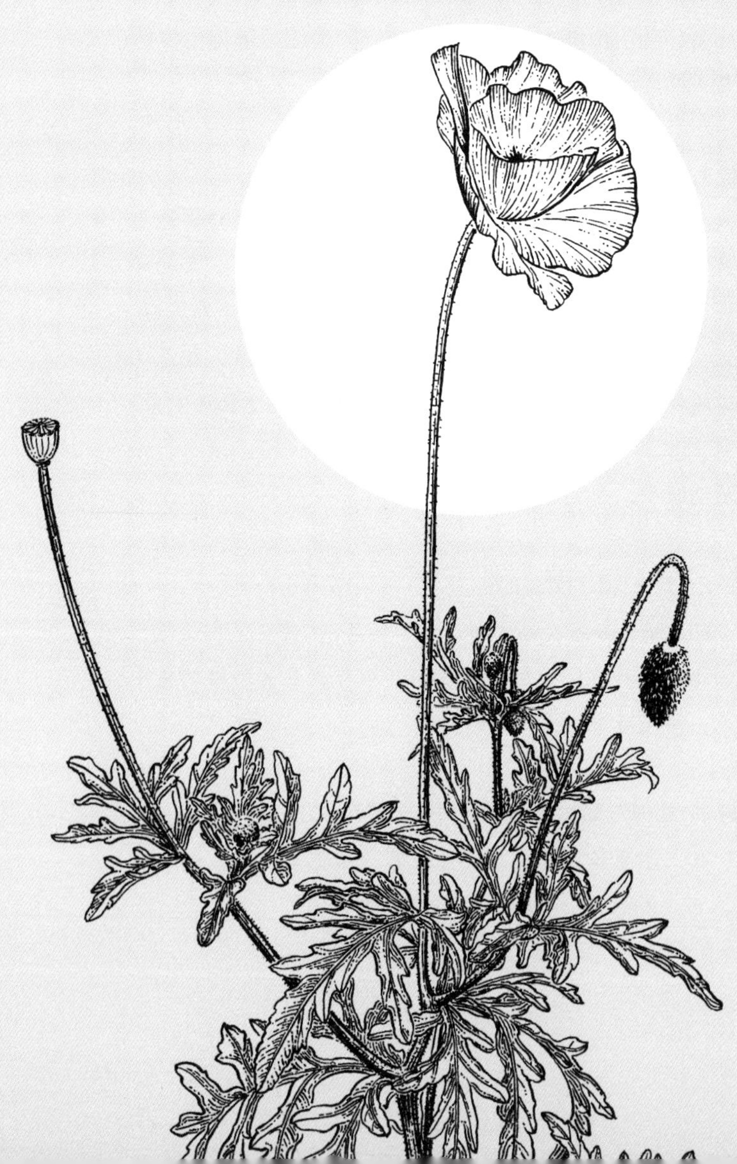

虞美人

虞美人花真漂亮

校园老电教楼西门外有个小花坛，年年五一节时，花坛内虞美人盛开，红色的花在细长梗上随风摇曳，吸引游人观看。这一景是校园绿化工作人员的成果。

特征

虞美人属于罂粟科罂粟属，拉丁名为 *Papaver rhoeas* L.。一年生草本，高可达 90 厘米，全株有伸展的较粗的毛，含乳汁。叶羽状深裂或全裂，裂片披针形，边缘有不规则的锯齿。花两性，单生于细长梗上，花蕾时下垂。萼片 2 个，椭圆形，长 2.5 厘米，绿色，外有粗毛。花瓣 4，近圆形，全缘或有齿或缺刻。色多种，多为红色。雄蕊多数，离生，心皮多个，合生，子房上位，1 室，侧膜胎

座。子房倒卵形，花柱极短，柱头有许多个分支，呈盘状。蒴果近球形，直径1.3厘米左右，无毛，成熟时于上部孔裂。种子多，细小。花期5～8月。

原产于欧洲，我国引种。北京多见。

巧识 ⊙

注意其为草本，含乳汁。叶狭，羽状深裂至全裂，多硬毛。花梗细长，花单生，蕾时下垂，开时直立。绿色萼片2枚，红色花瓣4枚，雄蕊多数。子房的柱头分支，呈盘状，侧膜胎座，胚珠多而小。

用途 ⊙

为美丽的观赏草花，易繁殖，可作夏天庭院美化之用。

虞美人的故事

虞美人花为群众所喜爱，传说与《霸王别姬》中楚霸王和虞姬的故事有关。项羽被刘邦围困于垓下，身陷险境，夜起饮酒悲歌："虞兮虞兮奈若何。"其爱妾虞姬泣泪而和。传说虞美人由此得名。

紫堇

紫堇的果实像荚果

校园内有紫堇，每年 4 月春光明媚时可见，我多次在从二体去八公寓的路上，走到看见石桥时，路边山坡下草地就能见到。近两年未再去看，相信仍在。

特征 ◉

紫堇属于罂粟科紫堇属，拉丁名为 *Corydalis bungeana* Turcz.。多年生草本，高不过 40 厘米，无毛，基生叶和茎下部叶长 3 ~ 10 厘米，有长叶柄，叶长 2 ~ 4 厘米，二回羽状全裂，一回裂片 2 ~ 3 对，末回裂片近条形，宽 0.5 ~ 1.2 毫米，先端钝尖，两面无毛。总状花序有花数朵，苞片叶状，羽状深裂，花梗短，萼片小，2 个，鳞片状，早落。花瓣 4，淡紫色，倒卵状长椭圆形，外 2 片大，前 1 片平展，倒卵状匙形，先端兜状，背面有宽翅，后 1 片先端兜状，基部延伸成距，距长 4.5 ～ 6.5 毫米。内两瓣较小，先端连合。蒴果长圆形，扁平，长 8 ～ 13 毫米，宽 3 ～ 4 毫米。种子黑色，有光泽。花、果期 4 ～ 5 月。

分布在东北、华北、陕西、甘肃、山东和江苏。北京有分布。

巧识◉

注意为小草本，叶细裂，为二回羽状全裂。花淡紫色，有距。蒴果长椭圆形，扁平，极似荚果。种子黑色，有光泽。

用途◈

全草入药，药名“苦地丁”，有清热解毒之功效，治流行性感冒、上呼吸道感染、支气管炎、疔疱肿毒等症。

十字花科

Cruciferae

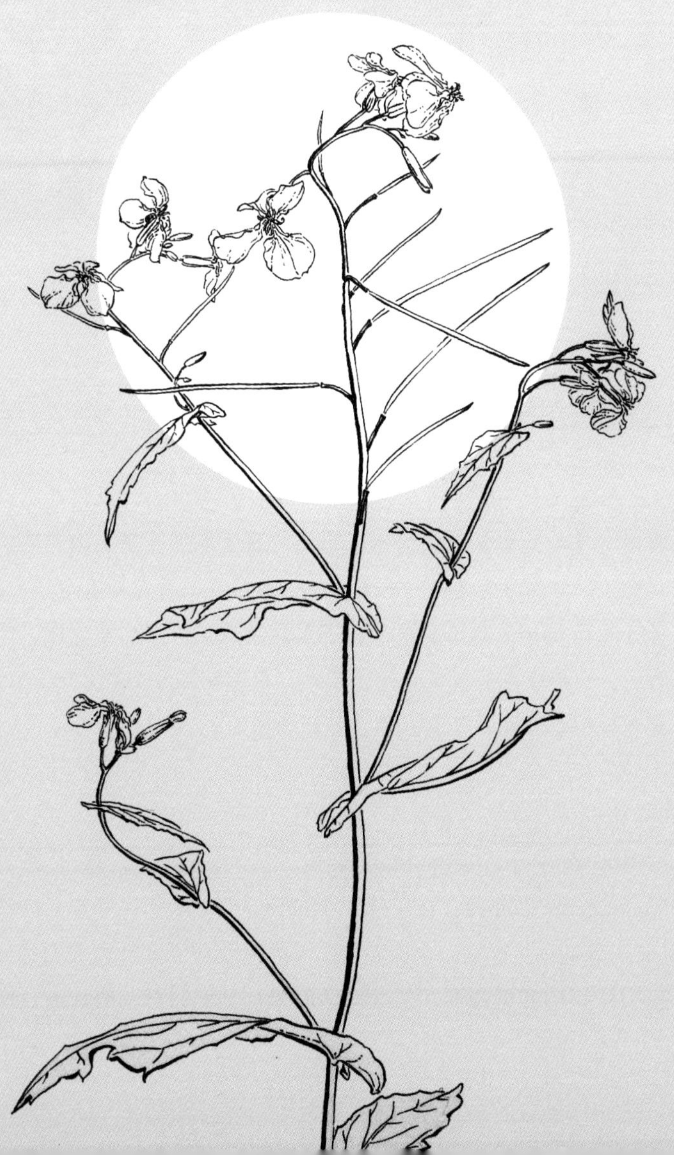

二月蓝

二月蓝花四个瓣

每到春天，有一种名叫二月蓝的野花会纷纷出土，很快开花。它在燕园几乎到处可见，在树林下稍阴一些的地方开得更加茂盛，一开一大片。它的嫩芽还是一种野菜，人们喜欢二月蓝是有道理的。二月蓝开花结实后，到了夏秋，种子落地，会在当年生出幼苗，叶子圆圆的，叶柄带点蓝紫色。过了冬天，在次年春天气温上升了后，就会顺利地抽茎开花，年复一年，不会衰退……

特征

二月蓝属于十字花科诸葛菜属，又称二月兰，拉丁名为 *Orychophragmus violaceus* (L.) O.E. Schulz。一、二年生草本，高达 50 厘米，茎单一、直立，全株无毛。基生叶及茎下部叶大头羽状分裂，顶裂片卵形或近圆形，长 3 ～ 7 厘米，基部心形，有钝齿，侧裂片 2 ～ 6 对，三角卵形或卵形，越往下越小，全缘或有齿。叶柄长 2 ～ 4 厘米，上部茎生叶圆形或狭卵形，长 4 ～ 9 厘米，基部耳状抱茎，边缘有不整齐牙齿。花多紫色，偶白色，直径 2 ～ 4 厘米，花萼筒状，紫色，萼片 4，直立，外方 2 片基部呈囊状，花瓣 4，有长爪，开展，长 1 ～ 1.5 厘米，爪部长 3 ～ 6 毫米。雄蕊 6，稍 4 强(即 4 个稍长，2 个稍短)。花柱短，柱头 2 裂，子房条形。有假隔膜，胚珠多个，生侧膜胎座上。长角果呈条形，长 7 ～ 10 厘米，有 4 棱。裂瓣有 1 中脉，上部有喙，喙长 1.5 ～ 2.5 厘米。种子卵形至长圆形，黑棕色。花、果期 4 ～ 6 月。

分布在自辽宁经河北、山西向西北，南下到长江以南多省区。北京多见，在公园里常于春天成片开花，皆为野生。

巧识 ⊙

一、二年生草本，无毛。叶片变化大，但茎上部叶基部抱茎。花冠十字形，蓝紫色。长角果长达 10 厘米，有 4 棱。秋天如在绿篱下见一种草苗，叶近圆形，叶柄长，带蓝色，无毛，就是二月蓝。

用途 ⊙

可栽培于公园，有美化园林的作用。

嫩茎叶为野菜，营养丰富，含胡萝卜素、维生素 B_2、维生素 C，含钾、钙、镁、磷、钠、铁、锰、锌、铜等矿物质。种子含油量达 35%，可榨油食用。

独行菜

独行菜小果扁圆形

与荠菜同时出土开花结实的是独行菜，二者的基生叶十分相似，都是羽状浅裂或深裂的，生长的环境也差不多。燕园草地上可见，绿篱脚下也是它们“居住”的地方。若是春天四五月间行走在燕园内，留意路边草地，总会见到独行菜。

特征

独行菜属于十字花科独行菜属，拉丁名为 *Lepidium apetalum* willd.。一年或二年生草本，高达 30 厘米。茎直立，上下均分枝，基生叶狭匙形或倒披针状，羽状浅裂或深裂，长 3 ～ 5 厘米，宽 1 ～ 1.5 厘米，有柄，长 1 ～ 2 厘米。茎生叶无柄，披针形，基部耳状抱茎，边缘有疏齿或全缘，茎上部叶条形，全缘或稍有浅齿。

总状花序顶生，结实时伸长。花小，萼片 4，卵形，无花瓣或花瓣退化成丝状。雄蕊 2 或 4，蜜腺 4 个，子房椭圆形，2 室，2 胚珠，花柱短。短角果，近圆形或宽椭圆形，扁平，宽 2 ～ 3 毫米，无毛，顶端微缺。种子椭圆状卵形，长 1 毫米，棕红色。花、果期 4 ～ 6 月。

分布在东北、华北、西北和西南地区。北京多见，为杂草。

巧识 ⊙

开花时，可见花小，无花瓣；结果时，果小，不呈三角形，而为近圆形或宽椭圆形，2 室，每室仅 1 个种子。

基生叶莲座状，羽状深裂，叶较小。

用途 ⊙

独行菜的种子可以入药，称“葶苈子”，有利尿、止咳、化痰、定喘的功效，治咳嗽痰多、胸闷水肿之疾。种子还有强心作用。

荠菜

荠菜小果扁三角形

荠菜是一种比较特殊的野菜，春天四五月间，燕园北阁西边的草坪上，在青青的草的背景下，可见到不少株荠菜比草高。它们或三五株一起，或单株独生，或更多株成片开着小白花、结着扁三角形的小果实，像是一幅艺术画。在静园草坪也有荠菜，但不如上述草坪上的独特。因为草坪中少有其他植物，荠菜就特别显眼。

特征

荠菜属于十字花科荠菜属，拉丁名为 *Capsella bursa-pastoris* (L.) Medic.。一年生或二年生草本，高达 40 厘米，茎单一或下部有分枝，有毛、分枝毛或星状毛。基生叶莲座状，大头羽状分裂或羽状分裂，少全缘。长达 12 厘米，宽 2.5 厘米或更宽。顶裂片较大，卵形或长圆形，侧裂片 3 ～ 8 对，长圆卵形，长 5 ～ 15 毫米，浅裂或有不规则锯齿，或近全缘。叶柄长 1 ～ 3 厘米，茎生叶狭披针形或披针形，基部箭形，抱茎。边缘有缺刻或为锯齿。总状花序顶生、腋生，果期延长，可长达 20 厘米，花白色，小，径仅 2 毫米。萼片长圆形，长 1.5 ～ 2 毫米，花瓣 4，卵形，长 2 ～ 3 毫米，有短爪。雄蕊 6，4 强，有蜜腺。子房 2 室，侧膜胎座，胚珠多个，花柱短，短角果熟时开裂，果呈倒三角形，顶端凹入，两侧压扁，长 5 ～ 8 毫米，宽 4 ～ 7 毫米。种子两行，长椭圆形，淡棕色。花期 4 ～ 6 月。

分布在全国各地。北京山区、平原均常见。

巧识 ⊙

小草本，茎叶莲座状，羽状裂。花小，白色，顶生总状花序。果倒三角形，两侧压扁，顶端内凹。

用途 ⊙

荠菜为著名的野菜，也有栽培的。

荠菜全草入药，有凉血止血、清热利尿的作用。

荠菜历史悠久

早在《诗经》中就有记载："谁谓荼苦，其甘如荠。"荠就是指荠菜，说明远祖已知荠菜好吃。

荠菜花虽小，白色，也不艳丽，但它被民间看作漂亮的花，这是由于它给人民贡献了蔬食，味道实属不错，所以人们对它有好感。民间谚语说："三月三，荠菜花儿富牡丹。"明显有夸张，却能为人接受。今天超市里有荠菜馄饨、荠菜饺子出售，菜市场也有荠菜卖。荠菜深入人心已有几千年了。

现代研究发现，荠菜营养丰富，含蛋白质、糖、脂肪、维生素C和十多种人体必需的氨基酸，还有胡萝卜素和钙、磷、铁、钾等矿物质。

宋代词人辛弃疾有名句："城中桃李愁风雨，春在溪头荠菜花。"可见荠菜早已进入了文学领域。

风花菜

风花菜小果球形

校园的杂草地，有时能见到风花菜。风花菜为一年生小草本，总状花序顶生，结小型短角果，果呈小球形，生长无一定的地方。

特征 ⊙

风花菜属于十字花科焯菜属，又称银条菜，拉丁名为 *Rorippa globosa* (Turcz. ex Fisch. & C. A. Mey.) Vassilcz.。一年生草本，高可达 80 厘米甚至过之，茎有分枝，无毛。叶片长圆形或倒卵状披针形，长 3～6 厘米，先端渐尖或圆钝形，基

部抱茎，边缘有不整齐齿裂，无毛。总状花序顶生，花黄色，径约1毫米，萼片4，卵形，花瓣倒卵形，长约1.5毫米。花柱明显，柱头2裂，侧膜胎座。短角果，球形，径约2毫米，先端有短喙，有短果梗。种子多数，卵形，红棕色，表面有纵沟。花、果期6～8月。

分布在大陆东北、华北、华南、江苏及台湾。

巧识

注意其花黄色，果实小，圆球形。

用途

其嫩苗叶历来为一种野菜。据《救荒本草》:“银条菜，所在人家园圃多种，苗叶皆似莴苣，长细，色颇青白，撺葶高二尺许，开四瓣淡黄花。结蒴似荞麦蒴而圆，中有小子如油子大，淡黄色，其叶味微苦，性凉。采苗叶煠熟，水浸淘净，油盐调食，生揉亦可食。”今人仍有食之者，食用部位为未开花的植株。

沼生蔊菜

沼生蔊菜小果长椭圆形

曾在农园食堂北门外香椿树基围栏内的小块地里见过沼生蔊菜。花小，黄色，小果实圆柱状长椭圆形。

特征

沼生蔊菜属于十字花科蔊菜属，又称水萝卜，拉丁名为 *Rorippa islandica* (Oeder) Borbas。二年生草本，高达 80 厘米，茎有分枝，无毛，基生叶和茎下部叶羽状分裂，长约 12 厘米，顶裂片较大，卵形，有缺齿，侧裂片 3 ～ 5 对，边有钝齿，叶柄和中脉稍有疏毛。茎上部叶披针形，不裂。总状花序顶生和腋生，或簇生状，花小，黄色，径 2 毫米，萼片长圆形，长仅 2 毫米，花瓣 4，倒卵形，长 2 毫米。长角果长圆形，稍弯，长 4～6 毫米，宽 2 毫米，无毛。种子卵形，小，2 行排列，淡褐色，有网纹。花、果期 5 ～ 7 月。

分布在东北、华北、西北、西南地区，江苏也有。北京多见。

巧识 ⊙

注意其叶羽状裂，顶裂片较大，卵形，侧裂片 3 ～ 5 对。花小，黄色，果实长圆形，稍弯。

用途 ⊙

其种子可榨油供食用。嫩枝叶为饲料，也可作为野菜，在开花前采摘，洗净后炒食或做汤，也可用沸水浸烫 2 ～ 3 分钟，沥去水后，晾干或晒干备用。营养丰富。

虎耳草科

Saxifragaceae

太平花

太平花白，花瓣四个

太平花的花洁白干净，宛如白梅花。实际太平花只有4个花瓣，而梅花有5个花瓣，绝非同一类。燕园太平花不多，我在原化学楼北侧西边草地绿篱内见到过，还在大图书馆南侧东边的银杏树下见到一株，别的地方少见。

特征

太平花属于虎耳草科山梅花属，拉丁名为 *Philadelphus pekinensis* Rupr.。落叶灌木，幼枝无毛，2～3年生枝上树皮剥落。单叶对生，叶片卵形至狭卵形，长3～8厘米，宽2～5厘米，先端渐尖，基部楔形或近圆形，边缘疏生锯齿，有3条主脉，上面绿色，疏生微毛，下面淡绿色，主脉腋内有簇毛，叶柄长2～10毫米。总状花序，有花 5 ~ 9 朵，花梗无毛，长 3 ~ 8 毫米，花白色，径 2 ~ 3 厘米。萼筒无毛，萼裂片 4，卵状三角形，黄绿色，外侧无毛。花瓣 4，白色。宽卵形，长 10 ~ 13 毫米，先端圆形，有短爪，雄蕊多数，离生。子房下位，4 室，花柱上部 4 裂，蒴果倒卵形、倒圆锥形，4 瓣裂。花期 5 ~ 6 月，果期 8 ~ 9 月。

分布在辽宁、河北、山西、河南、甘肃，江苏、浙江、四川也有。北京山区多野生。

巧识 ⊙

首先为灌木，注意其单叶对生，无毛，3 主脉。花白色，花瓣 4，雄蕊多数，离生，子房下位，蒴果无毛，4 裂。

用途 ⊙

为公园、庭院栽培观赏花木。

问题：太平花为什么很有名气?

太平花拉丁名中种加词为北京的（*pekinensis*），是因为被命名标本采自北京。本应译为北京山梅花，因为属名叫山梅花属，太平花为山梅花属中之一种。相传宋仁宗把产于四川青城山的一种山梅花移至北方栽种，取名“太平瑞圣花”。这就是太平花名称的由来，从此太平花为世人所知。

山梅花（*Philadelphus incanus* korhne）极似太平花。不同处：山梅花萼片外密生灰白色贴伏柔毛，叶片下面有长柔毛和粗硬毛。太平花萼片外光滑无毛，叶片无毛。山梅花在燕园未见过，而北京植物园有。

香茶藨子

香茶藨子黄花序下垂

在俄文楼西北角，绿篱之内，雪松的下面，有一丛香茶藨子。不知哪年栽的，反正年代不远。开花时十分新鲜，花鲜黄色，形似丁香的小管状花，因此又称黄丁香。我在燕园仅见此一丛。

这丛香茶藨子栽的地方不太适宜，因夏天太阳西晒极厉害，它的叶呈萎蔫状，显得很“苦”。宜移栽到北阁西草地上，那里没有多少灌木，且有大树遮烈日。

特征

香茶藨子属于虎耳草科茶藨子属，拉丁名为 *Ribes odoratum* Wendl.。灌木，幼枝有白柔毛，叶卵形、肾圆形或倒卵形，3 裂，

先端有粗钝齿，基部楔形至截形，宽3～7厘米，上面无毛，下面有短毛和稀褐色斑。花两性，黄色，总状花序有5～10花，花朵下垂，苞片卵形、叶状，花轴有柔毛。萼筒长12～15毫米，宽2～2.5毫米，萼裂片反卷或伸展。花瓣5，黄色，长为萼之半，雄蕊5。子房下位，1室，2侧膜胎座，胚珠多个。浆果近球形，径8毫米，熟时黑色。花期5月，果期6月。

原产于美国，我国有栽培，北京亦有。

巧识 ⊙

注意其叶3裂，先端有粗钝齿。总状花序下垂，花多，花形似丁香花，色黄。

用途 ⊙

为庭院优秀花木之一，花鲜黄，形似丁香，极有特色。

华茶藨

华茶藨仅一雄株

在静园东南角、四院的东南门外绿篱内，有一丛华茶藨。燕园仅见此一丛，真为稀有种。

特征◎

华茶藨属于虎耳草科茶藨子属，拉丁名为 *Ribes fasciculatum* Sieb.et Zucc. var.*chinense* Maxim.。落叶灌木，高 1 ～ 5 米甚至 5 米以上，老枝条黑褐紫色。叶圆形，长 4 ～ 8 厘米，宽 4 ～ 10 厘米，先端钝尖，基部截形或微心形，3 ～ 5 裂，裂片端钝尖，宽卵形，两面有疏柔毛，叶柄有柔毛。花聚生，单性，雌雄异株。雄花 4 ～ 9 簇生，呈伞形，雌花 2 ～ 4；花黄绿色，有香气。子房无毛，果实近球形，带红色，无毛，萼筒宿存。花期 4 ～ 5 月，果期 9 ～ 10 月。

此变种分布在我国辽宁、河南、山东、陕西、湖北、江苏、浙江等省。北京有栽培。原变种簇花茶藨（*Ribes fasciculatum* Sieb. et zucc.），只产于日本和朝鲜。较上变种矮小些，叶多无毛，叶柄无毛。

巧识 ⊙

灌木，高 1.5 米以上。注意其花单性，雌雄异株。燕园仅有的这株为雄株，我观察了几年的周期，只见开雄花，不见结实。

用途 ⊙

用作园林绿化，有观赏价值。燕园应引入其雌株，这样会更有意思。

杜仲科

Eucommiaceae

杜仲

杜仲破叶有丝

燕园从20世纪70年代就栽种了杜仲，虽然并不太多，但生长良好。这种植物来自南方，主要分布在四川、湖南和贵州，是我国特产。此种树木引入燕园后，经过三四十年的观察，它已适应北方气候。如生物楼老楼门前东侧和西侧各有4株。东侧的一株干径达50厘米，高18米，俨然大木，枝繁叶茂。其他各株也都生长得很好。在二体运动场的北侧、四院南侧也有一行杜仲，共8株，从东到西排列，也生长得好，尤其是最西边的一株，其主干胸径已超过50厘米，高18米以上。在老图书馆（位于西校门内大草坪的东南侧）东的林中，有4株杜仲，主干直上，高达20米，直径35～40厘米。此4株因在林中，需要一直向上去争取阳光。杜仲是需要向光的树种，否则生长慢些。因此它们的主干分枝处都很高。

特征 ◎

杜仲属于杜仲科杜仲属，仅此一种，拉丁名为 *Eucommia ulmoides* Oliv.。落叶乔木，树皮灰色，有裂纹。小枝无毛，枝有片状髓。单叶互生，卵状椭圆形或长圆状卵形，长 6 ～ 16 厘米，宽 3 ～ 7 厘米，先端钝尖，基部宽楔形或圆形，边缘有锯齿，上面无毛，下面脉上有长柔毛，侧脉 6 ～ 9 对，撕破叶可见银白色橡胶丝，叶柄长 1 ～ 2 厘米。花单性，雌雄异株，先于叶或与叶同时开放。雄花簇生，有短柄，无花被。雄蕊 4 ～ 10 个，花丝短，花药条形，4 室，先端突尖。雌花单生，有短柄，无花被。心皮 2，合生，其一不发育，子房 1 室，有 2 胚珠，花柱 2 叉状。果实为有翅的小坚果，扁平，长椭圆形，连翅长为 3 ～ 4 厘米，宽约 1 厘米，先端有凹口，翅革质。种子 1，胚乳丰富。花期 4 ～ 5 月，果期 9 ～ 10 月。

北京多引种栽培，已适应北方气候。

巧识 ◎

落叶乔木。撕破叶片有银白色橡胶丝，使叶裂片如藕断丝连一样不掉落；小枝也含胶丝。花单性，雌雄异株，无花被。果为椭圆形翅果，扁平。

用途

杜仲树皮含硬性橡胶，绝缘性好，为制海底电缆的材料。耐酸、碱、油和化学试剂的腐蚀，可用来制作不怕酸碱的容器的衬里和输油胶管。

杜仲的树皮入药，能降血压、补肝肾、强筋骨。

问题：为什么叫杜仲？

传说古代有个名叫杜仲的人，由于服用一种树的树皮，治好了自己的病，人们就叫此树为杜仲。也有一说：一个服用此树皮的人，名叫杜仲，后来成了仙，此树因而得名。这些传说似不可靠，但杜仲之名可能来自人名。杜仲入药的历史很早，如《神农本草经》两千年前已广为人知，其中就记述了杜仲的药效。李时珍在《本草纲目》中记载了杜仲的叶子、树皮、种子都可入药，久服可轻身耐老、补肝虚。现代的药学书也肯定这一点。

杜仲藤不是杜仲

杜仲藤属于夹竹桃科杜仲藤属，其拉丁名为 *Parabarium micranthum* (A. DC.) Pierre。藤本，有乳汁，叶对生。这几点与上述杜仲树绝不相同，应加以区别。

悬铃木科

Platanaceae

悬铃木

悬铃木高过楼顶

北大原文史楼南门东西两侧各有一株悬铃木，是20世纪50、60年代栽的，几十年下来都已成巨木，胸径几达1米，是燕园悬铃木之最。此二树树冠宽广，树干直上，已高过文史楼3层楼的屋顶，估计有近30米高或更多，非常雄伟，表现出此种树木的特色。

在学生宿舍区，洗澡房的南侧，有一行悬铃木，从东向西总共13株，每株胸径达40厘米或过之，高达18米。其他地方也可见到散生的悬铃木，树都不小。在看燕园树木时，不应忽视它。

特征 ◉

悬铃木属于悬铃木科悬铃木属，拉丁名为 *Platanus acerifolia* (Ait.) Wlid.。落叶乔木，树皮光滑，有片状剥落，嫩枝有茸毛，老枝无毛。叶片宽卵形，宽 12～20 厘米，长 12～21 厘米，掌状 3～5 裂达中部，裂片边缘有疏牙齿，幼叶上下面有黄色星状短柔毛，后无毛。叶柄长 3～10 厘米，密生黄褐色毛，托叶长 1～5 厘米，基部鞘状，上部开裂。花小，单性同株，雄花序、雌花序均为密集的球形头状花序，生于不同花枝上，雄花序无苞片，雌花序有苞片。雄花有萼片 3～8 片，卵形，有毛，花瓣长圆形，长为萼片的 2 倍，雄蕊 4 个，比花瓣长，药隔盾形，有毛。雌花有 6 个心皮，离生，花柱长 2～3 毫米，子房长圆形，有 1～2 悬垂胚珠。聚花果球形，常 2 个成串，下垂，直径 2.5～3.5 厘米，由多数有棱角、含单种子的小坚果组成，小坚果长 9 毫米，基部有长毛。花期 5 月，果期 9～10 月。

悬铃木原产于欧洲，我国广泛栽培，南方城市尤为多见。

巧识 ⊙

树皮光滑，有片状剥落，叶大，掌状 3～5 裂，裂片尖，幼叶有星状柔毛，托叶基部鞘状。花序圆球形，2 个一串，下垂。

用途 ⊙

为庭院绿化树种之一。树高大，树荫广，夏日遮阳优势尽显，也是抗二氧化硫有害气体的树种之一。

问题：我国最大的悬铃木在何处?

新疆南部的墨玉县阿克萨拉依多古丽马格村，有一株特大的悬铃木，高 35 米，胸径近 3 米，有多个大分枝。经工具测定，此树树龄至少有800年，堪称我国悬铃木之“王”。

蔷薇科

Rosaceae

粉花无毛绣线菊

粉花无毛绣线菊

不知是哪年，粉花无毛绣线菊进了燕园，我曾在未名湖南岸石桥附近见过，植株较矮，似不太为人注目。后来似乎未见大发展，这次已10月底了，忽在办公楼南档案馆大楼的西南侧草地，又见到了这种绣线菊，有几丛，还是矮矮的，不过60～70厘米高，无花而有果实，有残叶和新发的绿叶。生命力强，可以多栽些。

特征

粉花无毛绣线菊属于蔷薇科绣线菊属，拉丁名为 *Spiraea japonica* L. f. *fortunei* (Planch.) Rehd.。落叶灌木，小枝棕红色，无毛。叶片长圆披针形或长圆形，长达9厘米，宽达3.5厘米，先端短渐尖，基部楔形，边缘有尖重锯齿，无毛，下面灰绿色，叶柄短，复伞房花序顶生，有短毛，花萼裂片5，三角形，斜直立，外有柔毛。花瓣5，粉红色，卵形至长圆形，雄蕊多数，长于花瓣，蓇葖果无毛或在腹缝略有毛。花期6～7月，果期9～10月。

分布于我国南方多省，北京有栽培。

巧识⊙

注意它的叶片较窄长，长圆披针形，长可达9厘米，边缘有重锯齿。花粉红色，萼裂片三角形，直立或斜直立。植株较矮。

用途⊙

花粉红色，与多种绣线菊白色的花不同，有特色，可作为公园观赏花木。

珍珠绣线菊

湖畔的珍珠绣线菊

未名湖东岸的北部有几丛珍珠绣线菊，是前些年才栽的，为小灌木，叶子特窄，开小白花，极有个性。未名湖北岸从东至西都有珍珠绣线菊，生长尚好。

特征 ◉

珍珠绣线菊属于蔷薇科绣线菊属，拉丁名为 *Spiraea thunbergii* Sieb. ex Bl.。落叶灌木，高 1.5 米，枝条弯曲，小枝有棱。叶条状披针形，长 2.5 ～ 4 厘米，宽 3 ～ 7 毫米，先端长渐尖，基部狭楔形，中部以上有尖锯齿，两面无毛，叶几无叶柄，有短柔毛。伞形花序无总梗，有花 3 ～ 7 朵，基部有几个小形叶片，花梗纤细，长

6～10毫米，无毛，花小，白色，直径6～8毫米，萼筒钟状，萼裂片三角形，萼筒及裂片内侧皆有短毛，花瓣5，倒卵形或近圆形，雄蕊多数，比花瓣短。蓇葖果无毛。花期5～6月，果期6～7月。

分布在华东地区和辽宁、河北、山东、江苏、浙江等省，北京引入栽培。

巧识⊙

一看小枝弧形弯曲；二看叶片特点，宽仅3～7毫米；三看伞形花序无总梗，花梗纤细，长1厘米。花白色而小。

用途⊙

极有观赏价值，可植于公园、庭院中，有美化作用。

三裂绣线菊叶三裂

燕园内三裂绣线菊不多，我只在蔡元培塑像的西南角见到三丛，生长得都不是很好。可能由于周围树木太多，缺乏阳光，株丛比较矮小，有些枝条已枯萎。

特征

三裂绣线菊属于蔷薇科绣线菊属，拉丁名为 *Spiraea trilobata* L.。落叶灌木，小枝弯曲，无毛。叶片圆形，长 1.5 ～ 2.5 厘米，宽 1.3 ～ 2.5 厘米，先端 3 裂，基部圆形或楔形，边缘中下部全缘，中上部有稀圆钝锯齿，两面无毛，下面灰绿色，基部 3 ～ 5 脉，叶柄短，长仅 1 ～ 3 毫米，伞形总状花序，有总柄，花梗纤细，长 6 ～ 12 毫米，无毛。花直径 5 ～ 7 毫米，萼片卵状三角形，里面有柔毛，花瓣5，白色，宽倒卵形，先端微凹，长2.5～4毫米，雄蕊多数，离生，比花瓣短，子房有短柔毛，心皮5，离生。花柱顶生，蓇葖果，腹缝有短毛或无毛。萼片直立，宿存。花期5～6月，果期7～8月。

分布在东北、华北、河南、陕西、甘肃和安徽。北京低海拔山区多见，常生阴坡灌木丛中。

巧识 ⊙

灌木。注意其叶为单叶，常在先端3裂，基部圆形或楔形。伞形总状花序，即花序中上部小花集中，下部有离开的小花几朵，蓇葖果5，或较多。

用途 ⊙

山区野生的多，早已引种入公园作观赏植物。

风箱果

风箱果星状毛多

在静园近北部，我出奇地见到了一丛过去在燕园从未见过的植物。观赏了好久，确定是风箱果。这是绿化科的高手引进来的，以前在清华园见过，也只是一丛。

特征⊙

风箱果属于蔷薇科风箱果属，拉丁名为 *Physocarpus amurensis* (Maxim.) Maxim.。落叶灌木，株高 2 ～ 3 米。树皮纵向裂，小枝紫红色，老变灰褐色。叶片三角状卵形或宽卵形，长 3.5 ～ 6 厘米，宽 3 ～ 5.5 厘米，3 ～ 5 浅裂，边有重锯齿，先端尖或渐尖，基部稍心形或截形，下面有星状毛和短毛，叶脉毛较密，叶柄长 1 ～ 2 厘米，稍有毛。花序伞房状，花序直径 3 ～ 4 厘米，花梗长 1 ～ 1.8

厘米，密生星状茸毛，花白色，直径 1 ～ 1.3 厘米，苞片披针形，萼筒杯状，裂片 5，啮合状排列，裂片三角形，外被星状柔毛。花柱顶生，蓇葖果膨大，有 3 ～ 4 个，卵形。熟时背、腹缝开裂，外面略有毛。花期 6 ～ 7 月，果期 7 ～ 8 月。

分布在东北至河北，河北雾灵山有野生，北京已引种。

巧识 ⊙

注意其叶宽卵形，长可达 6 厘米，3 ～ 5 浅裂，下面有星状毛。花序伞房状，花梗密生星状茸毛。花白色，蓇葖果膨大，3 ～ 4 个，卵形。

用途

花白色，果膨大，引种入公园有观赏价值。

种子可榨油。

有趣的知识：风箱果属共有 13 种，其中只有上述这种产于我国，其余种均产于北美洲，说明我国植物与北美植物有亲缘关系。

华北珍珠梅

华北珍珠梅花蕾似珍珠

燕园内华北珍珠梅多，几乎各个地区都有。在备斋（红 4 楼）东侧窗外，有一行多株。在未名湖南岸和实验东馆、西馆南边一带都有。在学生宿舍区也少不了它……总之不少。

特征◉

华北珍珠梅属于蔷薇科珍珠梅属，拉丁名为 *Sorbaria kirilowii* (Regel) Maxim.。落叶灌木，枝无毛。奇数羽状复叶，小叶 13～17 个，无柄，披针形，长 4～7 厘米，先端渐尖。基部圆形或宽楔形，边缘有尖锐重锯齿，两面无毛，托叶条状披针形，边缘稍有毛，全缘。圆锥花序较大，花梗长 3～4 毫米，无毛，苞片

条状披针形，缘有腺毛。花小，直径6～7毫米。萼片卵圆形，端钝，无毛。花瓣5，白色，近圆形或宽卵形，长与宽略等，长2～3毫米，雄蕊20～25，花丝不等长，长度与花瓣等长或稍长，短者短于花瓣。生花托边缘，心皮5，与萼片对生，中部以下结合。花柱侧生，萼片反折。蓇葖果，熟时沿腹缝开裂，种子数粒。花期5～7月，果期8～9月。

分布在华北地区，河北蔚县小五台山有野生，北京公园多栽培。

巧识 ⊙

注意其为灌木，奇数羽状复叶，小枝边缘有尖锐重锯齿，有托叶。圆锥花序，花多而小，白色花蕾小圆球形，似小珍珠。果为5个长圆柱形蓇葖果，花柱稍侧生，萼片反折。

用途 ⊙

庭院、公园观赏花木。花洁白，花蕾似小珍珠，有特色。

问题：珍珠梅属另有一种叫珍珠梅，又称东北珍珠梅（*Sorbaria Sorbifolia* (L.) A. Br.），燕园有吗?

曾于老生物楼北侧平地见有栽培，与华北珍珠梅明显不同的特点是：其花的雄蕊特多，可达40～50个，而且花丝长，比花瓣长许多，羽状复叶也较大。由于老生物楼后小楼改造，珍珠梅已被移走，不知栽在何处，待查。

白鹃梅

白鹃梅蒴果有厚棱

白鹃梅有个“梅”字，花白似梅花，但它绝不是梅。在静园南部草地上，共有3株白鹃梅，相隔仅2米左右，如果不是开花和结果，还真不好认。

特征

白鹃梅属于蔷薇科白鹃梅属，拉丁名为 *Exochorda racemosa* (Lindl.) Rehd.。落叶灌木，高不超过5米，叶片椭圆形、长椭圆形、长椭圆倒卵形，长2.8～7.2厘米，宽1.2～3.6厘米，先端圆钝或急尖，基部楔形或宽楔形，全缘，有时在中部以上稍现疏浅钝齿，两面无毛，质地稍厚。叶柄长4～12毫米，

无托叶，总状花序生枝端，有5～10花，无毛，花梗长2～8毫米，无毛。花直径2.5～3.5厘米，萼筒浅钟形，无毛。萼片宽三角形，长2毫米，端急尖或圆钝，边缘有尖锐细锯齿，无毛，黄绿色。花瓣5，倒卵形，长1.5厘米，端钝形，有短爪，白色，雄蕊多数，花丝短，生花盘边缘，心皮5，花柱分离，子房上位。蒴果倒圆锥形，有5棱，无毛，5室，背、腹缝开裂，每室1～2种子，果梗长2～8毫米。种子有翅。花期5月，果期6～9（10）月。

巧识⊙

注意为灌木，叶、花多无毛，叶片倒卵状椭圆形，顶端圆钝，全缘，质地较厚。花白色，花瓣5，有短爪。果实为蒴果，有5个较厚的棱，种子有翅。

用途⊙

为园林美化的奇特花木之一。特别是其果有5个厚棱，十分奇特，花白如梅花，每片花瓣前端有短爪也是特色。

水栒子

水栒子红果多

水栒子在燕园不多，我就见到三株。还是在它开花时，我走过那里，东望西望才看见了，实际它就在西门内办公楼礼堂东侧那块三角地之内。由于周围多大树，水栒子在树下，不高，如非开花结果，是不为人注意的。那次它正开小白花，花多，我走过那里才看见。后来结果时，果小而多，且为红色，也易发现。它来燕园时间不会太长，我在20世纪50、60年代从未见过。

特征

水栒子属于蔷薇科栒子属，又称多花栒子，拉丁名为 *Cotoneaster multiflorus* Bunge。落叶灌木，高可达4米，小枝红褐色，无毛。叶卵形至宽卵形，长2～5厘米，宽1.5～3.5厘米，先端急尖或圆钝，基部圆形或宽楔形，全缘，无毛，叶柄长5～7毫米。

聚伞花序，小花 6 ～ 20 朵，有总花梗，花梗均无毛。花白色，小，直径 1 ～ 1.2 厘米，萼筒钟状，无毛，萼裂片 5，三角形，花瓣 5，近圆形。雄蕊多数，子房下位。梨果近球形或倒卵形，直径 10 ～ 12 毫米，熟时红色，有小核 2 个。花期 5 ～ 6 月，果期 8 ～ 9 月。

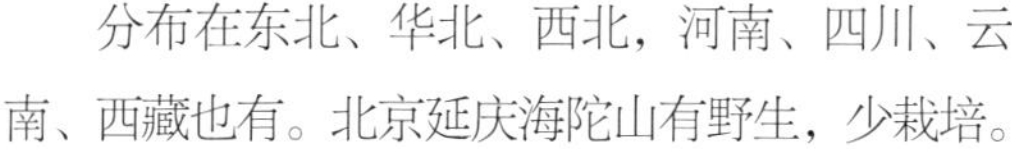

分布在东北、华北、西北，河南、四川、云南、西藏也有。北京延庆海陀山有野生，少栽培。

巧识 ⊙

注意叶幼时有毛，老叶无毛，叶片卵形至宽卵形，非长卵形，全缘。果熟时红色，非黑色。

用途 ⊙

本为野生种，今引入栽培，从其花果形态看，公园、庭院栽种有观赏性，特别是果小而为红色，有特色，可以发展。如在未名湖畔栽培也很好。

近缘种：平枝栒子

平枝栒子（*Cotoneaster horizontalis* Decne）为灌木，高 0.5 米，枝条水平伸展成两列状，小枝幼时有毛，老后毛脱落。叶片近圆形或宽椭圆形，较小，长 5 ～ 14 毫米，宽 4 ～ 9 毫米，先端急尖，基部楔形，全缘。下面有柔毛，叶柄长仅 1 ～ 3 毫米。花 1 ～ 2 朵，近无梗，粉红色，径 5 ～ 7 毫米，萼筒钟状，裂片三角形，花瓣直立，倒卵形。梨果近球形，直径 4 ～ 6 毫米，红色，有 3 小核。花期 5 ～ 6 月，果期 8 ～ 9 月。

分布在西南地区，华中的湖北、湖南和西北的陕西、甘肃。北京无野生，偶有栽培。

燕园仅见于赛克勒考古艺术博物馆西部的小花园和国际关系学院东部后院草地，极少。

山楂

山楂果红有斑点

燕园山楂不多，我曾在学校档案馆东南山中的路边见到一株。这株山楂有两个树干，从地面起即为二干，可能地下为同一根系，主干高6米，胸径约6厘米多。生长一般，从羽状深裂叶看，确为山楂。

燕园五院内有株特殊的山楂，同一株上有两种果实，一种果大一些，另一种果小一些。正如北大哲学系刘华杰先生所说，可能当初本来是为了繁殖山里红，以野生山楂为砧木，以山里红（红果）为接穗嫁接，但砧木上山楂的芽发出来与山里红合而为一了，因此后来同一株的不同枝上长出两种果实，大一点的是山里红，小一点的是山楂。这一解释合乎科学，这种现象也很有趣，因为植物爱好者可以观察到一棵树上两种果子的奇异现象。

四院内也有一株山楂。

特征 ◉

山楂属于蔷薇科山楂属，拉丁名为 *Crataegus pinnatifida* Bge.。落叶乔木，有枝刺，有时刺不显。小枝紫褐色。叶宽卵形、三角状卵形，长 6 ～ 10 厘米，宽 4 ～ 7 厘米，先端渐尖，基部楔形、宽楔形，羽状深裂，有 3 ～ 5 对裂片，裂片卵形、卵状披针形，边缘有稀疏不规则重锯齿，上面无毛，下面沿中脉和脉腋有毛。叶柄长 2 ～ 6 厘米，托叶半圆形或卵形，边缘有齿。伞房花序有多花，总花梗和花梗都有毛，花径约 1.5 厘米。萼筒钟状，外有白色柔毛，萼片三角卵形或披针形，内外侧均无毛。花瓣 5，白色，雄蕊多数，花柱 3 ～ 5，基部有柔毛，子房下位。果实近球形，直径 1 ～ 1.5 厘米，熟时深红色，有浅色斑点，萼片宿存。花期 5 ～ 6 月，果期 9 ～ 10 月。

巧识 ⊙

乔木，有硬刺，注意其叶羽状深裂，3～5对裂片，裂片卵形或卵状披针形，边缘有疏重锯齿。伞房花序，花白色。果红色，有浅色斑点，味酸。

用途 ⊙

果味酸，宜做果酱或蜜制。

干果入药，有消积化滞之功效，又有降血压、血脂的作用。

繁殖山里红，常以山楂苗为砧木进行嫁接。山里红为山楂的一个变种，果较大，径达2.5厘米，叶片裂较浅，枝刺较少，但果仍有酸味，多用来做糖葫芦。

问题：我国最老的山楂树在何处？

在河北省涞水县龙门口乡蛇巷口，有一株古山楂，高12米，胸径90厘米，年产山楂200多公斤。人们根据树的长势和村子的历史推测，此树至少有300岁。

石楠

石楠叶硬齿尖硬

燕园有近些年引入的石楠，我只在实验西馆南门两侧见到几株，在四院东南角见到一株。

特征

石楠属于蔷薇科石楠属，拉丁名为 *Photinia serrulata* Lindl.。常绿灌木或小乔木，枝条无毛。叶片革质，长椭圆形，长倒卵形或倒卵状椭圆形，长 9 ～ 23 厘米，宽 3 ～ 7

厘米，先端尾尖状，基部宽楔形，边缘有密尖锐锯齿，齿硬质，上面有光泽或无，两面无毛，叶柄粗壮，长 2 ～ 4 厘米。复伞房状花序顶生，直径 10 ～ 16 厘米，无毛，花小，密生，花径 6 ～ 8 毫米，萼筒杯状，无毛，萼片宽三角形，无毛。花瓣 5，白色，雄蕊多数，花柱 2，偶 3，基部合生，子房半下位。果实球形，径 5 ～ 6 毫米，由红色变褐紫色，种子 1 个。花期 4 ～ 5 月，果期 10 月。

分布在陕西、甘肃、河南、安徽、湖北、江西、湖南、广东及西南地区。北京少栽培。

巧识 ⊙

注意其为灌木或小乔木，后者有主干，高可达 6 米。叶片多长椭圆形，质较硬，边缘有细密尖锐锯齿，手感扎手。复伞房状花序，花小，密生，白色。果小，从红色变为褐紫色。其中，叶缘的细尖硬齿扎手，为识别石楠极重要的一点。

用途 ⊙

石楠叶常绿，嫩叶红色，花密生，果实红色，在冬季为极有特色的观赏花木。

山荆子

山荆子叶齿细果小

不知什么时候，反正时间不太长，我见到原实验西馆南门外西侧的草地上，栽了好几株小树，我从它结出的小果子果序伞形，就认出是山荆子了。2014年夏又去细看了一下，总共有8株，干径不大，约10厘米，高4～5米，生长尚好。我很高兴看到山荆子进入燕园，增加了植物种类的多样性。

特征

山荆子属于蔷薇科苹果属，拉丁名为 *Malus baccata* (L.) Borkh.。落叶乔木，幼枝细小，无毛。叶片椭圆形或卵形，长3～8厘米，宽2～3.5厘米，先端渐尖，基部楔形或近圆形，边缘有细锯齿，两面无毛，有叶柄，无毛。花梗长达4厘米，无毛。花直径2～3.5

厘米，萼筒外无毛，萼片披针形，外面无毛，内侧有密毛，长于萼筒。花瓣白色。雄蕊多数，离生，花柱 5，基部有长毛。果球形，径 5 ～ 10 毫米，熟时红色或黄色，萼片脱落。花期 4 ～ 5 月，果期 8 ～ 9 月。

分布在东北、华北和陕西、甘肃，北京山区多见。

巧识 ◉

幼枝无毛。萼筒外面无毛，花序伞形，无总梗，花梗细长，长 1.5 ～ 4 厘米。花白色，花柱 5。果近球形，直径 5 ～ 10 毫米，果梗细长，可达 5 厘米。

用途 ◈

果实太小，不能吃。苗木可做苹果树的砧木，用来繁殖苹果树，也是公园观赏花木之一。

西府海棠

西府海棠果红而小

我在校园内见过多株定名为西府海棠的海棠树，如红 2 楼南门口西侧 1 株，东侧 2 株，由此再向东，草地上有 2 株，红 3 楼南门东侧 1 株，未名湖西岸边还有几株。这些海棠不是老树，高不过 3 米左右，它们的分枝几乎都从下部开始，垂直上升，不开散。在俄文楼西南侧有 1 株，挂牌标为“西府海棠”。2014 年 10 月 20 日，我去看时，地上落了许多果实，皆为淡黄绿色的。果上萼片多已脱落，果径多超过 1.5 厘米。但根据植物志上的记载，西府海棠果径不超过 1.5 厘米，熟时鲜红色。这些海棠与西府海棠的共同点只是枝条都直向上升，但这不足以证明这些树是纯西府海棠，因为成熟的果实不是红色的。

特征 ◉

西府海棠属于蔷薇科苹果属，拉丁名为 *Malus micromalus* Makino。小乔木，分枝多，直向上，小枝有短毛，老时毛落，小枝紫红或暗紫色。叶长椭圆形或椭圆形，长 5～10 厘米，宽 2.5～5 厘米，先端急尖或渐尖，基部楔形，边缘有尖锐锯齿，老叶两面无毛，叶柄长 2～2.5 厘米。伞形总状花序有花 4～6 朵，生小枝之顶，萼筒外密生白茸毛。萼片与萼筒等长，三角卵形、三角形或长卵形，有疏柔毛，内侧密生茸毛。花瓣 5，或重瓣，粉红色，花直径 4 厘米，雄蕊多数，离生，花柱 5，基部有茸毛。果实近球形，径 1～1.5 厘米，红色，萼片多脱落，少宿存。花期 4～5 月，果期 8～9 月。

分布在北部多省，如辽宁、山西、山东、陕西等，北京有栽培。

巧识 ⊙

注意其叶片边缘有尖锐锯齿，成熟果实直径 1 ～ 1.5 厘米，萼多脱落，少宿存，果熟鲜红色。

用途 ⊙

著名观赏花木，花粉红，果鲜红美丽。

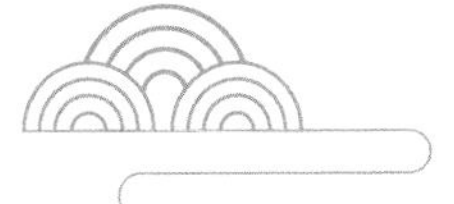

逸事

著名文学家朱自清曾写过《看花》一文，说他一年冒大风去北京中山公园看西府海棠，文中有："我爱繁花老干的红杏，也爱临风婀娜的小红桃……但最恋恋的是西府海棠。"表达了他对西府海棠的欣赏。

讨论问题

校园内多株（包括挂牌的）被认为是西府海棠的植株，虽然分枝多直向上生长，与西府海棠近似，但叶的边缘无尖锐锯齿，特别是成熟果实较大，又非红色，而为淡黄绿色，不符合西府海棠特征，因此我认为这些树可能为杂交种，有待进一步鉴定。

海棠花果大色黄

燕园的海棠花，我见到的可作为标准的树，是分别长在老地学楼南门东侧和西侧的两株，其中东侧那株更为繁茂，年年盛花时，我都去看一番。那繁花以及后来的累累果实，都很吸引人。

特征 ◉

海棠花属于蔷薇科苹果属，拉丁名为 *Malus spectabilis* (Ait.) Borkh.。落叶乔木，小枝有柔毛，后脱落。叶椭圆形至长椭圆形，长 5 ～ 8 厘米，先端短渐尖或钝形，基部宽楔形至近圆形，边缘有密锯齿，有时部分全缘形，老叶无毛，叶柄长 1 ～ 2 厘米，有短柔毛。花序似伞形，生花 4 ～ 6 朵，花梗长可达 2 厘米，有短柔毛，花直径 3 ～ 4 厘米，萼筒外无毛或有白毛，萼片比萼筒略短，三角卵形，外无毛或有稀毛，内侧有密白茸毛。花瓣 5，或重瓣，初蕾时，淡粉红色，盛开时白色。雄蕊多数，离生，花柱 5，基部合生，子房下

位，5 室，每室 2 胚珠。梨果球形，淡黄色，直径 1.5 ～ 1.9 厘米，萼片宿存，果梗细长，达 3 ～ 4 厘米。花期 4 ～ 5 月，果期 7 ～ 8 月。

分布在河北、山东，南至江苏、浙江，北京多栽培。

巧识 ⊙

落叶乔木，注意其花蕾时为粉红或带粉红色，盛开时白色。果实淡绿或淡黄色，不成红色。萼片宿存，果较大，直径可达 1.5 ～ 1.9 厘米。

用途 ⊙

著名庭院观赏树木，花蕾带红色，盛开为白色，极具观赏价值，果实累累为另一景。其果一般不食，但可制果脯。

海棠花古代逸事

宋代诗人苏东坡有咏海棠诗，其中有名句云："只恐夜深花睡去，故烧高烛照红妆。"说明诗人爱海棠之情深。

《红楼梦》中的怡红院，是由于门前有一株海棠花而起名"怡红"的。

我国有一株珍贵的老海棠花

在山东省济南市泉城路，有个珍珠泉大院，珍珠泉畔有个海棠园，园内有一株古老的海棠花，传为宋代所植，称"宋海棠"。它有 12 根枝干，最粗的一根枝干径 32 厘米，高 7 米，树龄有 1000 年。由于此树开花时，在蕾期有红色，十分美艳，人都叫它"花中神仙"。

垂丝海棠花下垂

在校园西南门内，荷花池东去不远山下马路南侧一块狭窄地上，有几株垂丝海棠。我见过它开花，花是粉红色，至少4朵花聚生，无总梗，花梗细长，有3.5～4厘米，都下垂。后来又去看，见其果实微小，直径只有8毫米左右，我便断定是垂丝海棠。

特征◎

垂丝海棠属于蔷薇科苹果属，拉丁名为 *Malus halliana* Koehne.。落叶小乔木，叶片长圆形或长卵圆形，长4～11厘米，宽3～6厘米，先端锐尖，基部宽楔形或圆形。边缘有钝锯齿，齿较密，上下面中脉带紫色，侧脉也带紫色，叶柄长1.5～4厘米，带紫色，有白毛或变无毛。花红色，花梗细长，数朵形成伞形状花序，下垂，萼

筒紫色，萼裂片短钝，花瓣5，雄蕊多数，花柱4～5。梨果直径不及1厘米，稍扁球形，红色，果梗长3～4厘米，萼片早落。花期4～5月，果期8～9月。

分布在江苏、浙江、安徽、陕西、四川、云南等省区。北京有栽培。

巧识

在开花时，特别注意，它的花红色，数朵，有细长梗，下垂。结果实时，果红色，小，稍扁球形，果梗细长，下垂。关于叶片，注意叶片呈椭圆形、长椭圆卵形，叶缘有钝锯齿。

用途

为庭院重要花木之一，花和果红色，加上花梗、果梗细长且下垂，为其观赏特色。

垂丝海棠逸闻

江苏宜兴和桥镇闸口乡永定村，在邵氏村民故宅中，有一株垂丝海棠，为900多年前宋代苏东坡手植，原主干已亡，系原根萌生的新株。年年开花，成为当地名胜，开花时参观者极多。

皱皮木瓜

皱皮木瓜托叶肾形

皱皮木瓜在燕园有栽培，比较分散，但不太多。在大讲堂北侧的小坡地上，有两株，高3米。在其西头小斜坡上，有一株树约1米半高，叶小、花小、果小，属于苹果属（*Malus*）的种。据园林科徐先生说是“钻石海棠”，也是一罕见的杂种，其亲本尚不明确。

特征 ◉

皱皮木瓜属于蔷薇科木瓜属，又称贴梗海棠，拉丁名为 *Chaenomeles speciosa* (Sweet) Nakai.。落叶灌木，常有硬刺，小枝无毛。叶卵形、椭圆形，长3～8厘米，宽2～5厘米，先端急尖或钝圆，基部楔形，边缘有圆钝齿，有腺体，两面无毛，叶柄长约1厘米，无腺体，托叶较大，常为肾形或椭圆形，边缘有尖重锯齿。花先叶开放，常 3 朵簇生，花梗短，直径 3 ～ 5 厘米。萼筒钟状，外面无毛，内侧有密柔毛。花瓣 5，猩红色，雄蕊多数，花柱 5，基部合生，子房 5 室，每室多胚珠。梨果球形或卵圆形，黄色或黄绿色，有香气，萼片脱落，果梗短。花期 3 ～ 5 月，果期 8 ～ 10 月。

分布于安徽、陕西、甘肃、四川、贵州、云南、广东等省。北京有栽培。

巧识 ⊙

看它的托叶较大，肾形至椭圆形。再看枝有硬刺，花艳红，果球形或卵圆形。注意观察，从基部出的嫩枝上的叶，有肾形托叶，老枝上的叶少见肾形托叶。

用途 ⊙

庭院著名观赏植物，花大，色红美艳，与其他花不同。

果实入药，可舒筋活络、和胃化湿，治腰腿酸痛。

问题 1：我国产木瓜最有名的地方在何处?

在安徽宣城。那里的皱皮木瓜，早在宋代即闻名。据宋代《图经本草》记载:“木瓜处处有之，而宣城者为佳。……宣人种莳尤谨，遍满山谷。”又据明嘉靖年间编的《宁国府志》所载:“宣城县岁贡木瓜上等一千个，中等五百个，下等二百个，又干瓜十斤……”可见那时宣城木瓜已作为地方特产进贡朝廷了。

问题 2：贴梗海棠是海棠花的一种吗?

否，贴梗海棠是皱皮木瓜的别称，它不是常说的海棠花，与海棠花同属于蔷薇科，但不同属，它属于木瓜属，或又称贴梗海棠属，形态与海棠花差别很大。

火棘果累累如红珠

在校史馆的西门北侧，有多株火棘排成一行。别看它们矮小，到结实时，粒粒如红宝石一样美丽。

特征 ◉

火棘属于蔷薇科火棘属，又称火把果、救军粮，拉丁名为 *Pyracantha fortuneana* (Maxim.) Li。常绿灌木，有许多侧枝，侧枝短，先端刺状，小枝幼时有锈色短毛，老时无毛。叶片倒卵形或倒卵状矩圆形，中部以上最宽，长 1.5 ～ 6 厘米，宽 0.5 ～ 2 厘米，先端圆钝或微凹，有时具短尖，基部楔形，下延，边缘有圆钝锯齿，齿尖内弯，基部全缘，两面无毛，叶柄极短，无毛或幼时有疏毛。复伞房花序，几无毛，花较小，直径约 1 厘米，白色，萼筒钟状，无毛，萼裂片三角状卵形，花瓣 5，圆形，雄蕊多数，离生，雌蕊 1，子房下位，5 室，每室 2 胚珠。梨果近圆形，红色，直径约 5 毫米，萼片宿存。花期 4 ～ 5 月，果期 5 ～ 6 月。

分布在江苏、浙江、福建、湖南、湖北、陕西、四川、贵州、云南等省。北京有栽培。

巧识 ⊙

短枝顶端硬刺状，叶倒卵状矩圆形，中部以上最宽，基部狭楔形，边缘有圆钝齿，花白色而多，径仅 1 厘米，果实红色。

用途 ⊙

北京已引种为园林植物，也有做盆景者，主要赏其红色果实，也可做绿篱。果实可磨粉，可当粮食或造酒。

多花蔷薇

多花蔷薇花多

燕园的蔷薇我见得不多。在校医院门诊部西门外的水池边，我见到一丛小蔷薇（2014 年 10 月上旬），小果红色，羽状复叶，小叶 7 片，颇小，正是多花蔷薇。

特征

多花蔷薇属于蔷薇科蔷薇属，拉丁名为 *Rosa multiflora* Thunb.。落叶灌木，枝条细长，有钩状皮刺，羽状复叶，小叶 5 ～ 7（9），倒卵状圆形至长圆形，长 1.5 ～ 3 厘米，宽 0.8 ～ 2 厘米，先端急尖或渐尖，基部宽楔形或近圆形，边缘有尖锯齿，两面有疏柔毛。叶柄长约 2 厘米，有柔毛，叶轴有柔毛和腺毛，疏生小刺。托叶大，呈篦齿形裂，长超过叶柄之半，且大部分与叶柄连生，边缘有腺毛。圆锥花序顶生，花多数，可达数十朵，花梗细，长 2 ～ 3 厘米，有柔毛和腺毛，苞片边缘羽状裂。花有香气，直径 2 ～ 3 厘米。萼片卵形、三角卵形，先端尾尖状，边缘有 1 ～ 2 对丝状裂片，外面无毛，花瓣 5 或重瓣，白色，倒卵形，先端微凹，雄蕊多数，花柱合生，无毛，花柱伸出萼筒口外，和雄蕊近等长。蔷薇果近球形或卵形，径约 4 毫米，红褐色，果熟时，萼片脱落。花期 5 ～ 6 月，果期 8 ～ 9 月。

原产于日本，我国引进栽培，北京多见。

巧识 ⊙

注意其花常多数，有香气，花比月季花和玫瑰花都小，约是后两者的一半。花柱合生，月季和玫瑰的花柱都离生。多花蔷薇的蔷薇果小，直径仅 4 毫米，月季与玫瑰的蔷薇果都远大于多花蔷薇的蔷薇果。

用途 ⊙

为公园、庭院的绿化花木之一，供观赏或做绿篱。

月季花叶面平光

燕园的月季花散在各处。校医院东门外花坛中，我见到有漂亮的月季花，花瓣红色，红色的深度恰到好处，看起来极为柔和。花朵不是特大，也不小，为重瓣花。在东操场东门外向南去的东侧，微纳电子大楼南侧有 5 丛月季花，花红色或粉色。在大楼西门南侧有 4 丛月季花，花红色。

特征

月季花属于蔷薇科蔷薇属，拉丁名为 *Rosa chinensis* Jacq.。灌木，小枝有刺，刺钩状，且基部膨大，无毛。羽状复叶，小叶 3 ～ 5（7），宽卵形至卵状长圆形，长 2 ～ 7 厘米，宽 1 ～ 4 厘米，先端渐尖，基部宽楔形，边缘有粗锯齿，上面绿色，有光泽，叶脉不太明显，下面淡绿色，两面无毛，叶柄、叶轴均疏生皮刺和腺毛。托叶大部与叶柄连生，边缘有羽状裂片和腺毛。花直径4～6厘米或更大，略有香气，单生或数朵组成伞房状花序。花梗长2～4厘米，有腺毛，萼片卵形，先端呈尾尖状，有羽状裂，边缘有腺毛。花多重瓣，色彩多，花瓣倒卵形，先端外卷，花柱多，离生，短于雄蕊，子房外有柔毛。蔷薇果卵圆形，红色，长1.5～2厘米，径1.2厘米，萼片宿存。花期5～6月，果期9月。

原产于我国，现广栽培，北京多见，月季花为北京市花之一。

巧识⊙

注意其为灌木，羽状复叶，小叶一般3～5个，有时多至7个，小叶比较大，一般大于玫瑰的小叶，特别是小叶上面光滑，叶脉平整，不起皱，此点与玫瑰叶不同，后者小叶上面绝不平滑，而是起皱。此外，月季的花不香或微香，而玫瑰花有浓香。玫瑰花的花色多为紫红色，少白色，而月季花花色除了鲜红色，还有其他多种颜色。

用途⊙

月季花为中国十大名花之一。原产于中国，今已在世界各地广泛栽培，花色多，花形美观，花期很长。品种多达上千，是公园、

庭院的重要观赏花木之一，也可盆栽放置室内欣赏。近些年每到情人节（2月14日），情侣间送花名义上送的是玫瑰，可实际都是月季花。人们称月季花为“花中皇后”。

月季花花瓣可提取芳香油，加工为化妆品。

月季的花、根、枝、叶均可入药，功效是活血调经、消肿解毒。

月季花逸事

明代诗人张新有《月季花》诗，赞月季花花期长，读来趣味深长：

“一番花信一番新，半属东风半属尘。

唯有此花开不厌，一年长占四时春。”

宋代诗人韩琦也写《月季花》诗，赞月季花期长：

“牡丹殊绝委春风，露菊萧疏怨晚丛。

何似此花荣艳足，四时常放浅深红。”

女作家冰心生前最喜欢月季花，喜欢月季花的色香味，更喜爱花枝上的刺，她曾说：“我就喜欢月季花，它没有媚态，有自己的风骨，月季花上有刺，不是随便可以采摘的。”短短几句话，包含了深刻的人生哲理。

问题：我国著名月季花产地在哪里？

山东莱州从明代即开始种月季花，至今已有600多年历史，被称为“月季之乡”。品种超千，花色有红、橙、黄、紫、绿、蓝等。特别是有花小的，如纽扣一样，堪称“袖珍月季”。也有个别品种长得像小乔木。

玫瑰叶面多皱纹

燕园的玫瑰，我在未名湖北岸见过多丛，都不高，只有50～70厘米，生长似乎不太理想。在静园的南部东侧，也见到4丛玫瑰。当时是10月上旬，叶已枯黄。这几丛稍高一些，约近1米。未名湖北岸中部向西有3丛矮玫瑰。

特征

玫瑰属于蔷薇科蔷薇属，拉丁名为 *Rosa rugosa* Thunb.。落叶灌木，茎枝上有密刺，有密茸毛。羽状复叶，小叶5～9，椭圆形、椭圆状倒卵形，长2～5厘米，宽1～2厘米，先端急尖，少圆钝，基部圆形或宽楔形，边缘有钝锯齿，上面多皱，下面灰绿色，有茸毛和腺毛，网脉明显。叶柄长2～4厘米，叶轴有茸毛，并有小皮刺和腺毛，托叶披针形，长1.5～2.5厘米，大部与叶柄连生，边有细锯齿。花单生或 3 ～ 6 朵聚生，有香气，径 6 ～ 8 厘米，花梗长 1 ～ 2.5 厘米，密生短茸毛和腺毛。萼片卵状披针形，端尾尖状，多扩大成叶状，外有腺毛。花紫红色，少白色，花瓣 5 或重瓣，花柱离生，有柔毛，微伸出萼筒口部。蔷薇果扁球形，径 2 ～ 2.5 厘米，光滑。萼片宿存。花期 5 ～ 7 月。

原产于我国北部，现广为栽培，北京各公园多见。

巧识 ⊙

注意玫瑰的小叶上面皱纹特明显，这点可与月季花和蔷薇花分开。

玫瑰花色多为紫红色，少白色。

用途 ⊙

为极著名的园艺花木之一，观赏价值高。

玫瑰花花瓣可以提香精油，香味极悦人，有清香、甜香和浓香等特色。

问题 1：北京有无著名的玫瑰产地?

北京门头沟区妙峰山下，有个名叫玫瑰谷的山地，遍植玫瑰，已有几十年历史，生产的花多用于提炼玫瑰精油。

问题 2：我国著名的产玫瑰花的地方在哪里?

山东平阴为我国最著名的玫瑰花产地。平阴的玫瑰历史悠久，据说可追溯至唐代。清末民初《平阴乡土志》记述："清光绪三十三年，年收花三十万斤，值白银五千两。"产花之盛可知。今学者、专家一致评价平阴玫瑰为"中国传统玫瑰的代表"。

问题 3：玫瑰与月季、蔷薇怎么区分?

这三者常常混淆不清，原因在于它们都是有皮刺的灌木，都有羽状复叶，开的花大小颜色不一，单瓣重瓣都有，不是专业人，真难分清。古人亦如此，如宋代杨万里《红玫瑰》诗的头两句为："非关月季姓名同，不与蔷薇谱牒通。"诗句说出了作者知三者是不同的，但怎么个不同？作者认不清。又如明代陈淳的《玫瑰》诗云："色与香同赋，江乡种亦稀。邻家走儿女，错认是蔷薇。"诗中从邻家孩子错认玫瑰为蔷薇，很风趣地道出二者难分辨。

如今在情人节时，青年情侣纷纷互送"玫瑰"，但所送的都是月季花，你说有趣不有趣！如前文所述，玫瑰的小叶上面多皱纹，掌握好这一点极为重要！

黄刺玫

黄刺玫小叶小

燕园的黄刺玫历史悠久，有七八十年历史。在燕南园北围墙内，从东至西可见到多丛黄刺玫，至今生长尚好。在未名湖周边，俄文楼西侧、临湖轩之西一带，黄刺玫随处可见。可知当年在燕园绿化中，黄刺玫是重点花木之一。

特征

黄刺玫属于蔷薇科蔷薇属，拉丁名为 *Rosa xanthina* Lindl.。落叶灌木，茎多直立，小枝细长开展，紫褐色，有散生皮刺。羽状复叶，小叶 7 ～ 13 个，卵形或近圆形，较小，长 8 ～ 15 毫米，宽

5～10毫米，先端圆钝，基部近圆形，边缘有钝齿，上面无毛，下面幼叶时略有毛。叶柄长8～15毫米，叶柄、叶轴疏生皮刺和柔毛。托叶披针形或条状披针形，全缘，有毛，中部以下与叶柄连生。花单生，直径约4厘米，花梗长1.5～2厘米，无毛，萼筒光滑，萼片披针形，全缘，外面光滑，花瓣5，黄色，倒卵形，或重瓣。花柱离生，有短柔毛，略伸出萼筒口。蔷薇果近球形，径约1.2厘米，红褐色。萼片宿存。花期5～7月，果期7～9月。

分布在华北地区，多栽培，北京多见。

巧识⊙

灌木，有皮刺，注意羽状复叶的小叶比较多，近圆形。花单生，黄色，单瓣或重瓣。蔷薇果近球形，红褐色。

用途⊙

园林花木之一，多栽培，本种有单瓣的和重瓣的，这两种燕园均有。

棣棠枝条常绿色

燕园有不少棣棠。棣棠不是棠棣，这是两种植物，不可混淆。燕园棣棠比较多的地方是静园的北部。实验东馆南侧山坡下，博雅塔西路边也有。蔡元培塑像东侧有许多丛。未名湖北侧也有。

特征

棣棠属于蔷薇科棣棠属，拉丁名为 *Kerria japonica* (L.) DC.。如果花重瓣，则拉丁名为 *Kerria japonica* f. *pleniflora* (Witte) Rehd.。落叶灌木，小枝绿色，有棱，无毛。叶片卵形或三角状卵形，长 2 ～ 12 厘米，宽 1 ～ 5 厘米，先端渐尖或尾状，基部截形或近圆形，边缘有重锯齿或下部有浅裂片，上面无毛或疏生毛，下面略有短柔毛，有叶柄，长 0.5 ～ 1.5 厘米，托叶膜质，带状披针形，早落。花两性，单生于侧枝之顶，径 3 ～ 4.5 厘米，有花梗，长达 2 厘米，萼筒扁平，萼片5，全缘，卵形。花黄色，花瓣5或重瓣，宽椭圆形，雄蕊多数，离生，比花瓣短，雌蕊5～8，离生，有毛，花柱与雄蕊等长。瘦果黑色，无毛，萼片宿存。花期4～5月，果期7～8月。

自河南至长江以南多有分布，云南也有。北京多栽培。

巧识 ⊙

灌木。注意其小枝绿色，为一标志。叶片稍大，可长达8厘米，边缘有重锯齿。花黄色，多重瓣。

用途 ⊙

园林观赏灌木。花黄色，与春天其他多为红色的花相比，增添一色。

棣棠逸事

宋代范成大《道傍棣棠花》诗云："乍晴芳草竞怀新，谁种幽花隔路尘？绿地缕金罗结带，为谁开放可怜春？"诗中显出棣棠遍开黄花、枝条蔓出之景。

宋代王采有词咏棣棠，其中有句云："摇曳绿萝金缕带。"也说明棣棠的蔓枝上开黄色的花。

蛇莓果像覆盆子

校园偶见蛇莓，但不多，在蔡元培塑像一带杂草地见过，可能是栽植花木时顺便带来的。

特征

蛇莓属于蔷薇科蛇莓属，拉丁名为 *Duchesnea indica* (Andrews) Focke。多年生草本，有匍匐茎，羽状 3 小叶，叶柄长 5～12 厘米。小叶菱状卵圆形，长 1.5～3 厘米，先端钝，基部广楔形，边缘有钝锯齿，两面有散生稀柔毛，小叶柄短，托叶卵状披针形，有毛。花单生于叶腋，直径达 1.8 厘米，有长花梗。副萼片大于萼片，边缘 3 浅裂，少全缘，花后反折。萼片 5，卵圆披针形，较小。萼筒

浅，花瓣5，黄色，长圆形，端钝或微凹，与萼片等长，雄蕊多数，短于花瓣。花托膨大，呈圆球形或长椭圆形，柔软，红色，着生多数瘦果。瘦果长圆卵形，暗红色。花期4～7月，果期5～10月。

分布范围从辽宁至河北、山西，到长江以南多省区，北京多见，生山沟、河岸湿地。在地上多水之处，其果实（聚合果）柔而多汁，反之则干燥。

巧识⊙

注意为羽状3小叶，小叶柄短。花的副萼片较萼片大，常3裂，花瓣5，黄色，长圆形。聚合瘦果，红色，有长匍匐茎似草莓。

用途⊙

全草入药，有清热解毒、散瘀消肿之功效，治感冒发热咳嗽。

朝天委陵菜

朝天委陵菜托叶草质

燕园内朝天委陵菜不少，草地、路边、山坡边，只要你注意就会碰上它，似无固定地点。

特征 ◎

朝天委陵菜属于蔷薇科委陵菜属，拉丁名为 *Potentilla supina* L.。一、二年生草本，高约 50 厘米，茎平横出或斜升，分枝多，疏生毛。基叶为羽状复叶，小叶 7 ～ 13 片，长圆形或倒卵形，长达 3 厘米，宽达 1.5 厘米，先端圆，基部宽楔形，边缘有缺刻状锯齿，上面无毛，下面绿色，无毛或稍有毛。茎叶与基生叶相似，叶柄较短或几无柄。小叶 3，托叶草质，宽卵形，3 浅裂，花单生于叶腋，直径6～8毫米，花梗长达1.5厘米，有柔毛，副萼片椭圆披针形，萼片卵形，与副萼片近等长。花瓣5，黄色。瘦果卵形，黄褐色，有皱纹。花、果期5～9月。

分布在东北、华北、西北，河南、四川也有。北京郊区各区均有分布。

巧识

注意其为小草本，叶为羽状复叶，上下面均为绿色，草质，托叶草质，花黄色，单生。结果时，多数瘦果聚生于突起的花托上。

用途

可作草坪用草。

紫叶李

紫叶李叶紫色

紫叶李给人的印象是叶紫红色，而非纯紫或纯红色。燕园各处栽培不少，离蔡元培塑像东侧很近，就有一株红叶李。在东边路的东侧也有一株，在静园也可见到，别的地方亦有，此处不一一列举。

特征

紫叶李属于蔷薇科李属，拉丁名为 *Prunus cerasifera* Ehrh. f. *atropurpurea* (Jacq.) Rehd.。落叶小乔木，高 5 ～ 7 米，小枝无毛，叶片椭圆形、卵圆形至倒卵形，先端渐尖或短尖，基部宽楔形至圆形，边缘有细钝圆齿，两面无毛或仅叶下面沿中脉有柔毛，叶暗紫色或紫色。花单生，径 2 ～ 2.5 厘米，花梗细长，长 1.5 ～ 2 厘米，无毛。萼筒钟状，萼片 5，花瓣 5，淡粉红色，雄蕊多数，离生。子房 1 室，2 胚珠，花柱单一，柱头盘状。核果近球形，直径 2 ～ 3 厘米，暗红色。花期 4 ～ 5 月。

原产于亚洲西部，我国多栽培，北京也有栽培。

巧识 ⊙

首先看叶片为卵圆形，先端短渐尖，基部楔形或圆形，淡紫红色，即可断定为紫叶李。

用途 ⊕

其叶紫红色，花淡粉红色，果较大，暗红色，有观赏价值。

杏

杏花萼片反折

燕园杏不多，我最熟悉的一株杏长在外文楼南门之西，这里只有一株杏，而且主干有点倾斜，好像许久无人注意，任其生长一样。别的地方如俄文楼西南侧也有两株杏，但总体不多。

我常去外文楼看那株杏的花，将它的花和桃花做比对，方知杏花瓣落后，萼片多反折，而桃则不反折。

特征

杏属于蔷薇科杏属，拉丁名为

Armeniaca vulgaris Lam.。落叶乔木，小枝有光泽，无毛。叶卵圆形，近圆形，长 5 ～ 9 厘米，宽 4 ～ 5 厘米。先端有短尾尖，少有长尾尖。基部圆形或渐狭形，边缘有钝锯齿，两面无毛，叶柄长 2 ～ 3 厘米，近顶处有 2 腺体，花单生，几无梗。先叶开花，直径 2 ～ 3 厘米。萼筒圆筒形，基部有短柔毛，紫红或绿色。萼片卵圆形或椭圆形，花后反折，花瓣淡粉红色或白色，雄蕊多数，雌蕊 1，心皮 1，有短柔毛。核果球形，直径 2.5 厘米以上，黄白色或黄红色，有红晕，稍有短柔毛。果梗极短。果熟不裂，核平滑，腹缝处有纵沟。种子扁球形，味甜，带苦味。花期 4 月，果期 6 ～ 7 月。

杏原产于亚洲西部，我国广为栽培，北京极多。

巧识 ⊙

叶较宽，卵圆形或几近圆形，基部不呈心形，而是圆形或渐狭形。花先叶开放，花瓣落后花萼反折。果球形，熟后不裂，味甜或酸甜。果肉厚。

用途

杏为水果之一，可生食或做果脯。杏仁可食用或入药，可止咳。

杏花是美丽的春花之一。北京山区杏花开时，一片红云，极漂亮。马叙伦先生曾在北京北安河管家岭见杏花，吟诗曰："莫道江南春色好，杏花终负管家岭。"

问题："杏树王"在何处？

甘肃省环县环城镇五星屯村有一株"杏树王"，高18米，基部直径近90厘米，年岁越百年，年产杏300公斤。

古代赏杏花绝美诗句选

"春色满园关不住，一枝红杏出墙来。"（宋 · 叶绍翁）

"浩荡风光无畔岸，如何锁得杏春园。"（宋 · 范成大）

"一段好春藏不尽，粉墙斜露杏花梢。"（张良臣）

以上诗文作者虽不同，但意思相似：杏花枝从墙内伸出来。一种动态美跃然纸上。

盼望燕园多栽些杏树，供大家观赏。

桃

桃花萼外侧有毛

燕园的桃在未名湖畔最突出。春天桃红柳绿的美景，加上湖光塔影，更有诗意。而湖畔又以东岸至北岸一带为好。未名湖桃花盛开时，会使人想起江南西湖的春天一株杨柳（垂柳）一株桃的美景，真是北国春天媲美江南。

近几年未名湖畔的桃树少了，不知何故。但是山桃还不少，开的花也是粉红色的，因此春天桃花红的景色还是不少的。

特征

桃属于蔷薇科桃属，拉丁名为 *Amygdalus persica* L.。落叶乔木，幼枝无毛，带光泽。芽常 2 ～ 3 个并生，中间芽为叶芽。叶椭圆状，

披针形或长圆状披针形，长 8 ～ 12 厘米，宽 3 ～ 4 厘米，尖端渐尖，基部楔形，边缘有密锯齿，两面无毛或下面脉腋有疏毛，叶柄长 1 ～ 2 厘米，有腺点。花单生，先叶开花，花直径 2.5 ～ 3.5 厘米，几无花梗。萼筒钟形，有短柔毛，萼片 5，卵圆形或长圆三角形，外侧有灰色短柔毛。花瓣 5，粉红色，雄蕊多数，离生。子房有毛，心皮 1，1 室，胚珠 2。核果球形或卵圆形，直径 5 ～ 7 厘米，外有茸毛，腹缝明显，果肉多汁，离核或粘核，不裂，核表面有沟和皱纹。花期 4 ～ 5 月，果期 6 ～ 8 月。

普遍栽培，北京多栽培。

巧识 ⊙

认识桃树，需注意其叶为长圆披针形或椭圆披针形，叶片最宽处约在叶片的中间或近中间部位。如果发现叶片的最宽处在中部靠下较远，则非桃，而应为另一种名叫“山桃”的植物。

其次，如在花期，注意桃花的萼片外侧有灰色茸毛，如无茸毛则非桃，而为山桃或别的种。

用途 ⊙

园林观赏植物，花红、美丽。“桃之夭夭”即说桃花美丽。

果实为重要水果之一，常生食或加工。

桃仁入药，有活血行瘀、润燥滑肠之功效。桃花入药，有泻下通便、利水消肿的效果。

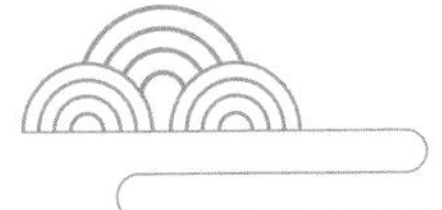

桃花的文化

最著名的莫过于“桃花源记”的故事。说的是晋代一个渔人，一日划船经过一条两岸有桃林的小河。进入一峡口后，才知到了别有天地的世外桃源……后想家而回，再去时，已找不到路了。后人以“世外桃源”来形容欲遁世的人的理想地方。故事当为虚构，却流传至今。

桃的变异型——碧桃

燕园有不少碧桃，大图书馆东北侧有几株，别的地方也有。认识它们可以看几个特征：小乔木，叶的形态与桃的叶无异，花朵较大，红色，重瓣，则为红花碧桃。如果叶相似，花大小相似且为重瓣，但花白色，就是白花碧桃。

红花碧桃的拉丁名为：*A. persica* f. *rubro-plena* Schneid.。

白花碧桃的拉丁名为：*A. persica* f. *albo-plena* Schneid.。

山桃

山桃花萼外侧无毛

燕园的山桃比较多，除了未名湖畔以外，别的地方也有，都为散生的。未名湖西岸及附近草地上有4株山桃，生长不错，主干径约8厘米，高4米以上。俄文楼西南侧有较老的山桃。

在静园南部草地上，有3株山桃栽植成品字形，十分出众。其中东部那株特别漂亮，主要是它的主干树皮呈褐红色，有十分突出的光泽，显得很漂亮。其他两株也不错，干径约有10厘米，高约5米。

特征及巧识 ⊙

山桃的拉丁名为 *Amygdalus davidiana* Vos。如要准确识别山桃，只要能与桃区分开就成了。因为山桃的花、果形态结构与桃基本一致，山桃不同于桃的主要特征，在于山桃的叶片为卵状披针形，先端长渐尖，叶片下部两侧是圆弧形的。山桃叶片最宽处在中部往下又约一半之处，这与桃的叶明显不同，桃的叶为长圆披针形或椭圆披针形，最宽处在中部左右，两者一对比，十分明显。

另外山桃花的萼片较窄，外侧无灰色茸毛，而桃的萼片外侧有灰色茸毛。山桃的果实干瘦，无法吃，桃的果实肥厚汁多，可吃。

山桃的花粉红色，偶见花白色，仍为同一个种。

用途 ⊙

北京地区多用山桃的苗木作为砧木来嫁接桃，效果好，由此也可看出此二种的亲缘关系密切。

山桃的种仁与桃的种仁一样入药。

白花山桃（杂交种）

国际关系学院北侧墙外从西向东有一行白花山桃杂交种，共 6 株，较高，很有气派。此树春天开纯白花，重瓣，比山桃花要大一点，极像碧桃（白花变型）的花，但植株和叶形又像山桃。请教北大园林科徐先生，他说是山桃和白花碧桃的杂交种。特写于此，供参考。

榆叶梅

榆叶梅叶像榆叶

燕园的榆叶梅真是数不尽，各个大楼附近都有它，未名湖畔也不少。无论行走在哪条路线上，注意一下，路边就有榆叶梅。春天榆叶梅先叶开花，一片艳红、粉红之景。特别是大图书馆东侧南北向的马路之东有多株榆叶梅，春天是行人赏花之处。在桃红柳绿时，有榆叶梅助阵就更美。

特征

榆叶梅属于蔷薇科桃属，拉丁名为 *Amygdalus triloba* (Lindl.) Ricker。落叶灌木，高 2 ～ 5 米。小枝无毛或微有毛，叶倒卵圆形，长 2.5 ～ 6 厘米，宽 1.5 ～ 4 厘米，先端渐尖，常 3 裂状，基部宽楔形，边缘有粗重锯齿，上面有疏毛或无毛，下面有短柔毛，叶柄长 5 ～ 8 毫米，有短毛。花先叶开放，直径 2 ～ 3 厘米，萼筒广钟形，萼片卵圆形或卵状三角形，有细齿。花瓣 5，粉红色，雄蕊多数，子房有短柔毛。核果近球形，红色，有毛，直径 1 ～ 1.5 厘米。果肉（中果皮）薄，熟时开裂，果核壳面有皱纹。花期 3 ～ 4 月，果期 5 ～ 6 月。

分布在东北至华北、浙江、山东。北京山区有野生，多栽培。

巧识 ⊙

注意为灌木，也有长成小乔木状的。无毛或稍有毛。叶多倒卵圆形，先端常 3 裂，也有不 3 裂的。叶下面有短柔毛，花萼筒广钟形，花粉红色，单瓣或为重瓣变异型。核果近球形，果肉薄，开裂。

用途 ⊙

先叶开花，花粉红色，特别显眼，给人以美感，最主要的用途是作为园林观赏花木。北京各公园多栽培。

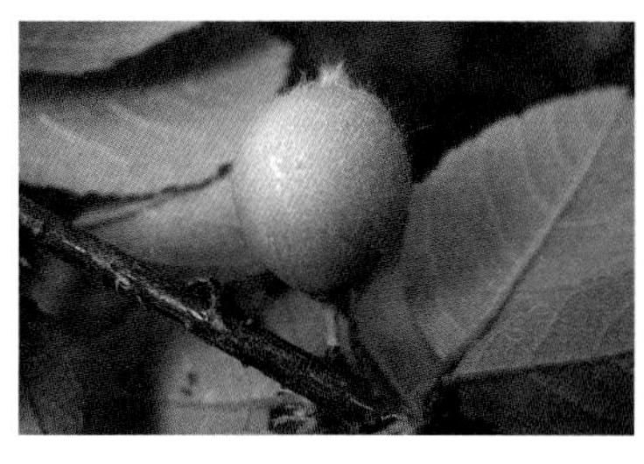

毛樱桃

毛樱桃果像樱桃

毛樱桃在燕园有几十年历史，散栽在各处。未名湖博雅塔的西边，有一小块三角地，面积不大，其西北角上有一株毛樱桃，西南角有一株榆叶梅，中心有一株白皮松。我每次从老生物楼去未名湖，走下那个缓坡，正好到了三角地，总要看看毛樱桃和榆叶梅，比较它们枝叶的形态差异，到了花期，则看花形态的不同，到了果期再看看果实的异同。久之就看熟了。

毛樱桃在未名湖周边其他地方也有，榆叶梅也是如此。别的地方也有散栽的。燕南园东北角出口处之内的东侧就有两株毛樱桃。

特征

毛樱桃属于蔷薇科樱桃属，拉丁名为 *Cerasus tomentosa* (Thunb.) Wall.。落叶灌木，高 2 ～ 3 米。小枝密生茸毛，毛短，细心看即知。常 3 个芽并生，中间芽为叶芽，两侧芽为花芽。叶倒卵形至椭圆形，长 4 ～ 7 厘米，宽 1.5 ～ 2.5 厘米，先端急尖至渐尖，基部楔形，边缘有不整齐锯齿，上面有皱纹，有短柔毛，下面密生茸毛，叶柄长 3 ～ 5 毫米，有短茸毛。花先叶或与叶同时开放，花直径 1.5 ～ 2 厘米，花梗短，有毛，萼筒圆筒形，有短柔毛，萼片卵圆形，有锯齿，花瓣 5，白色或带淡粉红色，雄蕊多数，子房密生短柔毛。1 室 2 胚珠，花柱细长，柱头头状。核果球形，无沟，有毛或无毛，熟时深红色，几无果梗。花期 4 月，果期 5 ～ 6 月。

分布在东北地区、河北、山东、河南、陕西、甘肃、江苏至四川、云南和西藏。北京山区有野生，公园有栽培。

巧识 ⊙

注意为灌木，易与榆叶梅混淆。毛樱桃小枝密生细短柔毛，这一点很重要；叶片下面密生茸毛，上面多皱纹；花白色。注意萼筒为筒状，非杯状，此点与榆叶梅易区别。后者萼筒为杯状。

用途 ⊙

毛樱桃可作为园林绿化果木，也可供观赏。

鲜果可生食，果仁可入药。

梅

梅花奇种有刺

一般梅花枝上应是无硬刺的，但燕园原东、西实验馆房舍附近有多株梅花，却在老枝上散生硬刺，似为小枝变态而成。在静园草坪的南头，也有多株。这里暂以梅花视之。

特征 ◎

梅属于蔷薇科李属，拉丁名为 *Armeniaca mume* Sieb.。落叶小乔木，稀灌木，高4～10米。幼枝绿色，老枝灰色，无毛。叶片卵形至宽卵圆形，长4～8厘米，宽2～4厘米，先端有短至稍长尾状尖，基部宽楔形，边缘有细齿，两面无毛或微有毛，叶柄长约1厘米，近顶处有2腺体。花1～2朵，花梗极短，直径2～2.5厘米，有香气，萼筒宽钟形，有短毛，萼片5，近卵圆形，花瓣5，白色或带粉色，雄蕊多数，子房被柔毛。核果近球形，有沟，径2～3厘米，淡绿色，有柔毛，味酸。果核卵圆形，有蜂窝状孔穴。花期临近早春。

分布在长江以南地区，北京少量栽培。

巧识 ⊙

注意梅的幼枝绿色，叶片有变化，狭卵形至宽椭圆形，有时近圆形，顶端有尾状尖突出，边缘有细锯齿。花白色。

用途 ⊙

梅花为我国十大名花之一，观赏价值极高。

梅实可食，但因太酸，应蜜制，也可入药，有镇咳祛痰的作用。

古人咏梅的诗

以宋代林逋（林和靖）的“梅花”诗为极佳之作：

众芳摇落独暄妍，占尽风情向小园。

疏影横斜水清浅，暗香浮动月黄昏。

霜禽欲下先偷眼，粉蝶如知合断魂。

幸有微吟可相狎，不须檀板共金樽。

作者林逋一生不为官，在西湖孤山隐居20年，无妻无子，人称“梅妻鹤子”。作者长期观察梅，对梅产生了深厚感情。诗中第三、四句被后人赞为咏梅之绝唱：这两句写出了梅花独特的神态和风韵，使梅花的外在美和内在美合在一起了。

寒梅能激志

唐玄宗的贤臣宋璟少年时两度应试均未中，心情沮丧而生病。一天，他见墙角古梅虽严冬仍英姿焕发，繁花似锦，见之有感人应奋发向上，终于努力而扬名。

国人心目中的国花之一

历次选国花，国人考虑最多的都是牡丹和梅花，这两种花的支持者不相上下，足见梅花在国人心目中的地位。

前文所述校园中栽的梅为一品种，有硬刺。我请教了校园林科的技术人员，据说这个有刺的品种名叫“黄刺梅”，与蔷薇属的“黄刺玫”同音。还有另一品种，名叫“美人梅”，栽在西校门内石桥东头南北两侧水池边，一边3株。此品种幼枝非绿色，没有硬刺，开白花，与黄刺梅有别。

东京樱花

东京樱花先叶开花

东京樱花在燕园春天的花木中，占有一席之位。它的花给人的印象是白色或带粉红色的，因其先叶而开，在春风中白粉粉一片，很抓人眼球。由于原产自日本，又称日本樱花。燕园塞万提斯雕像东侧有栽培。

特征 ◎

东京樱花属于蔷薇科樱属，拉丁名为 *Cerasus yedoensis* (Matsum.) T.T. Yu & C.L. Li。落叶乔木，高可达 16 米。树皮光滑，暗灰色。小枝稍有短毛。叶椭圆形至倒卵形，长 5 ～ 10 厘米，宽 2.5 ～ 5.5 厘米，先端渐尖，基部楔形，边缘有尖锐重锯齿，上面无毛，下面

沿叶脉有短柔毛。叶柄长近 1 厘米，有柔毛，叶柄有 2 腺体。总状花序着花 5 ～ 6 朵，花径 2 ～ 3 厘米。先叶开花，花梗长 2 厘米，有短柔毛。萼筒圆筒状，有短柔毛，萼片三角状长卵形，有细齿，花瓣 5，白色或粉红色，有香气，先端凹。雄蕊多数，子房无毛或稍有毛。花柱近基部有毛。核果近球形或卵圆形，直径约 1 厘米，黑色。花期 3 ～ 4 月。

原产于日本，我国多栽培。

巧识 ⊙

注意：先叶开花。花白色或粉白色，多单瓣。萼筒有柔毛，花梗有柔毛，如花梗无毛，则非本种。

用途 ⊙

著名园林观赏花木，花盛开时，美而热烈。花朵也十分精巧。

东京樱花逸事

东京樱花品种极多。日本人民喜欢樱花到狂热的程度，每年樱花开时，万人空巷去赏樱花，学校也为此放假，名曰“樱花假”。清代黄遵宪曾写诗讲述这种情况，诗中有句曰：“倾城看花奈花何，人人同唱樱花歌。”又曰：“十日之游举国狂，岁岁欢虞朝复暮。”短短几句道出日本人民对樱花的狂热喜爱。日本人民把樱花作为国花。

问题：樱花与樱桃花怎么区分？

二者有区别。樱花结不出好吃的樱桃，而樱桃的花为樱桃花，还能结出好吃的樱桃果。两者可以从以下特点区分：樱花的萼筒筒状，外有柔毛，花梗上也有柔毛，而樱桃花的萼筒杯状，无毛，花梗上也无毛。此外，樱花的叶片下面脉上也有柔毛，樱桃的叶片上面无毛，下面叶脉上略有微毛。

日本晚樱出叶开花

日本晚樱拉丁名为 *Cerasus serrulata* (Lindl.) G.Don ex London. var. *lannesiana* (Carriere) Makino。

日本晚樱与东京樱花不同的是日本晚樱出叶才开花，花重瓣，粉红或白色；其叶边缘有尖重锯齿，齿顶有长芒。

燕园塞万提斯像西南侧不远的草地上有 2 株。

日本晚樱为美丽的园林花木。原产于日本，我国引种。

郁李

郁李花粉红色

郁李在燕园不多，我能确认的一株长在俄文楼西南侧草地上靠近两株水杉的地方。

特征 ◎

郁李属于蔷薇科樱桃属，拉丁名为 *Cerasus japonica* (Thunb.) Lois.。落叶灌木，高 1 ～ 1.5 米，小枝细，灰褐色，无毛。叶长卵形或长圆形，长 4 ～ 7 厘米，宽 2 ～ 3.5 厘米，先端有尾尖。基部宽楔形或圆形，边缘有锐重锯齿，无毛或下面脉上略有短毛。叶柄长2～5毫米，有疏毛，托叶棕色，条形，边缘有毛状裂片或小齿，早落。花和叶同出，常2～3朵，花梗长3～12毫米，无毛。花直径约1.5厘米，萼筒筒状，无毛，萼裂片卵形，花后反折。花瓣5，粉红色或近白色，倒卵形，雄蕊多数，离生，短于花瓣，心皮1，无毛，花柱与雄蕊几等长。核果近球形，无沟，径约1厘米，暗红色，有光泽，无毛。

分布在华北、华中至华南，北京有栽培。

巧识 ⊙

首先为小灌木，注意其枝细，叶片卵形或长圆形，先端有尾尖，基部近圆形，叶柄短，长仅3～5毫米，叶边缘有重锯齿。花叶同出，花小，直径1～1.5厘米，粉红色。果近球形，径1厘米。

用途 ⊙

可作园林花木，供观赏。

核仁入药，有健胃的作用，又有利尿消肿之功效。

麦李花白色

由于麦李的叶像郁李的叶，二者未开花时不好分。一旦开花，麦李的花多重瓣，白色，而郁李的花单瓣，粉红色，易分开。燕园的麦李多，郁李少。二者都是近二十年引入的。

特征

麦李属于蔷薇科樱属，拉丁名为 *Cerasus glandulosa* (Thunb.) Lois.。落叶灌木，高可达 1.5 ～ 2 米。叶卵状矩圆形、矩圆状披针形或矩圆形，长 3 ～ 8 厘米，宽 1 ～ 3 厘米，先端急尖，少渐尖，基部宽楔形，边缘有细圆钝锯齿，两面无毛或下面中脉有疏柔毛，叶柄短，托叶条形，边缘有腺齿，早落。花先叶而开，1 ～ 2 朵腋生，直径约 2 厘米，花梗长 1 厘米，有柔毛。萼筒钟状，萼片卵形，边缘有齿，花瓣粉红或白色，倒卵形，雄蕊多数，离生，短于花瓣。心皮 1，花柱长于雄蕊。核果近球形，无沟，直径 1 ～ 1.5 厘米，红色。

分布在山东、江苏、湖北和甘肃。

巧识 ◉

注意叶卵状矩圆形，先端急尖，基部宽楔形，花先叶而开，白色，径约 2 厘米。

用途 ◎

栽培于公园、庭院，供观赏。

豆科

Leguminosae

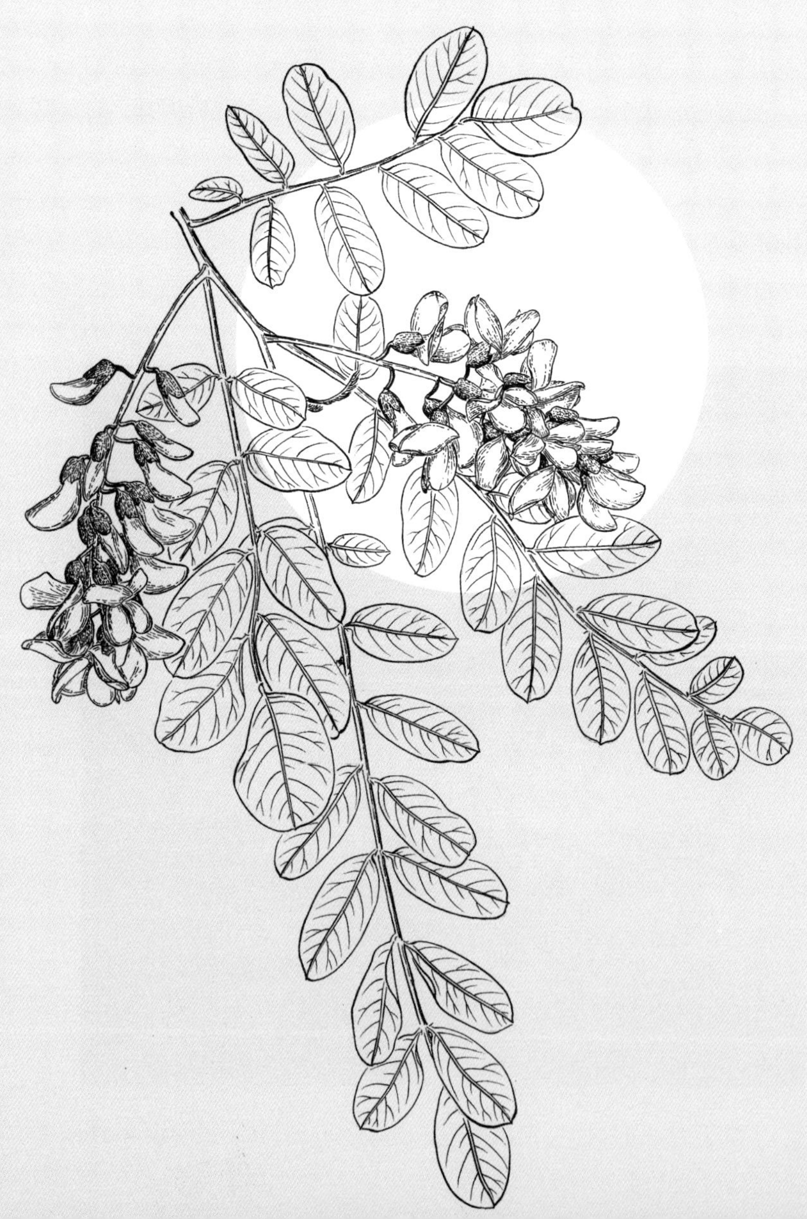

紫荆

紫荆老干生花

校园栽植紫荆历史悠久，我最早在实验东馆南门西侧见到两株紫荆，是几十年前的事，后来又陆续在各处看见了紫荆。这是燕园春天名花木之一。

特征◉

紫荆属于豆科紫荆属，拉丁名为 *Cercis chinensis* Bge.。落叶乔木或灌木，小枝有皮孔。叶互生，近圆形，长6～15厘米，宽5～15厘米，先端急尖或突尖，基部浅心形

或圆形，全缘，两面无毛。叶柄长 3～5 厘米，托叶长圆形，早落。花先叶开放，常 5 至多朵簇生于老枝干上，紫红色，有细花梗，小苞片 2，宽卵形。花萼有 5 小齿，花瓣 5，不等大，上方的旗瓣和翼瓣较小，下方的龙骨瓣 2 个，较大，呈假蝶形排列。雄蕊 10，花丝离生，子房有柄。荚果条形，长 5 ～ 17 厘米，宽 13 ～ 15 毫米，沿腹缝线有狭翅。种子 2 ～ 4 个，扁圆形，长约 4 毫米。花期 4 月，果期 8 ～ 9 月。

分布在东北、华北、华东及中南至西南、西北各省区。北京各公园多栽培。

巧识⊙

注意其栽培的多为灌木，野生的有乔木，叶片近圆形，全缘，沿叶边缘有一极窄的浅色边，对光照看极明显。花于叶前多朵簇生于老枝干上，成为特殊一景。花紫红色，5 个花瓣中下方 2 个最大，假蝶形花冠。雄蕊 10 枚离生，荚果扁平带状。

在未出叶前，枝干上可见深色的芽，为花芽。

用途

庭院、公园著名观赏花木，因其先叶开花，老枝干生花，景象特殊而有观赏价值。

紫荆的树皮入药，有活血行血、消肿止痛之功效，树皮和花梗可治疮疡。

问题：为什么紫荆在老枝干上开花?

有一种解释，认为老枝干生花有利于昆虫传粉，因为在密林中的树木，如花开在新枝上，可能由于林木多，枝叶密集，昆虫找不到花，致使传粉受阻，而老枝干下部宽松，空间大，利于昆虫寻找花朵传粉，因此老枝干生花为一种适应性。在热带雨林中，此种老枝干生花的树木更多，即为此理。

紫荆的故事

《广群芳谱》引《续齐谐记》:“京兆田家兄弟三人，共议分财。资产皆平均，惟堂前一株紫荆树，共议欲分为三片。明日，就伐之，其树即枯死，状如火然。兄往见之，大惊，谓诸弟曰:‘树本同株，闻将分斫，所以憔悴。是人不如木也。’因悲不自胜，不复解树。树应声荣茂，兄弟相感，合财宝，遂为孝门。兄仕至太中大夫。”这个故事当为虚构，意在劝人兄弟要和睦，共理家业，别自私而分家，有教育意义。今人读之也觉感动。

山皂荚

山皂荚荚扁弯

燕园仅有山皂荚两株，一株较老、大，为雌株，在德斋与均斋之间北侧的草地上。另一株为雄株，在燕大老图书馆（现为档案馆）东侧的山林中，生长不良，较小。

特征 ◉

山皂荚属豆科皂荚属，拉丁名为 *Gleditsia japonica* Miq.。落叶乔木，小枝皮孔明显，灰绿色，主干和老枝上有稍扁的刺，刺分枝。偶数羽状复叶，3 ～ 4 个丛生，小叶 10 ～ 22，长椭圆形或卵状长椭圆形，长 3 ～ 6.5 厘米，宽 1.5 ～ 3 厘米，先端圆形，基部宽楔形，全缘或有波状细锯齿，新枝有二回羽状复叶，羽片 2 ～ 12 个。花单性，雌雄异株，雄花序总状，细长。萼裂片 4，花瓣 4，黄绿色，雄蕊 8。雌花序穗状，萼 4 裂，花瓣 4，有退化雄蕊。荚果带状，扁平，弯曲，长 20 ～ 30 厘米，宽 3 厘米，棕黑色。种子数粒，褐色。花期 5 月，果期 7 月。

山皂荚分布从辽宁、河北、河南达江苏、浙江一带。北京山区有分布。

巧识 ⊙

最重要的是其果实是扁平的，且为扭转之形。这一点与同属的另一个种的皂荚易分开，后者的荚果挺直，较厚，不扭曲，而且花杂性，而前者的花单性，雌雄异株。

用途 ⊙

可作园林绿化树种，因其树干有刺（刺较大），果扭曲，有特殊观赏价值。

奇怪的山皂荚树

在辽宁省建昌县头道营子乡三门店村，有一株山皂荚树，它紧挨着一株榆树生长，现年约 160 岁。如今山皂荚干径 47 厘米，而榆树干径 110 厘米，却要小 20 岁，才 140 岁。榆树长得快，超过了山皂荚。拿此山皂荚与燕园山皂荚比一下，燕园山皂荚干径约 45 厘米，其树龄应有 100 多岁了。

野皂荚

野皂荚荚短

一次，我从北阁北向西走到一条弯曲的水沟边，忽见有一株小的野皂荚，只有叶子，为羽状复叶，小叶全缘。不知什么时候栽的，仅此一株。

特征

野皂荚属于豆科皂荚属，拉丁名为 *Gleditsia microphylla* Bge.。灌木或小乔木，高 2～4 米，小枝灰绿色，稍弯曲成之字形，幼枝有毛和皮孔，有枝刺，刺不分枝或有小分枝。一回或二回偶数羽状复叶，羽片 2～4 对，小叶 10～28 对，小叶对生或互生，长圆形，长 7～22 毫米，宽 3.5～11 毫米，上部小叶小于下部小叶，先端圆钝，基部宽楔形，偏斜，全缘，疏生毛。穗状花序顶生、腋生，花杂性，无梗，萼钟状，长3.5毫米，裂片4，长卵形，有密柔毛，花白色，花瓣4。雄花雄蕊6～8，雌花有退化雄蕊，子房有柄，荚果斜椭圆形或更长，长3～5厘米，宽1.2～2厘米，扁平，种子1～3。花期5～6月，果期7～9月。

分布在河北、山西、陕西、河南和山东。北京山区有分布。

巧识 ⊙

野皂荚的叶为一回、二回羽状复叶。小叶小，长7～22毫米，基部偏斜，全缘。枝条上有硬刺，刺不分枝或有短分枝。果扁，斜长椭圆形。

用途 ⊙

引种入庭院，有观赏价值。

槐

槐实念珠状

在燕园中如果你到处走走，会发现几乎无处不见槐。槐为古老的树木，有中年的，有少年的，还有幼树，甚至树苗。由于燕园适合它们生长，它就自己繁衍起来了，但多数大树或中年树是为绿化校园人工栽培的。

首先要提到的两株古槐，应是燕园“槐王”。它们生在学一食堂南门口两侧，好像守门的卫士一样。这两株槐大小差不多，应为同时栽种，如今老态龙钟，树顶都没有了，树干用铁棍支撑，其胸径在1米以上，树高只有4～5米。树龄估计已有200年以上。

除了两株“槐王”以外，燕园次于“槐王”但也相当老的槐树还有不少，就我的观察，可以写出好多：

博雅塔（简称“水塔”）的西北角一株，树高25米，胸径近80厘米，挂牌为二级古树，生长良好，树冠大。

俄文楼西南角一槐高25米，胸径80厘米，在1米高处有2分枝，分枝直径达40厘米，为二级古树。

在第二体育馆西运动场西马路南侧一株，高约20米，胸径75厘米，在2米以上有3个分枝，为二级古树。

在第一教学楼西南角有一大槐，胸径超80厘米，在高3米处向南横生一枝，径达40厘米，下支铁棍，挂牌为二级古树。

在燕南园中部偏南，办公室院内有一槐，干径72厘米，高20米。

在燕南园西南角老干部活动处牌子东边的竹栏杆内有一槐，胸径75厘米，树高30米。

上株附近另一槐，胸径60厘米，树高30米。

燕南园东北角墙外路边一槐，胸径达72厘米，树高达30米，为二级古树。

第二体育馆操场之南马路南侧有一槐，胸径50厘米，树高20米。

第二体育馆南侧，铁丝网外有3株槐，大小相似，胸径约50厘米，树高20米。

在南阁西南草地上，有二槐，干径超过50厘米，高20米，为二级古树，有牌。

在第一体育馆西侧湖边一槐，胸径60厘米，高18米，有牌，二级古树。

在体斋北的土山丘上，有二大槐，一株干径70厘米，另一株胸径90厘米，二株高约18米，均挂牌，为二级古树。

在镜春园79号院南门外马路有二古槐，北侧一株胸径70厘米，高20米，南侧一株，胸径70厘米，高20米，均挂牌，定为二级古树。

在西门内外文楼北部地区，还有槐树，胸径达50厘米或过之者甚多。

干径小于50厘米的槐树还有很多，如南门内马路向北行，两侧皆为槐树，有几十株，形成林荫道，夏日几不见天日，为行人遮住炎炎烈日，有目共睹。

在北阁以西的草地上，有约七株槐树，干径在40～50厘米之间……总之，槐在燕园分布广，给人印象是“燕园处处有槐”。

槐之多，证明早年绿化燕园，槐跟榆一样受重视。槐是“四大金刚”之一。

特征

槐属于豆科槐属（有的植物分类系统中，原来广义的豆科分为三个独立的科，槐属于蝶形花科槐属），拉丁名为 *Sophora japonica* L.。落叶乔木，高25米，树皮黑褐色，小块状裂，小枝绿色，有皮孔，奇数羽状复叶，小叶7～15，卵状长圆形或卵状披针形，长

3～6.5厘米，宽1.2～3厘米，先端急尖，基部圆形或宽楔形，下面有伏毛和白粉，托叶镰刀状，小，早落。圆锥花序，常为顶生，有柔毛，花黄白色，萼有柔毛。花冠蝶形，旗瓣近圆形，先端凹形，有短爪，翼瓣与龙骨瓣几等长，且同形，有2耳。雄蕊10，花丝分离，雌蕊由1心皮形成。荚果呈念珠状，长2～8厘米，径达1.5厘米，果皮肉质，不开裂，嫩时鲜绿色。种子1～6个，肾形，黑褐色。花期7～8月，果期10月。

槐是植物学上的叫法，林业界和民间常称为“国槐”。因为人们心中视其为（实际也是）原产于我国的树种。槐分布极广，从东北、华北、西北，南至广东和云南省，是极普遍栽培的树木之一。北京极多。

巧识 ⊙

识槐有一简单方法：首先看树上的小枝，小枝的皮暗绿色。另一种槐叫洋槐或称刺槐，其小枝的皮非暗绿色，而是淡褐色。再看奇数羽状复叶的小叶形态，小叶顶端尖锐，而洋槐的小叶顶端钝或稍凹形。再看花，黄白色，雄蕊10个，离生，花期7～8月，果实念珠状。而洋槐花纯白色，雄蕊10个，为9+1的两体，花期5月，果实扁平带状。有经验的人，只从小枝暗绿色即可识别。

另：槐的小苗或极幼树（三年左右）的小叶几呈圆形，而不像大树的小叶那样呈椭圆状卵形。由于有人分不清槐与洋槐，故对槐与洋槐的重要区别记述于此。

用途 ⊙

木材坚硬，有弹性，为上等材，供建筑及制作器具用。

据古人经验，《群芳谱》云：初生嫩芽，煠熟水泡，去苦味，可姜醋拌食，晒干亦可作饮代茶。

槐花、槐子均可食，花应炒熟，子煮熟即可食之，槐花及槐子可做黄色染料。据《群芳谱》，槐子味苦、平，无毒，久服明目益气。今同仁堂药店出一种中成药“地榆槐角丸”，治疗痔疮出血，有效。此药成分有蜜槐角、炒槐花。

问题：我国最老的槐树在何处？

燕园的两株挂红牌定为一级古树的槐还不是最老的槐，我国最老的槐号称“天下第一槐”，生长在河北省涉县固新镇固新村内。此树高近30米，胸径达5.4米，估算树龄已有2000年。由于千百年以来官方和民间视槐为吉祥树木，加以保护，此树至今虽部分枯竭，但仍然是活树，年年开花、结实，真真是一株元老树。

北京密云区冯家峪镇上峪村，有一株大槐树，高14米，胸径2.5米，树龄500年。照此看，燕园的古槐胸径超过1米，与前树对比也至少应有200多年的寿命了。

槐的古典韵味

古人多栽槐，上自皇宫，下至民间，到处都是。由于槐的寿命长，树冠浓密，夏日有明显降热生凉的作用，加上树形美，是庭院树、行道树的理想树种。自古就有关于槐的传说，文人咏槐诗也多。《西京杂记》有云：“上林苑槐六百四十株。”白居易诗：“薄暮宅门前，槐花深一寸。”落花之多，竟能有一寸深。李涛云：“落日长安道，秋槐满地花。”从诗句中可知古人对槐之重视，称之为“国槐”是国人的心声。

槐的变种

槐树的形态会发生变异，有观赏价值。因此，园艺学家欢迎这种变异，称为“变型”。那么槐有什么变型呢？兹举 2 例：

1. 龙爪槐。龙爪槐的变异表现在槐的大枝扭转斜向上伸展，而小枝都向下垂。因此树冠如伞盖一样，十分有趣。龙爪槐的拉丁名为：*Sophora japonica* L. f. *pendula* Hort.。其中 f. 为 forma（变型）的缩写，pendula 为下垂之意，表示变异在于小枝向下垂的形态。

燕园有龙爪槐，如原化学楼南侧栽有一行龙爪槐，生长良好。别的地方也有。此树仅高 3 ～ 4 米。

2. 五叶槐。这种变异型是奇数羽状复叶的小叶少了，只有 3 ～ 5 个，而且顶端小叶常 3 裂，侧生小叶下部有大裂片，故称五叶槐。燕园有五叶槐，如塞万提斯像西面不远就有。高只有 2 ～ 3 米。五叶槐的拉丁名为 *Sophora japonica* L. f. *oligophylla* Franch.“*oligophylla*”为“少叶的”之意。

紫藤

紫藤逸事多

燕园有不少紫藤，是一道特殊的风景线。紫藤是木质藤本，需要支架来支持，它才能发挥作用。花期时，紫光一片，很新鲜。静园的东侧和西侧，几个院的门墙上都有紫藤，已是很老的，仍生长良好。在校史馆附近，老哲学楼的西侧，学生宿舍区 28 楼的南侧，都有紫藤架。紫藤生长良好，藤架下是学生读书的好地方。

特征 ◉

紫藤属于豆科紫藤属，拉丁名为 *Wisteria sinensis*（Sims.）Sweet。木质藤本，枝条灰褐色，分枝多，奇数羽状复叶，互生，长达 30 厘米。小叶 7 ～ 13 个，卵状长圆形至卵状披针形，长 5 ～ 11 厘米，宽 1.5 ～ 5 厘米，先端渐尖，基部宽楔形或圆形，全缘，幼叶有柔毛，成熟叶无毛，叶轴和小叶柄有柔毛，总状花序侧生，下垂长达 30 厘米。花萼钟状，萼齿 5，有毛。花冠蓝紫色或深蓝紫色，长 2 厘米，旗瓣圆形，大形，基部有耳和附属物，翼瓣镰状，基部有耳，龙骨瓣钝，雄蕊 10，为 9+1 的两体雄蕊。子房条形，有柄，花柱内弯，柱头顶生。荚果略扁，长条形，长达 20 厘米，外皮密生灰色短柔毛，种子数粒，长圆形，长 1.2 厘米。花期 4 ～ 5 月，果期 8 ～ 9 月。

巧识 ⊙

木质藤本，奇数羽状复叶，注意其小叶较大，比槐或刺槐的小叶大。总状花序下垂，花紫色，蝶形花冠，雄蕊为 9+1 的两体雄蕊。果实长条形，花 10 ～ 20 厘米，外有灰色短柔毛。

用途 ⊙

紫藤花大而多，美丽，又是藤本。搭架栽于公园，是有特殊风景的植物。

茎皮和花入药，可治蛲虫病。种子有毒，切忌入口。

紫藤名胜

北京虎坊桥边有个晋阳饭庄，原是乾隆时纪晓岚的故居，名阅微草堂。纪曾亲手植一紫藤，在他写的《阅微草堂笔记》中，有文字描写此紫藤“其荫覆院，其蔓旁引，藤云垂地，香气袭人”。这株紫藤有 200 多年的历史，至今仍年年开花，美景如昔。

紫藤寄松奇景

北京怀柔红螺寺有此景。一株油松胸径 50 厘米，高 7 米，分枝多，已用架子支起松枝成一凉棚，有 2 株古紫藤盘绕在松架子上，特称“紫藤寄松”（并非寄生在松树上）。紫藤开花时，香气溢远，此为游人观赏的胜景之一。松和紫藤已有 800 多年历史，二者是北宋时期栽植的。

洋槐

洋槐的托叶刺状

燕园另有一种槐树，名叫洋槐，因为它非我国原产，而是北美洲传进来的。又称刺槐，是由于它的托叶变态成了刺的缘故。又由于它的叶为奇数羽状复叶，有点像槐，且也属于豆科，因此中文名称洋槐是有道理的。但洋槐与槐有较大差别，前文已述及。洋槐与槐不同属，属于洋槐属。

燕园的洋槐，就我的考察，老树还真非个别，可以列出多株大树，其中也有燕园的“洋槐王”。

在老燕京图书馆的西北角，有一大洋槐。其胸径达 1.1 米，在高 2 米处分二大干，各有 50 厘米干径，树高近 30 米，有一鸟巢，此树为燕园内洋槐之最。

燕南园内东侧路，近北头路东，有一大洋槐，其胸径达 108 厘米，在高 3 米处，有 4 个分枝，高 30 米，也有鸟巢一个。此树与上株大小不相上下，二者树龄均达百年。

在燕南园西南角，“老干部活动处”牌子东边不远处有一大洋槐，干径达60厘米，高6米处分三枝，树高30米。

在西校门内北侧路边一洋槐，其胸径达60厘米，高20米。

镜春园西，一土山上近房子处挨近篱笆，一大洋槐树胸径达70厘米，高4米处有2大分枝，树高25米。

俄文楼东南角一洋槐，胸径55厘米，树高18米。三院内有极高大的洋槐，足有30米高，主干径估计达60厘米。

一院西侧草地一洋槐，胸径55厘米，高4米处分3枝，树高20米。附近另一株洋槐胸径达50厘米，于4米处2分枝，树高20米。

在第一体育馆之西北角门外，有6株洋槐，互相靠得很近，形象特殊，每株直径30～40厘米，疑是土面以下一个大主干生出的分枝。如果不错，则地下干径应超过1米。

百年讲堂北边食堂的东门外，东侧路边有一洋槐与一老榆邻“居”。此洋槐胸径有50厘米，高25米。

此外，胸径在50厘米以下的树还有不少，说明当年绿化燕园，除了多栽槐以外，对洋槐的栽种也十分重视。如今洋槐老树也不少，有的应为一级古树，但未挂牌，可能因其为外来种。但洋槐为燕园绿化是立下了“功劳”的。

特征⊙

洋槐属于豆科洋槐属，拉丁名为 *Robinia pseudoacacia* L.。落叶乔木，树皮灰褐色，纵裂较深，小枝淡褐色，无毛。叶柄基部有2托叶刺，奇数羽状复叶，小叶7～11个或更多，小叶椭圆形或卵状椭圆形，先端圆形或稍凹形，基部圆形或宽楔形，全缘，无毛。总状花序腋生，常下垂，长达20厘米。花两性，萼钟状，萼齿5，短，稍呈二唇形，有柔毛。花冠蝶形，白色，长达1.8厘米，有香气。旗瓣有爪，基部有一黄色斑点。雄蕊10，为9+1的两体雄蕊。

翼瓣长圆形，弯曲，龙骨瓣2，背部连合，向内弯曲。荚果扁平，长圆形，二瓣开裂，有种子数粒，种子肾形，褐色，有斑纹。花期4～5月，果期7～9月。

原产于北美，我国引种，多省有栽培。北京多栽培。

巧识⊙

注意其有托叶刺，羽状复叶的小叶顶端微凹。此点绝不同于槐，后者小叶顶端尖锐。

用途⊙

木材坚硬，为建筑、器具材料。鲜花可食。种子含油，可为制肥皂、油漆的原料。叶营养丰富，为牲口饲料，对二氧化硫毒气抗性强。

洋槐的历史

洋槐原产于北美东部，目前美国东半部直到加拿大是自然分布区。由于洋槐生长快，材质好，用处大，繁殖又容易，且适应性强，故世界各国广泛引种。1601年法国宫廷园艺师鲁宾在美国采洋槐种子，在1636年将洋槐植于宫苑内（今巴黎植物园），后为欧洲各国相继引种。瑞典植物学家林奈将洋槐的拉丁属名定为“*Robinia*”就是为了纪念鲁宾。

我国最早引种洋槐是在清光绪三四年间（1877～1878），由清政府驻日副使张鲁生将洋槐种子带回，在南京种植，但数量少，只供观赏用。清光绪二十三年（1897），德国侵占我国山东胶州湾后，德人大量引入洋槐种植。不久青岛的阔叶树几乎全为洋槐，一时洋槐又叫“德国槐”，而青岛则又称“洋槐半岛”。光绪三十三年（1907）陈振先引入沈阳，1916 年陈嵘引入江苏种植，之后范围更扩大，今至东北南部、华北、西北东部，南达江苏、安徽，洋槐在我国稳定生存下来。

洋槐性喜湿润，但能耐干旱，在多种土壤中均能生长，就怕水涝，因其根为浅根系，怕水浸。燕园的洋槐有主干径超 1 米的，至少活了百多年，说明燕园水土条件适合它生长。

洋槐有变种

最普通的一个变种是无刺槐（*Robinia pseudoacacia* var. *inermis* D.C.）。树高 3 ～ 10 米，枝上无刺。此种变异型在北京有，但燕园未见。

洋槐其他的变异型还很多，如小枝下垂的变异型；又如小叶条形的，叶紫色、花淡红色的；枝条细长下垂的；叶仅为一个单叶，单叶可长达 10 厘米、宽达 3.8 厘米的；树矮呈球形的；等等。这些变异不易见到，燕园均未见。

近缘种

洋槐有个近缘种，名毛洋槐，又称红花槐、江南槐，属于洋槐属，拉丁名为 *Robinia hispida* L.。为灌木，高不过 2 米，茎小枝和花梗都有红色刺毛，托叶 2，不变成刺状。奇数羽状复叶，小叶 7 ～ 13，宽椭圆形至近圆形，长达 3.5 厘米，顶端钝，有小尖头，花序稀疏总状，花粉红色或紫红色，荚果长达 8 厘米，有腺状刺毛，结子少。

本种原产于美国，我国引入栽培。在燕园未名湖西边平地上有栽培，由于花红色，有观赏价值。

米口袋

米口袋果实装了“米”

米口袋是一种低矮小草本，在临湖轩西边山地路边草地可以见到，在别的草地也有，春天开着蓝紫色的蝶形花，叶上有白柔毛，一见即知。

特征 ◉

米口袋属于豆科米口袋属，拉丁名为 *Gueldenstaedtia multiflora* Bge.。多年生草本，根较粗壮，茎极短，全草有白色柔毛。奇数羽状复叶，小叶 9～21 个，椭圆形、长圆形至卵形，长 4～22 毫米，宽 3～8 毫米，先端圆或钝尖，基部圆形或宽楔形，全缘，托叶披针形。伞形花序出自叶丝，着花 6～8 朵，

有短花梗，基部有 1 苞片，萼下 2 小苞片，花萼钟状，长 5 ～ 8 毫米，萼齿短于萼筒。花冠紫红色或蓝紫色，长 1.2 ～ 1.4 厘米，龙骨瓣短，旗瓣圆形，翼瓣比旗瓣短或近等长，雄蕊 10，为 9+1 的两体雄蕊。子房由 1 心皮形成，无柄，花柱内曲。荚果圆柱形，长 1.5 ～ 2 厘米，直径 3 ～ 5 毫米。种子多粒，肾形，有蜂窝状凹点。花期 4 ～ 5 月，果期 5 ～ 6 月。

分布在东北、华北、华东和西北的陕西、甘肃省。北京山区、平原较多见，生田野路边草地。

巧识 ⊙

注意为小草本，奇数羽状复叶，全株有白色柔毛。伞形花序从叶丛中生出，花 6 ～ 8 朵。荚果圆柱形，长 1.5 ～ 2.2 厘米，未全熟时里面有许多白色肾形种子，似大米粒。

用途 ⊙

其花蝶形，蓝紫色，种于草地，有美化作用。

其带根全草入药，药名“甜地丁”，有清热解毒作用，可治疗疔疮痈肿及一切化脓性炎症。

近缘种：狭叶米口袋小叶条形

狭叶米口袋（*Gueldenstaedtia stenophylla* Bge.）的奇数羽状复叶的小叶片为条形或长椭圆形，长 0.7 ～ 3.5 厘米，宽 1 ～ 6 毫米。可见，本种小叶明显比上种的小叶窄长。另外，伞形花序只有 2 ～ 3 朵花。荚果较短，在 1.8 厘米以下，分布在辽宁、河北、陕西、宁夏和山东，也可作甜地丁入药。

狭叶米口袋在燕园临湖轩西部路边草地可见。

红花锦鸡儿

红花锦鸡儿有刺

燕园的红花锦鸡儿已成了一小个群落，大小约十来株或更多。它们生长在蔡元培塑像西南边那条向西去的斜坡路的南侧，正好在与由北向南去的小路交叉的地方。这些红花锦鸡儿，我在燕园念大三大四时就见到了，可以说它们已经生活了至少 60 多年了。如不是亲眼所见，还难以相信它能生长这么长时间。

特征 ◎

红花锦鸡儿属于豆科锦鸡儿属，拉丁名为 *Caragana rosea* Turcz.。直立落叶灌木，树皮灰褐色，小枝细长，有棱，无毛。长枝的托叶宿存，且硬化成刺，短枝的托叶脱落。叶轴脱落或宿存变成刺状。小叶 4，应为羽状复叶，由于 4 小叶着生于一点，外形呈掌状，故称假掌状排列。小叶椭圆状倒卵形，长 10 ～ 25 毫米，宽

4 ～ 10 毫米，先端有刺尖，基部楔形，下面叶脉隆起，边缘稍向下反卷。花单生，花梗长 1 厘米，中部有关节，萼钟状，长达 10 毫米，萼齿三角形，有刺尖，边缘有短毛。花冠黄色或淡红色，龙骨瓣白色，花谢时变紫红色，旗瓣长椭圆状倒卵形，翼瓣有爪有耳，龙骨瓣先端钝，雄蕊 10，为 9+1 的两体雄蕊。子房有短柄，无毛。荚果圆柱形，先端尖，长达 6 厘米，无毛，褐色。花期 4 ～ 5 月，果期 6 ～ 8 月。

分布在东北、华北、西北、华东以及河南、四川等省区，北京山地多分布。

巧识 ⊙

首先注意它的托叶或叶轴变态成硬刺，小叶 4 枚，外形似掌状复叶，实为羽状复叶，故称假掌状复叶，花黄色或淡红色。

用途 ⊙

作园林绿化花木很合适。因其花黄色或淡红色，俗名金雀儿。

糙叶黄耆有丁字毛

糙叶黄耆在俄文楼西北山坡边、草地或路边均有，我在一体西北一带路边草地也见到过。

特征

糙叶黄耆属于豆科黄耆属，拉丁名为 *Astragalus scaberrimus* Bge.。多年生矮小草本，茎匍匐性，全株密生白色丁字形毛和伏毛，奇数羽状复叶，小叶 7 ～ 15 个，椭圆形，长 5 ～ 15 毫米，宽 3 ～ 8 毫米，先端钝，有短尖，基部宽楔形，两面有毛。总状花序腋生，花 3 ～ 5 朵，苞片披针形，萼深钟状，长达 10 毫米，萼齿 5，近等长，短于萼筒，花冠蝶形，黄白色，长达 20 毫米，旗瓣椭圆形，先端微凹，中下部渐窄，基部有短爪，翼瓣比龙骨瓣长，比旗瓣短。雄蕊 10，为 9+1 的两体雄蕊。子房 1 室，花柱内弯，柱头头状，无毛。荚果圆柱形，长 1 ～ 1.5 厘米，先端有硬尖。花期 4 ～ 5 月，果期 5 ～ 6 月。

分布于东北、华北、陕西、甘肃、河南、山东，北京极多见。生山坡路边草地、河边和荒地上。

巧识 ⊙

注意其为矮卧小草本，常平铺地面。奇数羽状复叶，小叶椭圆形，注意叶上的丁字形伏毛，可以用针拨动。花白色或黄白色。

用途 ⊙

植株矮，贴地，多年生，因此为保土的好草种，也是一种牧草。

多花胡枝子

多花胡枝子叶网脉极少

西门内，校档案馆的东部树林之东，有一条南北走向的小路，在路的西侧树林边，可见到一些胡枝子，属于多花胡枝子这个种。由于花紫红色，虽小然而繁多，植株颇漂亮。

特征◉

多花胡枝子属于豆科胡枝子属，拉丁名为 *Lespedeza floribunda* Bge.。亚灌木或灌木，高达 70 厘米，分枝较细，有柔毛。3 出羽状复叶（即 3 小叶复叶），小叶倒卵形或倒卵状长圆形，长达 25 毫米，宽达 10 毫米，先端稍下凹，基部宽楔形，上面无毛，下面有柔毛，顶小叶比侧小叶大，叶柄长 3～6 毫米，托叶小，钻形。总状花序腋生，长约 2.5 厘米，萼钟状，有柔毛，裂片披针形，短于花冠。花瓣紫色，旗瓣长 8 毫米，翼瓣 2，稍短，龙骨瓣 2，稍长于旗瓣。

叶腋尚生有无花瓣的小花。雄蕊 10，为 9+1 的两体雄蕊，子房有 1 胚珠。荚果菱状卵形，长 5 毫米，有柔毛。花期 7～8 月，果期 8～9 月。

分布在东北、华北、华东及西北的陕西、甘肃、青海等省区。四川也有，北京山区极多见。

巧识 ⊙

3 小叶复叶，全缘。注意其小叶倒卵形，侧脉整齐明显，花紫色或紫红色，萼裂片披针形，分枝细弱。

用途 ⊙

嫩枝叶可作饲料。

因花红美丽，可作观赏灌木，栽于堤岸可护坡。

大花野豌豆

大花野豌豆小叶凹头

大花野豌豆在北大校园里生长的历史很长，记得在20世纪50年代，我就在未名湖畔见过它，它是一年生的细弱草本，靠种子繁殖。到80、90年代，在园内各处仍不时见到，今天还有。

特征◉

大花野豌豆属于豆科野豌豆属，拉丁名为 *Vicia bungei* Ohwi。一年生草本，茎细弱，多分枝，有卷须，分枝或不分枝。偶数羽状复叶，小叶4～10个，长圆形，条状，长圆形或倒卵形，长8～25毫米，宽3～6毫米，先端截形或稍凹，基部圆形，全缘，上面无毛，下面有毛，托叶半箭头状，长3～7毫米，有牙齿，总状花序腋生，略长于叶，花 2 ～ 4 朵，紫红色，长达 25 毫米。萼钟状，萼齿 5，上 2 齿短于下 3 齿，旗瓣倒卵状，披针形，翼瓣比旗瓣短，比龙骨瓣长。雄蕊 10，为 9+1 的两体雄蕊。子房有柄，条状，花柱圆柱形，腹缝线处有毛。荚果长圆形，稍扁，长 3.5 厘米，宽约 7 毫米。种子数粒，圆球形。花期 5 ～ 6 月，果期 6 ～ 9 月。

分布在东北、华北、陕西、甘肃、四川和山东，北京多见于田边、路边、山沟、草地等处。

巧识 ⊙

细弱草本，偶数羽状复叶。注意小叶 4 ～ 10 个，小叶顶微凹形，托叶有牙齿。花较大，长达 2.5 厘米，紫红色。荚果长圆形。

用途 ⊙

可作牧草饲牲口，也可作绿肥。

野大豆

野大豆茎缠绕

有一年，我见到实验西馆南门前一带草地上，有许多野大豆生长，后来那里栽了不少树木和灌木，野大豆少了，至今不知尚存否。

特征

野大豆属于豆科大豆属，拉丁名为 *Glycine soja* Sieb. et Zucc.。一年生草本，茎细，缠绕，有疏毛。羽状三小叶，顶小叶卵状披针形，长 3 ～ 5 厘米，宽 1 ～ 2.5 厘米，先端急尖或钝，全缘，两面有毛，侧生小叶斜卵状披针形，稍小。托叶卵状披针形，小托叶条状披针形，有毛。叶柄长 2 ～ 5 厘米。总状花序腋生，花小，淡紫色，苞片披针形。萼钟状，萼齿 5，三角形，上 2 齿近合生。花冠长于萼，旗瓣近圆形，开展，基部近耳形，翼瓣窄，与龙骨瓣略连

生，龙骨瓣短于翼瓣。雄蕊10，为9+1的两体雄蕊。子房无柄，花柱短无毛。荚果窄，长圆形或镰刀状，长15～25毫米，宽4～5毫米，两侧扁，有黄色硬毛。种子间略收缩，种子常3粒，长达4毫米，褐黑色。花期6～8月，果期7～9月。

分布在东北、华北、华东至中南区，北京郊区各区均可见，常见于河岸、草地。

巧识 ⊙

首先它为纤细草质藤本，3小叶羽状复叶，顶小叶卵状披针形，两面有毛。花小，淡紫色。荚果窄，长圆形，两侧扁，密生黄硬毛。种子间有缢缩。

用途 ⊙

嫩茎叶可作牧草。

根、茎、果、种子可入药，种子益肾止汗，主治头晕目昏、风痹汗多。

酢浆草科

Oxalidaceae

酢浆草

酢浆草茎平卧

校园内办公楼礼堂外墙根草地，可见到开小黄花的酢浆草，没想到它还是一种野菜。

特征

酢浆草属于酢浆草科酢浆草属，又称酸味草，拉丁名为 *Oxalis corniculata* L.。多年生草本，全株有疏伏毛，有细长根状茎，茎匍匐或斜生，分枝多。三出掌状复叶（掌状 3 小叶）互生，叶柄长达 4 厘米，基部有关节。托叶小，长圆形，与叶柄贴生，小叶倒宽心形，长 4 ～ 7 毫米，宽 7 ～ 10 毫米，先端心形，基部宽楔形，上面无毛，小面疏生伏毛。伞形花序腋生，总花梗约等于叶长，花黄色，萼片 5，披针形或长圆形，长 3 ～ 4 毫米。花瓣 5，长圆倒卵形，长6～8毫米。雄蕊10，花丝下部结合，子房长圆柱形，5心皮，5室。花柱5，有毛，柱头头状。蒴果，室背开裂。种子多个，长圆卵形，扁平，红褐色。花期5～9月，果期6～10月。

分布在东北、华北、广东、四川。北京多见。

巧识⊙

最明显的特征，是它的叶为掌状3小叶复叶，小叶宽倒心形，长4～7毫米，宽7～10毫米，先端心形，蒴果圆柱形，长1～1.5厘米。种子扁平，红褐色。

用途⊙

新鲜叶含维生素C，可以拌食盐生食，或盐渍食，亦可煮后食用。

全草解毒消肿，为解热、止渴、利尿药，治感冒、肠炎、尿路感染、神经衰弱等。

牻牛儿苗科

Geraniaceae

牻牛儿苗

牻牛儿苗果喙螺旋卷曲

牻牛儿苗经年在老生物楼西墙之西的那个台子上的杂草地中生长，年年开花，结出长喙形的果实，十分有趣。

特征

牻牛儿苗属于牻牛儿苗科牻牛儿苗属，拉丁名为 *Erodium stephanianum* Willd.。又叫太阳花，一年生或二年生

草本，高达50厘米，茎平卧或斜上升，多分枝。有毛，叶对生，有长叶柄，托叶条状披针形，有缘毛；叶卵形或椭圆三角形，长4～7厘米，二回羽状深裂，羽片2～7对，基部下延达叶轴，小羽片各形或有粗齿1～3个，两面有毛。伞形花序生于叶腋，花序梗长达15厘米，生花2～5朵，萼片5，长圆形，长6～7毫米，先端有芒尖，花瓣5，淡紫色或蓝紫色，倒卵形。雄蕊10，2轮，5个有花粉的雄蕊与萼片对生，5个无药的退化雄蕊与花瓣对生。雄蕊的花丝较短。子房5室，每室2胚珠，花柱分枝5。蒴果长3～4厘米，先端有长喙，熟时5个果瓣与中轴分离，喙部呈螺旋状卷曲。花期4～5月，果期6～8月。

分布在东北、华北、西北，华中、云南和西藏也有。北京有分布，见于山地、荒地、田边、村庄路边。

巧识 ⊙

注意其叶为二回羽状深裂，羽片2～7对，小羽片条形或有1～3个粗齿。花序伞形。雄蕊10，内轮5个退化，无花药。成熟果有长喙，5个果瓣与中轴分离，喙部呈螺旋状卷曲。

用途 ⊙

全草可当作“老鹳草”入药，药性同老鹳草，可祛风湿、活血通络。

此种种于草地做观赏草，以其果形奇特而有价值。

鼠掌老鹳草

鼠掌老鹳草果喙不螺旋卷曲

在未名湖东南角路边近柏树林处，夏天可见到鼠掌老鹳草，它是一种小草本。奇怪的是它的名字怎么与鹳鸟扯上关系呢？原来它的成熟果实有个尖喙，像鹳鸟的嘴。此草我在燕园别的地方也见过。

特征

鼠掌老鹳草属于牻牛儿苗科老鹳草属，拉丁名为 *Geranium sibiricum* L.。多年生草本，茎细长，平卧或上部斜升，有分枝，稍有倒生花。叶对生，基生叶和茎下部的叶有叶柄，上部叶柄较短，有倒生的柔毛和伏毛。托叶条状披针形，有毛。叶片宽肾状五角形，基部截形或宽心形，长 3 ～ 6 厘米，宽 4 ～ 8 厘米，掌状 5 深裂，裂片卵状披针形，羽状分裂或有齿状的缺刻，两面有伏毛。花单生于叶腋，花梗细，长 4 ～ 5 厘米，有柔毛，果期呈侧弯形。萼片长卵形，花小，花冠淡紫红色，花瓣 5 个，与萼等长或稍长于萼。雄蕊 10 个，均有花药。子房上位，5 室，每室 1 种子。中轴胎座。花柱 5 分枝，花约 1 毫米。蒴果长 1.5 ~ 2 厘米，有喙。成熟时，果瓣与中轴分离，喙部自下向上反卷，不呈螺旋状卷曲。种子有网状隆起。花期 7 ～ 8 月，果期 8 ～ 9 月。

分布在东北、华北、西北、华中，四川和西藏也有。

巧识

首先它为小草本，叶对生，叶片宽肾状五角形，基部截形或宽心形，掌状 5 深裂。花序只 1 花，花小，淡紫红色。蒴果成熟时，喙部自下向上反卷，但从不作螺旋状卷曲。

用途

全草可作“老鹳草”入药，有祛风湿、活血通经、清热止泻的作用，可治风湿性关节炎、跌打损伤、急性胃肠炎等症。

蒺藜科

Zygophyliaceae

蒺藜

蒺藜卧地果刺硬

蒺藜是一种极常见的野草，贴地而生，带肉质。在北大校园未名湖边，镜春园、朗润园一带都有。

特征

蒺藜属于蒺藜科蒺藜属，拉丁名为 *Tribulus terrestris* L.。一年生草本，茎从基部分枝，平铺地面，全株密生丝状柔毛。偶数羽状复叶，互生或对生，长达6厘米。小叶5～8对，长圆形，长4～17毫米，宽2～5毫米，先端锐尖或钝，基部略偏斜，全缘，上面脉上有细毛，下面有密白伏毛。托叶小，边缘半透明膜质，有叶柄和小叶柄。花单生于叶腋。萼片5，宿存。花瓣5，黄色，雄蕊 10，生花盘基部，其中 5 枚花丝较短，其基部有鳞片状腺体。5 枚长的与花瓣对生。花柱单一，柱头 5 裂。子房上位，有 5 棱。5 室，每室 2 ～ 3 胚珠。分果扁球形，径约 1 厘米，由 5 个分果瓣组成，每果瓣有刺，背面有硬毛和瘤状突起。种子 2 ～ 3 个，种子间有隔膜。花期 5 ～ 8 月，果期 6 ～ 9 月。

分布几遍全国，长江北部较多，北京各地区均有，生田间、荒地、沙地。

巧识 ⊙

首先弄清其为带肉质的铺地小草本，偶数羽状复叶。小叶 5 ～ 8 对，长圆形，全缘。花瓣 5，黄色。果实为分果，由 5 个分果瓣组成，每果瓣有刺，背面有硬毛和瘤状突起。

用途 ⊙

果实入药，也可全草入药，有平肝明目、祛风止痒的作用，治头晕、头痛、目赤多泪、皮肤瘙痒等症，也治老年气管炎。

种子可榨油。

苦木科

Simaroubaceae

臭椿

臭椿气味臭

我在燕园到处去看臭椿,得出一印象,即老年臭椿的树皮呈黑色,或至少黑褐色，因而戏称它们为“黑皮树”。臭椿的树皮不深裂，而是有点不规则的浅裂缝，比其他阔叶树的树皮平整些，好认。

燕南园的臭椿比较多，我在其北部那条东西走向的小路的西头，51 号院住宅的围墙内，见到一株大臭椿，初见让我惊异：此树主干靠近地面处，直径足有 1 米还多，再看主干高约 4 米处，有多个分枝，都直向上生长，气势冲天。树高足有 30 米以上，这应是燕园内的臭椿之王。

燕南园东部还有较大的臭椿，东部由北向南去的路东边，有两株较大臭椿，胸径至少50厘米，一株被锯去了，从齐地面的断面看，直径真超过50厘米，木材致密，为好木材。再向南，又向东去，在一院子的门口赫然又发现一株大臭椿，胸径远超过50厘米，高有20米以上。燕园西部还有较大的臭椿。

在一级古树油松（位于博雅塔之南约20米处）生长的那个土石山包上，上去后可见附近有好几株大臭椿。在东南角处有2株，胸径超过50厘米，达60厘米，树高约30米，山包向南坡处，还有一株大臭椿，胸径达55厘米。这个土山上总共有八九株臭椿，为臭椿聚居之地。

在燕园北部即未名湖以北，从朗润园到镜春园那一带，还有许多臭椿。我在镜春园82号的西北部，看见一株大臭椿，胸径达60厘米，有20多米高。

在学生宿舍区、理发店的北门东边不远，又有一株大臭椿。此树由于四周无别的树木，可以自由自在发展，因此长得高大美观，胸径达70厘米。在高5米处有多个分枝，皆斜向上生长，树冠圆整而广阔，远望之，十分悦目。我欣赏它时，想起了1983年的事。那一年7月31日陕西安康下大雨，引发洪水，据说水深达到三四层楼高。当时人们纷纷逃难，安康中学有32个人急中生智，都爬上了附近一株大臭椿。那株大臭椿的干径超过1米，树高37米以上，中上部有好多个分枝，因此上去32个人都有安身之“地”。这些人看见洪水从树下冲过，胆战心惊，经过一天一夜，洪水退了，人和树都安然无恙，因此，当地人民称此臭椿树为“1983731救命树”以志纪念，后来有人看见那树上还留有避水人遗下的小板凳。陕西安康那株大臭椿树，真是“创造”了救人的奇迹。再看眼前燕园这株大臭椿树生长的样子，很像陕西安康那株臭椿，只是还略小一些。

燕园的臭椿树太多了，无法一一去“拜访”，只从以上的记载，我对此树已有了崇敬之情。

特征 ◉

臭椿属于苦木科臭椿属，拉丁名为 *Ailanthus altissima*（Mill.）Swingle。落叶乔木，树冠伞形，树皮黑色或黑褐色，有不规则的浅裂纹。小枝褐色，有疏皮孔，奇数羽状复叶，偶有偶数羽状复叶，长达80厘米，有总叶柄。小叶13～41个，披针形、卵状披针形，长达12厘米，宽达4～5厘米，先端渐尖，基部宽楔形、圆形或截形，稍偏斜，近基部有2～4锯齿，齿端各有一腺体。小叶两面无毛或脉上有疏毛，有小叶柄。圆锥花序顶生，长达20厘米。花杂性，绿白色，萼片5，基部合生，花瓣5，雄蕊10。有花盘，花盘10裂。心皮5，花柱合生，柱头5裂。翅果长圆状椭圆形，长达5厘米，宽8～12毫米，熟前黄绿色，熟后淡褐色。种子扁平。花期6～7月，果期9～10月。

臭椿分布广，从东北南部到华中、华南和西南地区都有，北京极多见。

巧识 ⊙

首先看它的叶为奇数羽状复叶，其小叶基部总有一较粗的齿，背面有一圆形腺点。这个特点无论臭椿大树小树均有，比较可靠。

其次撕破叶子闻一闻，总有一股冲鼻子的气味，有人认为臭，所以才叫臭椿，也有个别人说不是臭味。

其三，臭椿结果实时，果为单翅果，一朵花最多可有 5 个翅果，有时也少于此数。

应注意的是，秋天时臭椿叶子起了变化，其“臭”气大大降低，甚至不“臭”了。

用途 ⊙

臭椿为庭院绿化树种之一，燕园臭椿多，说明当年人们栽树时，是重视它的。

臭椿木材结实，可用作建筑和家具材料。

臭椿不怕干旱、不怕盐碱，是山地造林树种之一。

楝科

Meliaceae

香椿

香椿嫩叶香可吃

校园内有一些香椿，但不太多。我在农园食堂北门外台阶上见到三株香椿，中间一株较矮小，胸径约 20 厘米，高只有 6 米左右。两侧二株，胸径约 30 厘米，高约 8 米以上。在东侧更高的台阶上有一香椿，较老，树高 8 米左右，胸径达 45 厘米，高 1 米处有 3 分枝。在四院东南门口外有一株香椿，主干瘦高，高约 10 米。在老干部活动中心的空地，有一香椿，胸径 25 厘米左右。

特征

香椿属于楝科香椿属，拉丁名为 *Toona sinensis* (A. Juss.) Roem.。落叶乔木，高可达 26 米。树皮红褐色，常呈条状纵裂。幼枝嫩绿色，有毛。偶数羽状复叶，偶见奇数羽状复叶，长达 50 厘米以上，叶柄基部膨大，小叶 5 ～ 11 对，长圆披针形或狭卵状披针形，长 6 ～ 12 厘米，宽 2 ～ 4 厘米，先端渐尖至尾尖，基部偏斜，常全缘，在幼树则见叶有锯齿，小叶有短柄。圆锥花序顶生，下垂，花白色，钟状，有香气，两性。萼小，5 浅裂。花瓣 5，卵状长圆形，离生，长于萼。雄蕊 10，与花瓣对生，内 5 个为退化雄蕊，花丝钻形，分离花药丁字着生。花盘厚肉质，红色。子房圆锥形，5 室，每室胚珠约 8 个。花柱短于子房。蒴果倒卵形或椭圆形，长 1.5 ～ 2.5 厘米，熟时红褐色，有皮孔，种子的上端有翅。花期 5 ～ 6 月，果期 8 ～ 9 月。

原产于我国中部至南部，各地栽培，北京多见。

巧识 ⊙

注意其嫩叶芽有香气，此气味不同于臭椿的气味。偶数羽状复叶，偶见奇数羽状复叶，一般全缘，幼树可见小叶边缘有锯齿。果实为蒴果，不同于臭椿的翅果。

用途

嫩叶芽为蔬菜，木材为建筑和家具用材。果实可入药，有收敛、止血之功效。

香椿的故事

古代有个皇帝忽然想到乡村去走走，一天他来到一农家，农家老大娘见皇帝来了，怎么招待啊？她忽然想起屋后山坡上有香椿，就摘了些嫩叶，加上鸡蛋炒成香椿鸡蛋招待皇帝。皇帝吃了大加赞赏，认为自己在皇宫还从未吃过这么好的菜，就问大娘这菜是怎么做的，大娘如实以告，皇帝听了大喜，要封香椿树为“树王”。他叫手下人准备一块牌子，上书“树王”二字，并要亲自为香椿树挂牌。可他走到那里一看，不止一株树，到底哪株为香椿？皇帝不认识，又不好说，就随意挂在一株树上了，但这株树为臭椿，而香椿树就在旁边不远处。结果香椿见自己立了功劳，被皇帝看上，而臭椿反被封了树王。香椿一生气就将自己的皮气裂了。自那以后香椿的树皮就老是纵裂成条了，臭椿树皮却极坚实。这故事是虚构的，引人发笑，却告诉人们香椿树皮是条裂的，至今仍是如此。

大戟科

Euphorbiaceae

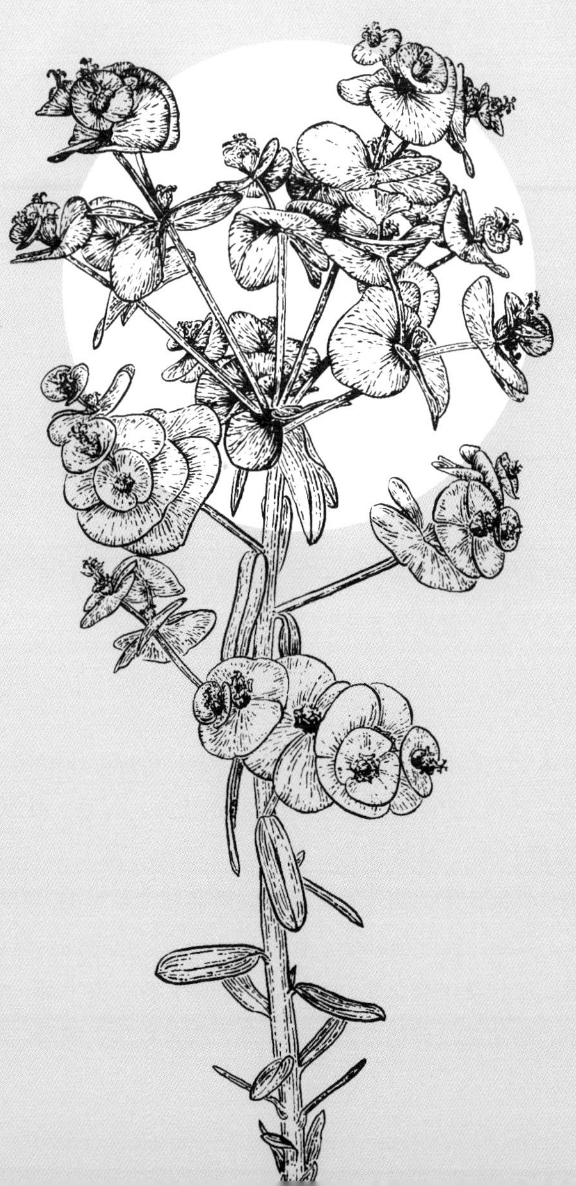

铁苋菜

铁苋菜苞片合如蚌

草地上或山坡下及路边，不时能见到成片的野生铁苋菜，叶片卵形，有点像苋菜，但不是苋菜。

特征

铁苋菜属于大戟科铁苋菜属，拉丁名为 *Acalypha australis* L.。一年生草本，高可达50厘米。茎直立，分枝多，有毛。叶互生，卵形、卵状披针形、菱状卵形，长2～8厘米，宽1.5～3.5厘米，先端尖，基部楔形，边缘有钝锯齿，两面脉上有短毛，叶柄长1～3厘米，有毛，托叶披针形，长1～2毫米。花单性，雌雄同株，无花瓣。穗状花序有总梗，腋生，雄花多，生花序上部，紫红色。苞片小，有睫毛。萼初合生，后4裂，裂片卵形，膜质。雄蕊

8个，雌花生花序基部，常3朵花同生于一叶状苞内。苞片三角状卵形，长约1厘米，合时如蚌状，边有锯齿，背面有伏毛。萼3裂，裂片宽卵形，子房球形，有毛。花柱细，3分枝。子房3室，每室1胚珠。每苞内常仅1果成熟，蒴果近球形，径3毫米，表面有毛，毛基有瘤状突起。种子卵形，长2毫米。花期5～7月，果期7～8月。

分布在河北至黄河中下游、长江中下游及西南、华南地区。北京郊区多见，生田野、路边。

巧识 ⊙

一年生直立草本。注意其花单性同株，雌花生花序基部，3朵花同生于一叶状苞片内，苞片三角状卵形，长1厘米，合时如蚌状。花柱3分枝，带紫红色。

用途 ⊙

全草入药，有清热解毒、利水消肿之功效。

近缘种：裂苞铁苋菜苞片深裂

裂苞铁苋菜（*Acalypha broachystachya* Hornem）属于大戟科铁苋菜属。与上种不同，本种花序无总梗，雌花2～4朵生花序下部苞片内。注意苞片3～5深裂，裂片长圆形，不等长，长3～5毫米。

分布于河北、陕西、湖北、江西、浙江、四川和云南等省。北京生山坡荒地。北大校园内尚属多见，在俄文楼东边的草地、路边常见成片生长。

叶底珠

叶底珠果像叶下生

在未名湖西部小石桥的东侧，有两株叶底珠，一株在东，一株在西，大小、高矮相差不多，看上去很特殊。叶片小，植株不高，仅 2 米左右，分枝细，其果实小如珠，腋生，似生于叶底，故名叶底珠。

特征

叶底珠属于大戟科叶底珠属或称一叶萩属，又称一叶萩，拉丁名为 *Securinega suffruticosa* (Pall.) Rehd.。落叶灌木，高 1 ～ 3 米，茎直立，分枝多。小枝紫红色，一年生枝淡绿色，有棱。叶椭圆形或倒卵状椭圆形，长 2 ～ 5 厘米，宽 1.5 ～ 2.5 厘米，先端圆钝或急尖，基部楔形，全缘，两面无毛，叶柄长仅 4 ～ 6 毫米，托叶小，长仅 1 毫米。花单性，雌雄异株，无花瓣，花簇生于叶腋。雄花有

5萼片，卵形，花梗长2～3毫米，花盘腺体5，雄蕊5，有小的退化子房。雌花簇生于叶腋，花梗长5～10毫米，子房3室，每室2胚珠，花柱3，2裂。花盘全缘。蒴果扁球形，红褐色，直径3～4毫米，3室，3浅裂。种子半圆形，褐色，有3棱。花期5～7月，果期7～9月。

分布在东北、华北、华东，西北的陕西，西南的四川和贵州。北京山区有分布，生山坡、林缘。

巧识 ⊙

首先注意其叶小，单叶，椭圆形，花单性，雌雄异株。花小，无花瓣。雄花有雄蕊5个。雌花子房3室，每室2胚珠。蒴果扁球形，小。

用途 ⊙

为园林绿化植物，因为它的果实扁圆球形，生于叶下，颇新奇。

叶和花入药，但有毒性，应注意用量，有祛风活血、补肾强筋的作用。治面部神经麻痹、小儿麻痹后遗症、眩晕、神经衰弱、嗜睡症等。

地锦草平贴地面有乳汁

在西校门内草地及民主楼西侧一带，曾看见有地锦草，平卧地上，是一种小草，似乎无固定生长地点。

特征◎

地锦草属于大戟科大戟属，拉丁名为 *Euphorbia humifusa* Willd.。一年生草本，茎细，分枝多，平卧地面，带红色，有疏毛或无毛。叶对生，长圆形，长 5～10 毫米，宽 3～7 毫米，先端钝圆，基部偏斜，边缘有细齿，叶柄极短。托叶极小，羽状细裂。杯状聚伞花序，单生于叶腋，几无总梗。总苞倒圆锥形，长 1 毫米，顶端 4 裂，裂片膜质，长三角形。裂片间有腺体，腺体扁椭圆形，有花瓣状附属物。雄花无花被，仅 1 个雄蕊，花丝下有关节。雌花 1，仅有子房，子房 3 室，花柱 3，端 2 裂。蒴果近球形，径 2 毫米，无毛。种子卵形，长 1 毫米，有白毛。花期 6 ～ 9 月，果期 7 ～ 10 月。

分布几遍全国，广东除外。北京郊区平原的田地间、山坡荒地习见。

巧识 ◉

小草本，有乳汁，平卧地面，分枝多。纤细，叶对生，长圆形，基部偏斜，叶缘有细齿，子房 3 室，花柱 3。

用途 ⊕

全草入药，有清热利湿、凉血止血的作用。治急性细菌性痢疾、肠炎，也可治尿血、便血。

猫眼草

猫眼草苞片像猫眼

燕园静园和俄文楼西北一带，夏日可见到猫眼草，这草的花序有圆形苞片，似猫眼，十分奇特，全草有乳汁也特殊。

特征 ◉

猫眼草属于大戟科大戟属，拉丁名为 *Euphorbia esula* Bge.。多年生草本，全株无毛，有乳汁，高可达 50 厘米，多分枝。叶片条状披针形，长 2 ～ 5 厘米，先端钝尖，基部楔形，全缘，无毛。花序顶生，有伞梗 3 ～ 6 个，上部叶腋有单梗，各伞梗有时再分生出 2 ～ 3 个小伞梗。伞梗基部有轮生苞片 4 ～ 5 个，苞片宽条形、披针形、卵状披针形，伞梗顶端各有 2 苞片，苞片半圆形或三角状肾形，2 回分枝的小梗顶端的苞片比伞梗的苞片略小或等大。杯状聚伞花序生小伞梗顶的苞腋，顶端 4 裂，裂片间有 4 个新月形腺体。杯状聚伞花序内，有雄花多枚，雄花无花被，雄蕊 1 个，花丝中部有关节，即为花丝与花梗相连处；雌花 1 个，无花被，有花梗。子房 1,3 室，花柱 3，中部以上离生，先端 2 裂，蒴果扁球形，无毛。种子卵形，长 2 毫米。花期 5 ～ 6 月，果期 7 ～ 8 月。

分布在东北、华北、华东等地区，北京郊区多分布。

巧识 ⊙

首先为小草本，有乳汁，光滑无毛，伞形状花序生于茎顶，每个伞梗上部有半圆形苞片，二苞片对合成圆杯状，花序含杯状聚伞花序，花单性，无花被。

用途 ⊙

全草入药，有利尿消肿、拔毒止痒功能，治四肢浮肿、小便不利。

黄杨科

Buxaceae

黄杨

黄杨叶小硬而光亮

燕园静园的东侧和西侧，可见到用黄杨做的绿篱，整整齐齐，高不过1米，小巧玲珑。它的叶子小而硬，亮绿色且有光泽，看起来很舒服。燕园别的地方也用黄杨做绿篱的，大为增色。要注意的是，还有一种植物在燕园也做绿篱，其叶子比上种大好多，俗名大叶黄杨，但与上述黄杨不同科。大叶黄杨属于卫矛科，只是其叶子也厚，又因其叶大，人们就叫惯了大叶黄杨。两者绝不可混。

特征◉

黄杨属于黄杨科黄杨属，拉丁名为 *Buxus sinica* (Rehd. et Wils.) M. Cheng。常绿灌木，树皮灰白色，小枝绿褐色，四棱形，有短柔毛。单叶，对生，叶片长圆形、宽倒卵形或倒卵状椭圆形，长1.5～4厘米，宽0.5～2厘米，先端圆或钝，有凹陷，基部棱形，中脉凸起，侧脉明显，全缘，厚革质，叶柄短，长仅1～2毫米，有毛。花簇生于叶腋或枝端，单性，雌雄同株，无花瓣。雄花有萼片4，雄蕊4，长2.5～3毫米，雄蕊长4～5毫米，有不孕雌蕊。雌花有萼片6，长3毫米。子房长于花柱，花柱3，粗扁，柱头倒心形，柱头下延至花柱中部，子房3室。蒴果近球形，长6～8毫米，室背开裂，花柱宿存。花期4月，果期6～7月。

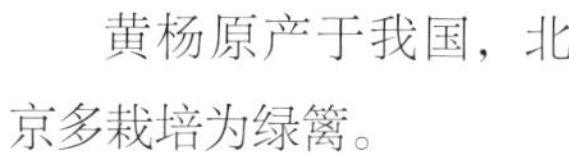

黄杨原产于我国，北京多栽培为绿篱。

巧识 ⊙

灌木。叶小，厚革质，上面光亮，深绿色，对生。花单性，同株。雄花有4雄蕊，雌花花柱3，柱头下延。蒴果近球形。

用途

公园、花园中常用的绿篱植物。本种也可长成小乔木状，由于其木材坚硬致密，常用以制作美术工艺品，通称“黄杨木雕”。用黄杨木做成的木梳，质地坚韧，色泽鲜亮，在木梳背脊上，可以雕刻或烫出种种景物，形象栩栩如生。清代被地方官员进贡宫廷，故有“宫梳”之名。且远销海外。

黄杨全株入药，有止血之功效。黄杨是抗氟化氢有害气体的树种之一。

漆树科

Anacardiaceae

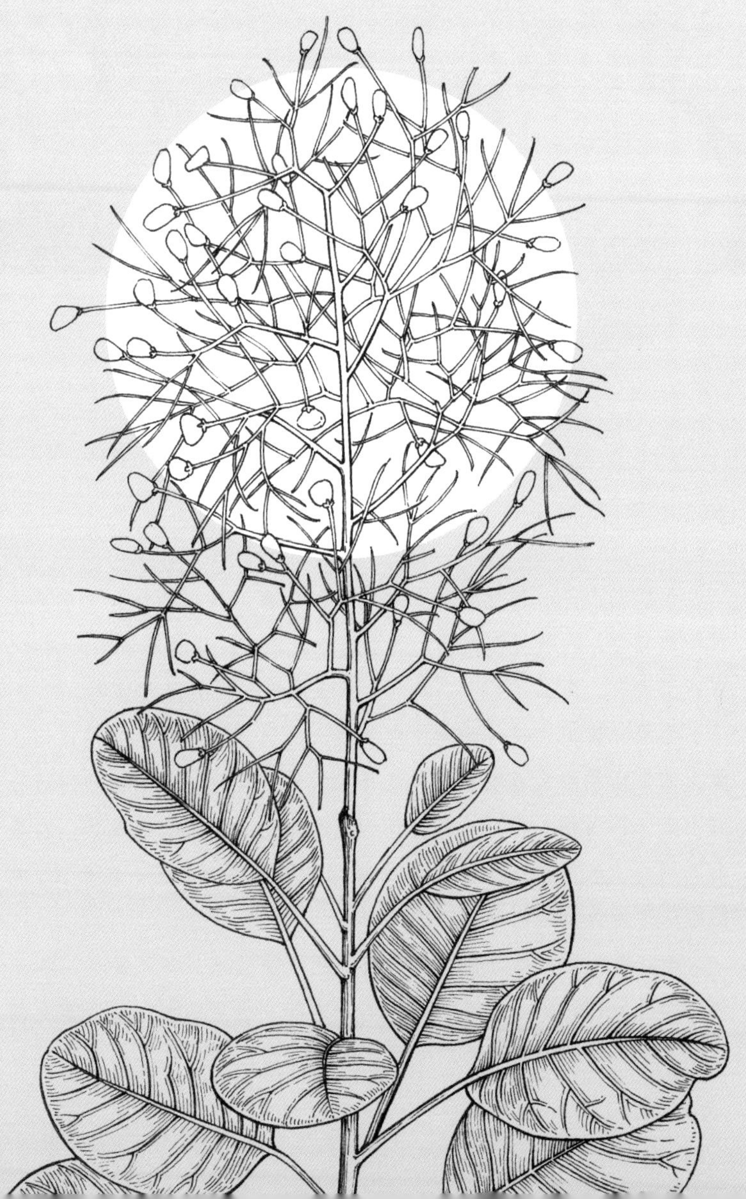

黄栌

黄栌即红叶

北京香山，一到秋天就有赏红叶的胜事。香山的红叶，主要是黄栌的树叶，入秋鲜红美丽，吸引了千万游人。这种叫黄栌的树木，在燕园也有，而且还不少。其叶入秋也红艳，吸引行人目光。

燕园的黄栌无特大的树，但年岁大者也不少。在未名湖南侧山坡上的斯诺墓附近就有黄栌，还不止一株。在挂红牌的油松附近也有不止一株黄栌。在第一体育馆西侧临湖的小山上也有黄栌。在未名湖的岛上也有……总之各处均有，但是不集中而已。在秋天，它们的红叶为燕园增色不少。

我对燕园黄栌的总体印象是有些树年岁已老，却不高大，树干弯曲而多分枝，少见大乔木或中等乔木状、挺直的树。从欣赏它的红叶来看，不长得太高大，反而更亲近人的目光。这些树也有近百年历史了。

特征 ⊙

黄栌属于漆树科黄栌属，拉丁名为 *Cotinus coggygria* Scop.。其变种即红叶（*Cotinus coggygria* var. *cinerea* Engl.），为灌木或小乔木，高 3 ～ 5 米。小枝紫褐色。单叶，互生，倒卵圆形、卵圆形或近圆形，长 3 ～ 8 厘米，宽 2.5 ～ 7 厘米，先端圆或微凹，基部圆形或宽楔形，全缘，两面有灰色柔毛，下面毛较密，侧脉 6 ～ 11 对，叶柄长 1.5 ～ 2.5 厘米。花杂性，小，花梗长 7 ～ 10 毫米。圆锥花序顶生，花序梗和花梗均有柔毛，花萼 5 裂，裂片卵状三角形，花瓣卵形，长 2 ～ 2.5 毫米，雄蕊 5，花盘 5 裂，呈紫褐色，子房近圆球形，花柱 3，分离，不等长。果序有许多条羽毛状的不育花梗，核果肾形，长仅 3 ～ 4 毫米。花期 4 ～ 5 月，果期 6 ～ 7 月。

分布于河北、河南、山东、四川及陕西、甘肃、湖北等省，北京山区多。城市多栽培，香山红叶即本变种。

巧识 ⊙

先看叶子，为单叶，形似小圆扇，全缘，有柔毛。再撕破叶片闻一闻，有一股冲鼻子的强烈气味。在秋天叶变成鲜红色，很美丽。

用途

其木材黄色，可提取黄色染料。秋叶鲜红美丽。北京香山每年秋赏红叶成为一年一度的胜事，赏的即此种红叶。

问题 1：我国最古老的黄栌在何处？

在河北省涉县张家头乡西沟垴，大约海拔 950 米的山梁上，有一株古黄栌，高 8 米，从几近地面处分三大枝，最大枝的直径达 80 厘米。估算树龄有 600 年以上，堪称“黄栌王”。此树入秋，叶变红色，与其变种红叶无异。

问题 2：黄栌叶子为什么秋天会变红色？

通常树木叶子里含有叶绿素、叶黄素和花青素，叶绿素的功能是和二氧化碳、水分在阳光下进行光合作用，制造碳水化合物为自身提供营养。植物生长旺季（春夏季）叶绿素多，将叶黄素和花青素遮住了，叶子是绿色的。秋天到了，天冷了，植物生长的活力减弱，叶绿素受到破坏，叶黄素和花青素就显露出来了，此时含叶黄素多的叶子变成黄色，而含花青素多的叶子就变成红色。

世界上只在北半球纬度较高又不太冷的地方，才有红叶出现，如我国华北、华中，还有日本和美国东部地区。北京香山的黄栌正是处于此地带。

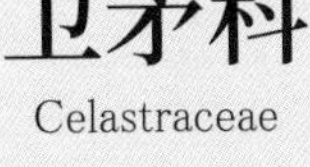

卫矛科

Celastraceae

白杜

白杜假种皮红色

未名湖南边的石桥西边，有一株老白杜。此树高约15米，胸径达50厘米，为园中“白杜王”。从石桥沿湖边往东去约50米，一株白杜主干倾斜，高8米，干径约35厘米。在第一体育馆西的湖边，一株白杜高约8米，主干径达40厘米，都为较老的树木。小的白杜在岛上还有不少，园里其他地方也有。

特征 ◎

白杜属于卫矛科卫矛属，拉丁名为 *Euonymus maackii* Rupr.。落叶灌木或小乔木，偶见乔木。树皮灰褐色，老树有深网状裂。幼枝绿色，圆柱形，单叶对生，叶片卵圆形、椭圆状圆形或椭圆披针形，长4～7厘米，宽3～5厘米，先端渐尖，基部宽楔形或圆形，边缘有细齿，两面无毛，叶柄长2～3.5厘米。聚伞花序腋生，1～2回分枝，花小而多，淡绿色，萼片4，花瓣4，雄蕊4，有花盘，4心皮合生，4室，每室2胚珠。蒴果倒圆锥形，直径约1厘米，上部4裂，淡黄或粉红色。种子淡黄或粉红色，有红色假种皮。花期5月，果期8～9月。

分布在辽宁、河北、山西、河南、陕西、甘肃至华东各省，福建也有，北京多见。

巧识 ◎

注意其小枝、叶柄均绿色，无毛，叶对生。二歧聚伞花序，花小，4基数，有花盘。种子有红色假种皮。

用途 ◎

为庭院绿化树种之一，有观赏价值。

东北、华北及山东等地，有用白杜的果实当作“合欢花”入药者，用以养心、开胃、理气、解郁。

冬青卫矛

冬青卫矛不是黄杨

由于叶子小的黄杨常作绿篱，叶子大的冬青卫矛也多作绿篱用。冬青卫矛叶也对生，有似黄杨之处，因此民间常称冬青卫矛为“大叶黄杨”。实际二者不同科，差异大矣！校园有不少冬青卫矛，皆作绿篱用。

特征

冬青卫矛属于卫矛科卫矛属，拉丁名为 *Euonymus japonicus* Thunb.。常绿灌木或小乔木，小枝绿色，略四棱形。冬芽绿色，单叶对生，倒卵形、狭椭圆形，长 2 ～ 7 厘米，宽 1 ～ 4 厘米，边缘有钝齿，叶柄 0.5 ～ 1.5 厘米。聚伞花序腋生，1 ～ 2 回二歧分枝，花绿白色，4 基数，小，萼片半圆形，花瓣椭圆形，花丝细长，花盘肥大，花柱约与雄蕊等长。蒴果扁球形，小，淡红色。种子卵形，假种皮橘红色。花期 6 ～ 7 月，果期 9 ～ 10 月。

原产于日本，我国各地引种栽培，北京多见。

巧识 ⊙

注意叶厚质对生，二歧聚伞花序，花绿白色，有花盘，种子有橘红色假种皮。

用途 ⊙

宜作绿篱用，其常绿性为一大优点，叶片较大，极优美。

树皮可入药，有利尿、强壮的作用。

扶芳藤

扶芳藤会爬墙

校园内静园东西两侧的墙上爬满了扶芳藤，由于枝叶极密，墙体已看不见了。

特征 ◉

扶芳藤属于卫矛科卫矛属，又称爬卫矛，拉丁名为 *Euonymus fortunei* (Turcz.) Hand.–Mazz.。常绿攀缘灌木，枝上生细根，小枝绿色，有瘤状皮孔。冬芽卵形，叶对生，椭圆形、长圆状倒卵形，长 2 ～ 8 厘米，宽 1 ～ 4 厘米，先端急尖或渐尖，基部宽楔形，边缘有钝齿，叶柄短。聚伞花序腋生，花绿白色，4 基数，萼片短于花瓣，雄蕊不外伸，花药黄色。蒴果近球形，长约 1 厘米，粉红色。假种皮橘红色。花期6～7月，果期9～10月。

原产于我国，各地多栽培，北京多见。

用途

用以墙壁垂直绿化，有好效果，也是观赏植物。

茎、叶可入药，有散瘀止痛、舒筋活络的作用，治风湿性关节痛，外用治跌打损伤、骨折。

槭树科

Aceraceae

平基槭

平基槭不是枫树

燕园有许多平基槭散在各处，但多集中在燕南园、未名湖周边一带，未名湖岛上、朗润园至镜春园一带也有。

燕园的平基槭给人的印象是多老树，这些老树应是燕园早年同时栽种的，长到今天就都老了，好像同时代的“人”一样，十分有意思。

我到燕园各处走走，发现燕南园内有一株老平基槭在一办公处的西南路边，其主干胸径有55厘米，树高约20米，在离地1.7米处有5个分枝。在燕南园南部接近一老房子的

北墙，有一株平基槭，胸径达55厘米，树高20米以上，在高2米处有2分枝。这两株平基槭算是燕南园内最老的了。

在第一教学楼北侧大路北，从东边到西边可见到3株大小几乎差不多的平基槭，其主干胸径超过40厘米，是老燕园同一时代栽的。

在未名湖的湖心岛上，我见到了老平基槭。岛的东侧有一株，胸径约在60厘米，树高约20米，在高40厘米处有2分枝。人称这个岛为“枫岛”，正是由于民间称平基槭为枫树，这可能是因为二者的叶片入秋都变红，但实际上枫树属于金缕梅科，二者形态差异不小。

我在北阁的北侧一交叉路口处，见到一株平基槭，量其胸径几近70厘米，树高20米，在约1.7米处分2大枝。此树可能为燕园平基槭的最大者，树龄应有百年以上，可以称为燕园的“平基槭王”了。上述那些干径达50厘米以上者，皆有百年树龄了，它们的叶入秋红色，为燕园之美增色。

特征◉

平基槭属于槭树科槭树属，拉丁名为*Acer truncatum* Bge.。“平基”的意思是它的叶片基部平截形，不外突成楔形，也不内凹成心形，这种叶片较为多见，但应注意在同一株树上，有些叶片可能基部不平截而向内凹，此种情况不足为怪。

平基槭叶片对生，无托叶，槭树属的不同种均有此特点。平基槭叶片常掌状5深裂，叶片长4～8厘米，宽6～10厘米，先端渐尖，基部截形或近心形，裂片三角卵形或披针形。幼树叶的中裂片有时再3浅裂。叶两面无毛，基出脉5条，叶柄长3～5厘米。花杂性，黄绿色，常雄花与两性花同株，组成伞房花序。萼片5，花瓣5，雄蕊8，生在花盘内缘，花柱2裂，柱头反卷，子房由2心皮结合组成，2室，每室2胚珠，中轴胎座。双翅果，果翅与果身等长，果本身为小坚果，果两翅张开成锐角或钝角形。花期4～5月，果期 9～10 月。

分布于东北、华北及河南、山东、陕西，北京多见。

巧识⊙

首先看全树有没有部分叶片基部为平截形；再看叶是否对生，无托叶；最后看果翅是否与果身的长度大致相等。

问题 1：什么是杂性花？

杂性花指同一种树木（也适用于草本）有两性花，也有单性花，二者可以同株上有，也可以异株。

问题 2：我国最大、最老的平基槭在何处？

河北省丰宁满族自治县黄旗乡胡麻营村，有一株古老的平基槭。其胸径达 1.2 米，树高 15 米，估算其树龄有 500 多年。今天生长仍好，入秋叶红时，犹如满树红花，美极了，当地人民将此树保护得很好。

问题 3：北京山区有一种名叫五角枫的槭树，与上种极相似，常混淆不清，应怎么识别？

通常看两点：第一看叶片基部，如大部分叶的基部为平截形，应是平基槭，如为心形无平截形叶，则为五角枫。第二看翅果的翅长和果身之比，如果二者长度差不多，则应为平基槭；如果翅长为果身长的 2 倍，则应为五角枫。五角枫的拉丁名为 *Acer mono* Maxim.。此种燕园尚未见。

鸡爪槭叶像鸡爪

校史馆西门外南侧，有鸡爪槭，树不大，但入秋叶红色，很漂亮。其果实的双翅也呈红色，引人注目。特别是它的叶掌状 7～9 深裂，形似鸡爪，十分有趣。这是一种观赏价值高的树木。燕园旧址在燕大时代以及北大建校初期，也曾有鸡爪槭，后来不见了。

特征

鸡爪槭属于槭树科槭树属，拉丁名为 *Acer palmatum* Thunb.。落叶小乔木，高 6～8 米，小枝紫色，叶对生，叶片近圆形，直径 7～10 厘米，基部心形，掌状 7～9 深裂，裂片长圆状卵形或披针形，先端长锐尖，边缘有重锯齿，叶柄长 4～6 厘米。花杂性，雄花和两性花同株，组成伞房花序。萼片 5，花瓣 5，雄蕊 8，花盘位于雄蕊外侧，有裂，心皮 2，合生，花柱 2 裂。双翅果熟前紫红色，熟后棕黄色，小坚果球形，果连翅长 2 ～ 2.5 厘米，成钝角张开。花期 4 ～ 5 月，果期 9 ～ 10 月。

分布于河北至南方广大地区，北京有栽培。

巧识 ⊙

注意其叶对生，叶片掌状 7 ～ 9 深裂，入秋变红。双翅果，两翅钝角张开，未熟时红色。

用途 ⊙

为漂亮的观赏树木，叶入秋鲜红色，叶掌状 7 ～ 9 深裂，形似鸡爪，因此得名；果翅未熟时红色。燕园应多栽一些。

梣叶槭就是复叶槭

在静园的东南角，有两株梣叶槭。梣叶槭又称复叶槭，是来自北美洲的树木，20 世纪 50、60 年代我在燕园见过此种，南门内宿舍区不止一株，后来消失了。

现在静园这两株算是失而复得。树高 6 ～ 7 米，胸径 15 ～ 20 厘米，生长良好，真是幸运。从果实可知，这两株梣叶槭均为雌株。

特征

梣叶槭属于槭树科槭属，拉丁名为 *Acer negundo* L.。落叶乔木，高可达 15 米。枝条无毛。羽状复叶对生，小叶 3 ～ 5 个，以 3 个为多，少有 7 ～ 9 个。有时在枝条顶部长出的复叶中，下部 6 ～ 7 小叶，各变为 3 个小叶，成为二回复叶状。小叶卵形至披针状椭圆形，长 5 ～ 11 厘米，宽 2.5 ～ 9 厘米，边缘有粗锯齿或有浅裂，顶生小叶有时3裂。叶顶端渐尖，基部斜圆形或楔形。上面绿色，无毛。下面淡绿色，稍有毛或近无色。复叶柄长3～8厘米。花单性，雌雄异株。花先叶而开，雄花序伞房状，有柔毛，下垂。雄花有萼片，萼片短，无花瓣，雄蕊4～6，花丝细长，花药紫红色。雌花序总状，生无叶小枝旁边，雌花萼片5，无花瓣，子房2室，花柱2裂，柱头反卷。双翅果，长3～4厘米，两翅成锐角或直角。花期4～5月，果期6～8月。

原产于北美洲。我国引种广，北京有栽培。

巧识⊙

首先它是乔木，奇数羽状复叶，小叶3～5个，花单性，雌雄异株，先叶开花，花无花瓣。果为双翅果，双翅成锐角或直角。

用途⊙

作庭院树或行道树均合宜，其双翅果有观赏价值，可以多栽这样的树木。

七叶树科

Hippocastanaceae

七叶树

七叶树小叶有柄

燕园的七叶树，最老的应是老生物楼南门东侧那株，记得是在20世纪60年代初才栽的，算来已有50年以上了。记得刚栽时，不到一人高，而如今已成大树，树高达20米，与楼的屋顶相当了。树的胸径达50厘米，已于2007年挂绿牌，为二级古树。

另一株七叶树长在俄文楼

西侧靠北边的草地上，栽得比较晚。树的胸径约20厘米，高约10米或8米，生长良好。还有一株小的，在英杰交流中心之南路边小草地中，高只有2米左右，干径只有5厘米。

特征

七叶树属于七叶树科七叶树属，拉丁名为 *Aesculus chinensis* Bge.。落叶乔木，高达20米。掌状复叶，有长总叶柄，小叶5～7个，长椭圆形或长椭圆卵形，长8～15厘米，先端渐尖，基部宽楔形，边缘有细密齿，下面中脉有毛。圆锥花序几成圆柱形，长达45厘米，无毛。花两性，萼筒形，5浅裂，花瓣4，白色，雄蕊数个，花丝长，雌蕊由3心皮结合组成，子房上位，3室，仅1室发育，每室2胚珠，花柱1，细长，柱头头状，有花盘。蒴果近球形，顶端圆钝，1室。3瓣裂，种皮厚。花期5～6月。

七叶树产于华北地区，北京一些著名寺庙如潭柘寺、卧佛寺、碧云寺有栽培。

巧识

掌状复叶，多有7小叶，也可少至5。圆柱形圆锥花序，白色，花序挺直。种皮亮栗色。

七叶树非真菩提树

真正的菩提树属于桑科榕属：单叶，叶片顶端有尾状渐尖，有乳汁。七叶树也被作为佛教圣树，可能因菩提树在北方不能露天过冬，佛门弟子便选七叶树代之，采用北方民间叫法称为“娑罗树”。在青海塔尔寺，也有“菩提树”，但是用木犀科丁香属的暴马丁香属作为代用品。

问题 1：七叶树的价值如何？

七叶树木材细致轻软，供建筑、细木工艺之用。种子入药，称“娑罗子”，性温味甘，有安神之效，也可杀虫，疗胃病、痢疾等症。

清乾隆帝见七叶树美，曾写《御前娑罗树歌》赞之，歌中有“千花散尽七叶青”的描述。

燕园的七叶树虽只有2株大的，但开花时为园景增色，确实动人。

问题 2：我国最大的七叶树在哪里?

我国栽培七叶树历史悠久，从唐初即已开始，如《洛阳名园记》记载，苗师园“故有七叶二树，对峙高百尺，春夏望之如山”,这说明当时七叶树高大的形象已深入人心。宋欧阳修有《定力院七叶木》诗云：“伊洛多佳木，娑罗旧得名。常于佛家见，宜在月宫生。”诗中用了《荆南记》中的故事：晋永康元年，巴陵显安寺僧房床下“忽生一树，随伐随生，如是非一，树生愈疾。咸共异之，置而不剪。旬日之间，植柯极栋，遂移房避之。自尔以后，树长渐迟，但极晚秀……后外国僧见，攀而流涕曰：‘此娑罗树也，佛处其下涅槃。’”此段描写恐非真事，但这个传说说明了一个问题，即佛门与七叶树的关系早已有之，佛门认为七叶树达到了超脱生死的“涅槃”境界，因此许多寺庙喜栽七叶树。久之，七叶树成了菩提树的代用树了。

问题 3：我国最古老的七叶树在哪里?

我国最古老的七叶树，据《中国树木奇观》一书记载，是河南省栾川县陶湾乡常湾村，一株树龄约1500年的七叶树。这棵树高达 35 米，胸径达 1.67 米，树干中空，主干有 7 个大分枝，分枝的直径达 60 厘米，经专家研究，此树至少在河南为第一大七叶树。

而据《中华古树大观》一书，七叶树中的第一大寿星在河南省济源县虎岭关帝庙内，此树高 17 米，胸径 1.48 米，系唐初所植，已有 1300 多年历史。相比而言，上株明显高不少，胸径也大近 20 厘米，此株排名第二应无问题。

无患子科

Sapindaceae

栾树

校园栾树找不尽

燕园的栾树分布广，有的地方零散，有的地方比较集中，总的印象是有不少。开花时，树冠如戴了鲜黄色的帽子，结果时，如满树长出许多的小灯笼，有趣极了。当年绿化燕园的人，可能看中了这两点，因此不遗余力地栽栾树。

我东找西找，找到了燕园最大、最老的一株栾树。它在德斋（红二楼）东侧的草地上，胸径达 72 厘米，高 20 米以上，此株应为园中的“栾树王”。除此以外，在第一体育馆西北不远，道路向西拐的地方，有个三角地，由此向北去不远，十字路口的西北为一条由东向西的小山脉，这山上有不少栾树，而且有大树，最大的一株在山之南侧近东部，其胸径近 65 厘米，高 18 米，为燕园第二大栾树。这山上我走遍了，还可见到十多株栾树，且都比较大，胸径在

20～35厘米之间甚至以上，高18米左右。显然栾树在这里的树木中占优势，我称这里为“栾树山”。

我从上述地点再向北走，过了新修的较宽的石桥后，再向北到朗润园北大发展研究院后院的东部，见一小山，山上有一亭子。从山上看，东北边是一片大水域，山上近水处有许多株栾树，总共有十多株，而且有较大的树。我量了一下，胸径60厘米、高18米的有2株；胸径50厘米、高18米的有2株；胸径45厘米的有1株，其他株的胸径多在40厘米以下。毫无疑问，这小山又是一座“栾树山”。

我走到未名湖西南侧，沿一小路向南走，右边可见蔡元培塑像，由此向西南走去，又见山林中有栾树2株，胸径达45厘米，高18米。其附近有一条路向南去，其东侧山上有几株栾树，最大的胸径达40厘米——又是一栾树较多的山。

在俄文楼西北侧近路边的草地上，从东向西有一排栾树，共4株。最东边一株胸径近40厘米，主干在高1米多处分成5枝，其中最大的枝干直径达27厘米，树高15米左右。

在未名湖东南水边，我无意中看见了一株栾树，此树非大树，在离地不远处分为2干，树高7米左右。在未名湖北岸中部北边的山坡上，也可见到栾树。

栾树有时出奇景。如在镜春园北部近围墙的坡脊上，我见到一株栾树高15米以上，在其一个大分枝高处，长出一大丛密集而不太长的枝子。我原以为是鸟巢或寄生植物，经查，原来是菌丝侵害，使栾树疯长造成的奇景。

我常去校园走，有一次，从西门内的老办公楼礼堂东的马路向南去，路经档案馆之东。马路为不太陡的斜坡，走上坡后，向西望去，路边有一弯曲的水沟。忽抬头，我惊奇了：这路边不也是栾树吗？细看那羽状复叶，与其他树木的羽状复叶不同，确实是栾树。第一株胸径30厘米，高14米。其左边一株也是栾树，稍小。抬眼往南看，啊，原来沿着水沟边，即大马路的西侧，有一排栾树，共有12株。南头最大的一株，胸径几乎近40厘米。真是栾树排队了！我在燕园第一次见到这种景象，足见当年人们对栾树的重视。

有的栾树要细寻细看，否则就在身边你还不知道呢！我一次从未名湖南侧沿一小路到蔡元培塑像一带去，那条小路有一个垭口。我向南山上看，忽见两株较大的栾树，胸径超过40厘米，高18米，还有一株胸径35厘米，高15米，如不细察就走过去了。在国际关系学院东北边大马路南侧，独立一株大栾树，如只看树皮还以为是一株大槐树。此栾树胸径约50厘米，高18米。我常感慨，看燕园树木，如不细心找，好多树木就会从眼皮底下溜走。例如有一天，我从燕南园东侧的路向南去不远，偶然间接连见到两株大栾树，主干胸径达50厘米，高16米，其成熟果实灯笼形，因此能确定是栾树。再往南去向东走，又见到3棵枝干靠近的树，最大的胸径有50厘米，细察又为栾树，且三棵可能本为一株。

一次偶然间在实验西馆之东章桂堂西，见一株栾树紧挨着房子，胸径超过40厘米，高18米。我敢断定，燕园还有不少较大的栾树，我都没有看见。因为光看树皮，它有时像槐，有时又像桑或榆，会蒙混我的判断。

据我的观察，栾树开花结实及果实成熟的时间，要比全缘栾树早一点。我在2011年8月下旬时，就见栾树开始结实了，到了9月中，

则果实熟透了，已呈深棕色，就像枯萎了一样。而这时全缘栾树正开着黄色的花，只有下部枝条上早开的花已开始结果，到9月下旬，大部分才结实，而且果实很快就会成熟。两种栾树在开花结实的时间上，相差十天到十五天左右。

特征

栾树属于无患子科栾树属，拉丁名为 *Koelreuteria paniculata* Laxm.。落叶乔木，冬芽只有两个鳞片。叶互生，奇数羽状复叶，并有二回羽状复叶，小叶 7 ～ 15 个，卵形至卵状长圆形，长 3 ～ 5 厘米，小叶基部多有裂，边缘有粗齿。花序大，圆锥花序，顶生。花两性，花萼 5 深裂，裂片长度不等。花瓣常为 4，披针形，花瓣常卷向上方，有爪，有 2 附属物。有花盘，上边钝齿形，偏于一侧，雄蕊 8 个，花丝长。雌蕊含 3 合生心皮，子房 3 室，每室 2 胚珠，蒴果，形似囊状，长达 5 厘米，三棱形，熟果内有 3 个不完全隔膜。种子黑色，圆球形。花期 6 月，果期 8 月。

巧识⊙

先看其叶为奇数羽状复叶和二回羽状复叶同有，小叶有锯齿，同时有裂片；其次，冬芽只有 2 个外鳞片；最后，果实为三棱囊状。

用途⊙

栾树木材坚实，可为建筑和器具用材。栾树的嫩叶俗称“木兰芽”，是一种野菜，嫩叶煮后再水浸，然后凉拌或炒食。民间因此称栾树为“保命树”。

栾树叶作染料，可将白布染为草绿色。抗日战争时期，部队以此染布作军装，因此栾树又被称为“革命树”。

问题 1：栾树在燕园的地位怎样？

栾树是燕园老资格的阔叶树之一，它对燕园的绿化美化起了好作用。其花序大，生于枝顶，盛花时，整个树冠成了黄色的“伞盖”，很好看，因此其美化功能好，是一种理想的绿化树木。

问题 2：北京有无特老的栾树？

在北京延庆区小川乡，有一株老栾树，高 15 米，胸径 1.4 米，树龄 300 多年，是北京市的“栾树王”。

全缘栾树

全缘栾树叶近全缘

生命科学院大楼西侧大马路的北面，有3株前几年新栽的栾树，另外在逸夫二楼东侧的草地上，也有3株前些年栽的与上述种同样的栾树。这些栾树名叫“全缘栾树”，为燕园的树木多样性做出了贡献。上述栾树胸径都不超过30厘米，高10～14米。

特性

全缘栾树属于无患子科栾树属，与通常多见于燕园的栾树同属不同种，其拉丁名为*Koelreuteria bipinnata* var. *integrifolia* (Merr.) T.Chen。落叶乔木，高可达20米，小枝多皮孔。二回羽状复叶，对生，长达30厘米，一回羽片长10～20厘米。小叶7～9个，偶至11个，互生，厚纸质，长椭圆状卵形，长3.5～9厘米，宽

2～3.5 厘米，偶达 5 厘米，先端渐尖，全缘，或偶有疏浅齿，主脉网脉明显，脉上有柔毛，小叶柄短。圆锥花序顶生，长约 30 厘米，各分枝及花梗有柔毛，花黄色。蒴果椭圆形，嫩时紫色，长 4 厘米，宽约 3 厘米，顶端钝，有微尖，基部圆形，果柄长 8 毫米。花期 9 月，果期 9～10 月。

分布在长江以南多省，广西也有。野生于落叶林中，北京有引种。

巧识 ⊙

二回羽状复叶，对生，小叶 7～9 个，偶可至 11 个，边缘全缘，或偶有疏浅齿，长椭圆卵形，其宽度为 2～3.5 厘米，有时达 5 厘米。果椭圆形，幼时紫色。

用途 ⊙

园林绿化树种之一。花鲜黄色，好看。

问题：全缘栾树与栾树有哪些区别?

栾树叶多为奇数羽状复叶，有时为二回或不完全的二回羽状复叶，小叶卵形、卵状披针形，边缘有锯齿或羽状分裂；蒴果长卵形。这些都与全缘栾树不同。全缘栾树为二回羽状复叶，小叶几乎全缘。

鼠李科

Rhamnaceae

初见一株老枣树

一个偶然的机会，我看见一棵老枣树。让我惊异的是，我在燕园生活了60多年，从未见过这株老枣树，而它就生长在今天国际关系学院东侧的院子中。它的胸径达50厘米，树高15米，一副老态龙钟的样子，在主干约高2米处有5个分枝，再往上又有许多较小的分枝，长势尚好。这株树是燕园的“枣树王”，其年岁估计超过百年。

令人高兴的是，在此枣树的东侧不远处，还有两株稍小的枣树，一株胸径约40厘米，高约14米，另一株胸径也约40厘米，高约14米。从树皮看，这两棵树可能与前述枣树是同一时代栽下的，但“枣树王”生长较快些，因此粗壮些，后两棵树年岁估计至少80年。

在燕南园北部向西去不远的一个院子里，有一株枣树，胸径可能超过35厘米，树较高，可能有16米。此外，院外还有一株枣树，与前者差不多大小。在学生宿舍区核桃林那条路的南北两侧，也有较老的枣树。看来燕园枣树不少，只是比较分散，不能一一列举了。

特征

枣属于鼠李科枣属，拉丁名为 *Ziziphus jujuba* Mill.。落叶乔木，树皮黑褐色，小枝无毛，红褐色，呈“之”字形弯曲。托叶成刺，一刺直，长2～3厘米，一刺反弯成钩状，较短。小枝簇生，入秋脱落。单叶互生，长卵圆形或卵状披针形，长2～6厘米，先端钝尖，基部圆形或圆楔形，有偏斜，边缘有钝齿，主脉3，上面暗绿色，无毛，光滑，下面淡绿色，沿脉有柔毛，叶柄长1～5毫米。聚伞状花序生于当年生小枝或叶腋，花2～5朵，花黄绿色，径5～7毫米。花梗短，萼5裂，裂片三角状卵形，花瓣5，匙形，雄蕊5，与花瓣对生，子房明显上位，生花盘内，2室，每室1胚珠，柱头2裂。核果长圆形或球形，常1种子发育，果外皮红色。果核常两端尖。花期5～6月，果熟期9月。

我国南北广泛栽培，北京多栽培。

巧识

最重要的是枣的果核，两头尖，不为圆球形，后者为酸枣核的特征。此外，枣为乔木，酸枣为灌木，偶尔也成乔木；酸枣枝上刺普遍，枣则刺稀少，枣长枝上常有粗短枝，酸枣少粗短枝。

用途

枣为著名果树，果味甜，可作蜜饯、果脯和糕点。果富含维生素 C。

果入药，有补脾胃、润心肺的作用。

枣木坚实致密，为雕刻良才。

问题 1：北京市有无老枣树？

在西单小石虎胡同 33 号院内，有一株古枣树，为明代留下来的，高 12 米，胸径 1.2 米。树龄 500 多年，是北京“枣树王”。

问题 2：我国有无“枣树王”？

山东省庆云县后张乡周尹二村，有一老枣树，传为唐时所栽，胸径 1.2 米，高 6 米，主干下部中空，仍存活，估计其树龄达千年。为我国“枣树王”。

这株枣有变异

燕园南校门内东侧，对外汉语学院大楼东侧近南头，离大楼近的草地上，有一株枣树，此树高 18 ～ 20 米，干径约 50 厘米，生长良好，年年开花结果。有人说此树为酸枣，有人说为枣，也有人说搞不清。

我观察了许多次，从枝条、树叶看，此树似与枣树无异，但细看又有些疑惑：它的枝条似乎小枝较多，小枝上多刺，而这是酸枣的特征。特别是稍粗一点的枝上，粗短枝不多，不太像枣，反而像酸枣。

疑问更大的是果实，今年（2014 年）它结了不少果实，熟时鲜红色。

果实一般比较小，长 1.4 ～ 1.5 厘米，直径 0.9 ～ 1.0 厘米，呈椭圆形而非圆球形。这更像枣实，而不是酸枣的小圆球形果实。

果实味道不太酸也不太甜，似乎在枣与酸枣之间。从果核看，果核近圆形，两端稍钝，但有些扁而不呈近球形，不全像酸枣核，更不像枣核，因枣核不扁而圆且两端尖锐。可见它的核二者都不全像，只能想到杂交上去了。

从树的生长看，其长势好，主干直上，下部少分枝，上部分枝多，给人生命力相当强的印象。

综上所述，这株枣产生了变异，有可能为酸枣与枣杂交的后代。杂种优势使它生命力强，生长旺盛，能长到近 20 米高。查资料得知，我国各地老、大枣树不少，最高的不过 13 米多。燕园这株生长旺盛的枣树使人想到杂种优势的可能，但这只是一种推测。要揭开其真相，还必须深入研究。

酸枣

酸枣成群有趣

我走遍了燕园各个区域，发现无论是小山上和密林中还是路边一带，酸枣总是成群而生而非单株生长。种群有大有小，其中一个有趣的现象引起了我的注意：凡酸枣成群之处，多数植株呈灌木状态，但总有少数几株呈小乔木状态。所谓乔木状态，即其有个主干，主干上再分枝，主干直立向上十分明显。而灌木则主干不明显或极小，分枝多，分枝呈“之”字形弯曲。那些呈小乔木状态的植株，如无意外，肯定会随着年岁的加大而逐渐长成一株乔木状态的酸枣树，甚至成为大树。上述情况在燕园各处的酸枣群中都有。

我在博雅塔北马路北侧的山包上，见到过许多酸枣组成的群落。那个山包东侧面临东操场，有铁栏围护。在这片酸枣林中，有一株大酸枣，主干较粗，胸径达 40 厘米，在离地约 1 米处形成 2 大分枝，

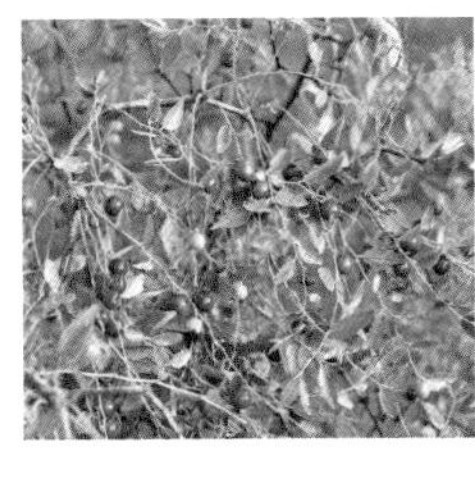

分枝上去约2米，又有分枝。树高约为12米以上。在这株大树状的酸枣东侧，还有一株大酸枣，约高10米，胸径30多厘米。其他大部分为小型酸枣。由于路不好走，这个酸枣群落很少受人干扰，因此能自由自在地生活。2014年9月至10月间，我再次来到这片酸枣林，见地上落了好多红红的酸枣果实，粒粒呈小圆球形，因此证明这是酸枣。这里要说明一下，酸枣一般为灌木，但条件许可时，也可以长成乔木。这个现象我在燕园未名湖南岸小石桥东南的山脊上也看到了，只是乔木状酸枣小于上文所述的那株。同样情况也见于燕园西北部近围墙处的一个山脊上。正如前文所说，酸枣群落中总有一两株或更多株从群落中突显出来，向乔木发展，年深日久便成乔木。书上也记载，酸枣一般是灌木，少数偶成乔木。我在北京郊区山地见过不少野生的酸枣，但从未见过乔木，可能与山地常被砍伐有关。

特征 ◉

酸枣属于鼠李科枣属，拉丁名为 *Ziziphus jujuba* Mill. var. *spinosa* (Bunge) Hu ex H. F. Chow。落叶灌木，偶乔木。小枝多呈“之”字

形弯曲，紫褐色，有毛，后脱落，叶片椭圆形、卵形或卵状披针形，基出3脉。托叶变态成刺，一刺直，长2～3厘米，一刺反曲成钩状，较短小。聚伞花序腋生，花小，黄绿色，直径5～7毫米。萼5裂，花瓣5，雄蕊5，与花瓣对生。中央有花盘，子房上位，藏于花盘中，2室，每室1胚珠，柱头2裂。核果近球形，直径0.8～1.5厘米，核圆形，两端钝。

分布在东北、华北、西北至长江以南广大地区，北京山区多见于海拔900米以下的阳坡。

巧识⊙

注意其幼枝多呈“之”字形弯曲。2托叶刺，一长而直，一呈钩状，较短小。叶片基出3脉。核果圆球形，小，直径0.8～1.5厘米。核圆钝，果肉味酸。

用途

可用于荒山绿化，宜栽于阳坡，有保土护坡之功。

蜜源植物，开花时可放蜂采蜜。

种仁入药，叫“酸枣仁”，有镇静安神之功效。

种仁含油5%，可榨油。

问题1：北京有无特大的酸枣树？

北京昌平桃洼乡王庄村，有一株大酸枣，高15米，胸径90厘米，树龄400多岁，为北京“酸枣王”。

问题2：北京以外有无大酸枣树？

山西高平市石末乡石末村，有一特老酸枣树，高10米，胸径1.6米，树龄估计为2000年，为我国的“酸枣王”。

圆叶鼠李

圆叶鼠李小枝顶成刺

未名湖南岸圆柏树林下或边缘，可见到不少圆叶鼠李，在北阁北部有3条向北去的小路，路边坡地上有不少圆叶鼠李，生长良好。圆叶鼠李喜欢阴一些的环境，它们是燕园植物中的老成员之一。

特征

圆叶鼠李属于鼠李科鼠李属，拉丁名为 *Rhamnus globosa* Bge.。落叶灌木，高1～2米或过之。多分枝，小枝灰褐色，有顶生的枝刺。单叶互生，或近对生，短枝上叶簇生；叶片倒卵形或近圆形，长1～4厘米，宽1～3厘米，先端突尖，基部宽楔形或近圆形，也有疏圆齿状锯齿；上面暗绿色，下面灰绿色，两面有柔毛；侧脉2～4对，叶柄短，有柔毛。托叶小，钻形。聚伞花序腋生，花小，单性，黄绿色，雄花萼片 4，花瓣 4，匙形，雄蕊 4，与花瓣对生，有不育子房，雌花萼片 4，有柔毛，有丝状退化花瓣和雄蕊。雄花、雌花均有花盘，花盘贴生于萼筒中，子房上位，2 室。核果球形，熟时黑色，有 2 核。种子黑褐色，有光泽，背面有种沟，种沟开口占种子的一半。花期 4 ～ 5 月，果期 8 ～ 9 月。

分布在华北，南至华东、华中多省。北京分布广泛。

巧识 ⊙

有顶生的硬枝刺。叶片近圆形，先端突尖。花单性，萼片 4，花瓣 4，匙形。核果近球形，径约 6 毫米，成熟时为黑色。

用途 ⊙

园林绿化灌木之一。耐干旱，黑色果实有观赏价值。

果实可做绿色染料。

葡萄科

Vitaceae

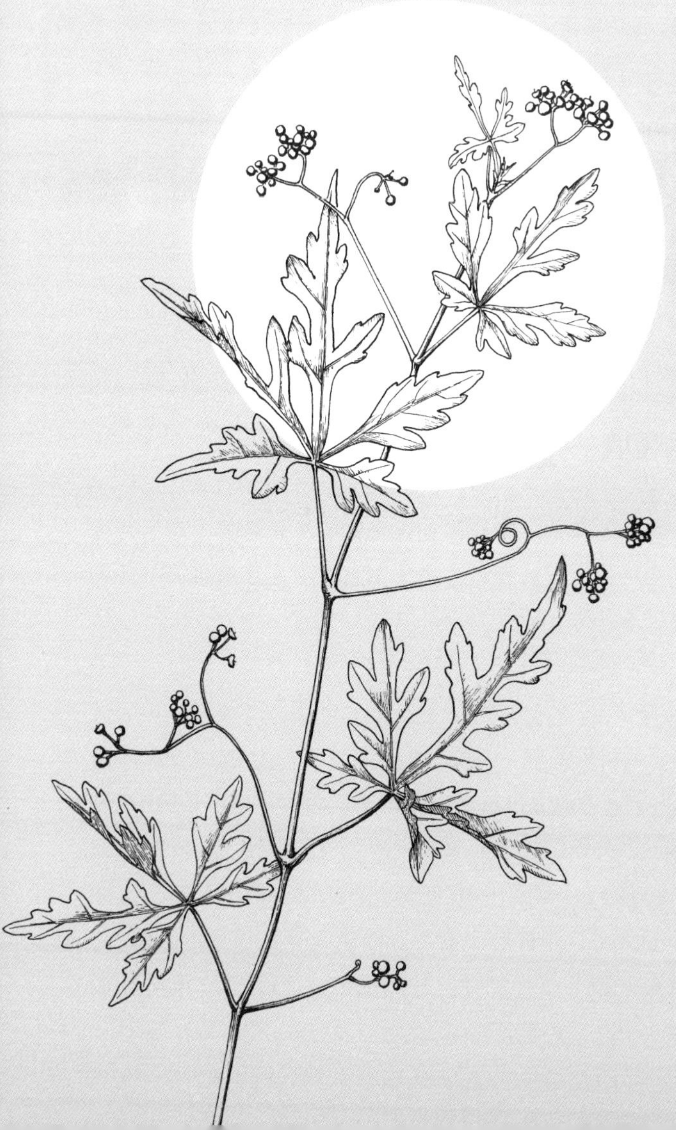

地锦

地锦靠吸盘爬墙

地锦在燕园早就有了，在静园东西两侧的房舍墙上，可见到地锦自在生活。在电教大楼的西侧，高墙上也有一大片地锦……如果留意一下，别的地方墙上也有。

特征 ◉

地锦属于葡萄科地锦属，又称爬山虎，拉丁名为 *Parthenocissus tricuspidata* (Sieb. et Zucc.) Planch.。落叶木质藤本，茎可长达 10 多米，有短卷须，多分枝。枝端有吸盘，用以吸附他物上。叶片宽卵形，长 10 ～ 18 厘米，宽 8 ～ 16 厘米，3 浅裂，基部 S 形，边缘有粗锯齿，上面无毛，下面脉上有毛。幼苗及下部枝上的叶较小，多不裂，或 3 全裂或 3 小叶复叶。叶柄长 8 ～ 20 厘米，常叶片先

落，叶柄后落。聚伞花序生于距状短枝的2叶之间，短于叶柄。花5数，萼不裂，呈浅碟状。花瓣5，狭长圆形，长2.5毫米，先端反折；雄蕊5，与花瓣对生，短于花瓣；花药黄色，花柱短圆柱状；花盘贴生于子房，不明显；子房2室，每室2胚珠。浆果小，球形，直径4～8毫米，熟时蓝黑色。花期6～7月，果期7～8月。

原产于我国，北京公园多栽培。

巧识

藤本，叶常3裂，会爬墙上生。细看它靠小分枝上的吸盘吸附在墙壁上，十分牢固。

用途

庭院建筑上极好的绿化藤本。房舍西面的墙，夏日被太阳晒得温度高，如有地锦则可以降温。

地锦的根和茎可入药，有祛风通络、活血解毒的作用，治风湿关节痛；外用治跌打损伤、痈疔肺毒。

近缘种：五叶地锦五个小叶

五叶地锦（*Parthenocissus quinquefolia* (L.) Planch.）属于葡萄科地锦属，最大特征是掌状复叶，5小叶，小叶长圆卵形或倒卵形，长达12厘米，边缘有粗齿。聚伞花序圆锥状，与叶对生。花果似上种。

原产于北美洲，北京多栽培。为观赏植物，燕园有栽培。

乌头叶蛇葡萄

乌头叶蛇葡萄茎髓白色

未名湖南岸一带的树林中或路边灌丛上，随时可见到乌头叶蛇葡萄。你看到木质藤本上有掌状5全裂的叶子，还有卷须，那就准是它。在别的地方也可见到它，临湖轩西边一带的树林中常有。

特征◉

乌头叶蛇葡萄属于葡萄科蛇葡萄属，拉丁名为 *Ampelopsis aconitifolia* Bge.。木质藤本，无毛。枝有条棱，皮孔多，中央髓白色。卷须与叶对生，有2分叉。叶掌状3～5全裂，裂片披针形或菱状披针形，长3～8厘米，宽1～2厘米，先端锐尖，基部楔形，常羽状深裂，裂片全缘或有粗齿，上面无毛，绿色，下面淡绿色，脉上稍有毛。叶柄长。二歧聚伞花序与叶对生，总花梗长于叶柄，

花小，黄绿色。花萼不分裂，花瓣5，卵形，花盘边缘平截形。雄蕊5，与花瓣对生，短于花瓣，子房2室，每室2胚珠。花柱细长。浆果近球形，直径5～7毫米，熟时橙黄色或橙红色。种子1～2个。花期5～6月，果熟期8～9月。

分布于东北、华北、陕西、甘肃、河南、湖北，北京山区及香山、颐和园有野生。

巧识 ⊙

看其叶掌状3～5全裂，尤多5全裂，裂片常又羽状深裂，其裂片不裂或有粗齿，即知为此种。

本种在燕园有一变种：掌裂草葡萄（*A. aconitifolia* var. *glabra* Diels）。这个变种的叶全裂片多为3，裂片边缘有不规则粗锯齿，有时羽状浅裂。在未名湖南岸石桥之西一带的树林边缘可见。

用途 ⊙

其根皮可入药，有散瘀消肿、接骨止痛之功效，治跌打损伤、风湿关节痛，也有治骨折。

变种的根，有清热解毒的作用。

乌蔹莓

乌蔹莓花序生于叶腋

乌蔹莓为南方植物，不知哪年，它的种子可能随泥土到了北大校园，在电教大楼南侧东部的门外扎下了根。它的草质茎藤年年爬在绿篱上繁衍并开花结实，初看还以为是葡萄。它“定居”的这个地方，北有房子阻挡北风，西有树林和灌木丛保暖，东边有太阳，南边则是农园食堂大楼，对它太适合不过了，因此年年欣欣向荣。

特征

乌蔹莓属于葡萄科乌蔹莓属，拉丁名为 *Cayratia japonica* (Thunb.) Gagnep.。草质藤本，茎藤红紫色，有卷须，幼枝有柔毛，后无毛。鸟足状掌状复叶，小叶 5，椭圆形或狭卵形，长 2.5 ～ 7 厘米，宽 1.5 ～ 3.5 厘米，中间小叶大，先端急尖，基部宽楔形或钝圆，边缘有疏锯齿，两面脉上有短毛或近无毛，叶柄长 4 ～ 6 厘米。聚伞花序腋生或假腋生，总花梗长，花小，黄绿色，有短梗，萼齿不显，浅杯状。花瓣 4；雄蕊 4，与花瓣对生；花盘肉质，红色，浅杯状，贴生于子房；子房 2 室，每室 2 胚珠；花柱钻形，柱头小，长 1 毫米，不分裂。浆果卵形，长 6 ～ 8 毫米，黑色。种子背面有 1 ～ 2 槽。花期 6 ～ 7 月，果期 7 ～ 8 月。

分布在我国南部多省，北京有栽培。

巧识 ◉

首先它的叶为鸟足状复叶，中间小叶大于侧生小叶，且有较长的小叶柄，边缘疏生齿。如有花，可见花瓣 4 个，不同于葡萄属、蛇葡萄属，后两者花瓣 5。

用途 ◎

适宜栽培于校园作观赏植物。由于为藤本，宜搭个小架子或让它爬在绿篱上。其花序直径达 15 厘米，呈平盘状，造型奇特。

全草入药，有解毒消肿、活血散瘀的功能。

椴树科

Tiliaceae

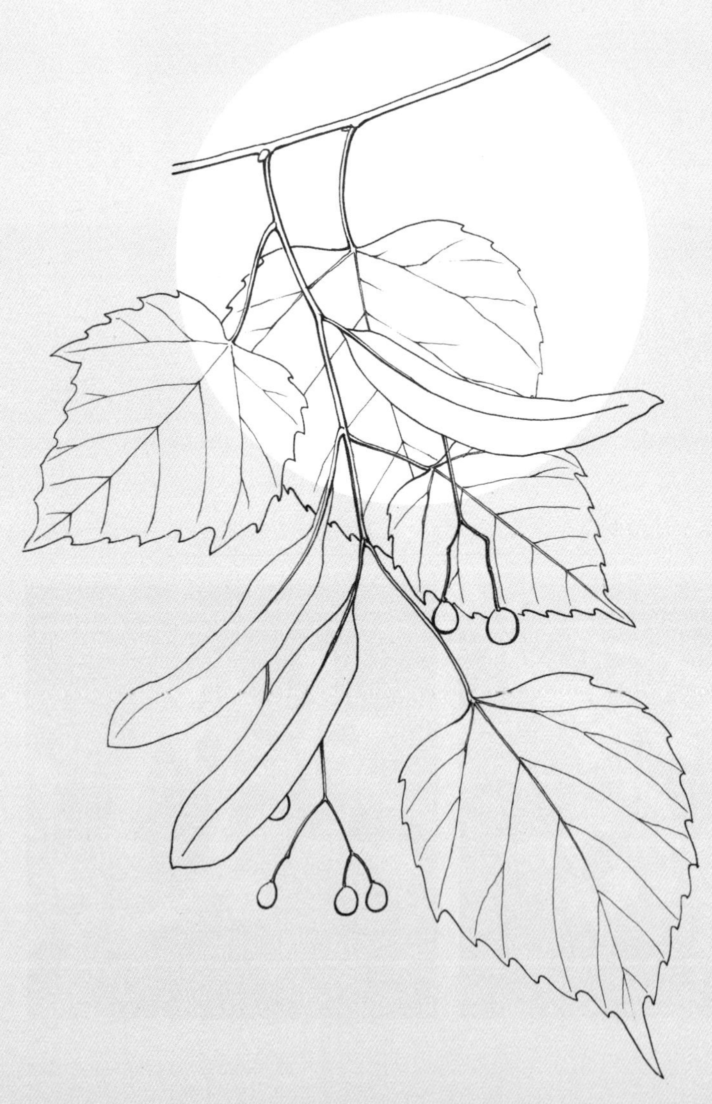

蒙椴

蒙椴叶三浅裂

近三十年燕园引种了一些过去从未有的树木，蒙椴即其一。蒙椴本是东北、华北地区野生的树种，在北京山区也有，庭院中可引种栽培，增加物种多样性。燕园俄文楼的西南侧有两株蒙椴，都不是很大，高不过 4～6 米，主干也不粗。另外，在南门内 21 楼北侧靠围墙处有一株蒙椴，胸径约 4 厘米，高 15 米，生长很好。

特征

蒙椴属于椴树科椴树属，又称小叶椴，拉丁名为 *Tilia mongolica* Maxim.。落叶乔木，树高可达 10 米。树皮红褐色，小枝无毛，带红色。叶互生，卵圆形或近圆形，长 4～7 厘米，宽 3～7 厘米，先端突尖，基部截形或心形；边缘有不整齐的粗锯齿，又常有三浅裂，上面光滑，下面仅脉腋有簇毛；叶柄长 2～3 厘米，有毛。聚伞花序，有花多朵，花序下垂，花序梗与一舌状苞片的一段愈合。苞片光滑，有柄。花两性，萼片 5，离生，花瓣 5，黄色，雄蕊多数，退化雄蕊 5，能育雄蕊结合成 5 束，与花瓣对生。子房 5 室，每室 2 胚珠。花柱细长，柱头 5 裂。果球形，坚果状，长 5～7 毫米，端尖，外有毛。花期 7 月，果期 9 月。

分布在东北、华北。

巧识

先看叶为卵圆形，长与宽都约为 7 厘米，有时较小。注意看，总有叶片有三浅裂，边缘有不整齐粗锯齿。开花时也很好认：聚伞花序总梗与一舌状苞片连在一起，好像花序从苞片中部伸出一样。

用途

木材纹理致密，为建筑用材。

北京故宫有蒙椴

北京故宫西北角英华殿内有两株蒙椴，相传是明朝万历皇帝的母亲李太后所植，曾被认作菩提树，为树中珍品。这两株蒙椴如今生长较好，树高约 9 米。

扁担木

扁担木果像孩儿捏拳形

扁担木，通常叫孩儿拳头，因为它的果实聚生一处，似小孩捏紧拳头的样子。此种植物在燕园相当多，在临湖轩从西向北去的路边山上，只要留意一下，准能看到扁担木。而要结果时，才能看到“孩儿拳头”，十分有趣。此种植物不是成群聚生的，但只要有土山，就不难看到它，可能从前就是野生散生的。当荒地变庭院时，它重新生出来，就像是人工栽的一样。如今北京山区极多野生。

特征 ◉

扁担木属于椴树科扁担杆属，拉丁名为 *Grewia biloba* Don. var. *parviflora* Hand.-Mazz.。落叶灌木，最高可达 2 米。小枝幼时有毛，叶片长圆卵形，稍呈狭方形，长 4 ～ 10 厘米，端锐尖，基部圆形或宽楔形，边缘有重锯齿；背面疏生灰色星状柔毛，基出脉 3 条，叶柄长 5 ～ 10 毫米，有柔毛。聚伞形花序与叶对生，有花 5 ～ 8 朵，花小，无苞叶，花总梗长 2 ～ 8 毫米，花 5 基数，花瓣淡黄色，有腺，雄蕊多数，离生。子房生于雌蕊柄上，5 室，每室 2 胚珠。核果红色，直径 8 ～ 12 毫米，光滑无毛，2 裂，每裂有 2 小核。花期 5 月。

分布在东北、华北、华东和西南地区，北京山区多见，多生于干燥山坡。

本种的原变种名叫扁担杆（*Grewia biloba* Don.），叶较窄，狭菱形或狭菱状卵形，长 3 ～ 8.5，宽 1 ～ 4 厘米，边缘密生小牙齿，下面疏生星状毛或几无毛。分布在长江以南广大地区。

巧识 ◉

灌木，叶长圆卵形，略带方形，边缘有重锯齿，基出脉 3 条，背面疏生星状毛。核果红色，圆而小，2 裂。

用途 ◉

茎皮纤维好，可做人造棉。

锦葵科

Malvaceae

木槿

木槿花好看

我在燕园常见到的木槿长在电教大楼南侧近房舍处，共有2株，高约5米，干径约5厘米，分枝不多，开淡紫红色的花，花颇大，单瓣或重瓣，以重瓣居多。由于我常经过农园食堂北门前那条路，因此那两株木槿年年夏秋开花时，我都能见到，印象颇深。燕园别的地方还有木槿，不一一列举了。

特征

木槿属于锦葵科木槿属，拉丁名为 *Hibiscus syriacus* L.。落叶灌木或小乔木。单叶互生，卵形或菱状卵形，长5～10厘米，3主脉，常3裂，裂缘缺刻状，叶柄长1～2厘米。花单生，有红紫白各色，单瓣或重瓣。花钟形，直径可达10厘米，有副萼片6～7

个，条形，萼有不等形条状裂。雄蕊多，单体，雄蕊柱稍伸出于花冠之外。蒴果长圆形，有毛，钝头。花、果期 7 ～ 10 月。

分布在我国中部地区，各地广栽培。北京多栽于公园、庭院，燕园栽培历史悠久。

巧识 ⊙

首先注意其叶 3 裂。再看其花中雄蕊多，合生，不伸出或仅稍超出花冠。其果实为蒴果，长圆形。

用途 ⊙

为公园及庭院观赏树木，花好看。园林中常用来做花篱、绿篱。

花及叶入药，有清热凉血、消肿解毒之功效；果入药，有清肺化痰之功能。

木槿花，尤其是白色的花可以吃，用洗净的花瓣调入稀面、葱花，油炸后食之，极可口。也可用花瓣和鸡蛋炒食。

木槿文化

诗经《国风 · 郑风 · 有女同车》：“有女同车，颜如舜华。”“舜华”即指木槿花，所谓“舜”即“瞬”，指花朝开暮落，如一瞬之间。古人以木槿喻美人。木槿花轻盈优美，仙女也就如木槿花的样子。

什么叫“木槿花节”？指南太平洋岛国斐济人民喜欢木槿花，每年 8 月有木槿花节，为时一周，要评选木槿花皇后，所得款捐给慈善机构，此活动十分有意义。

梧桐科

Sterculiaceae

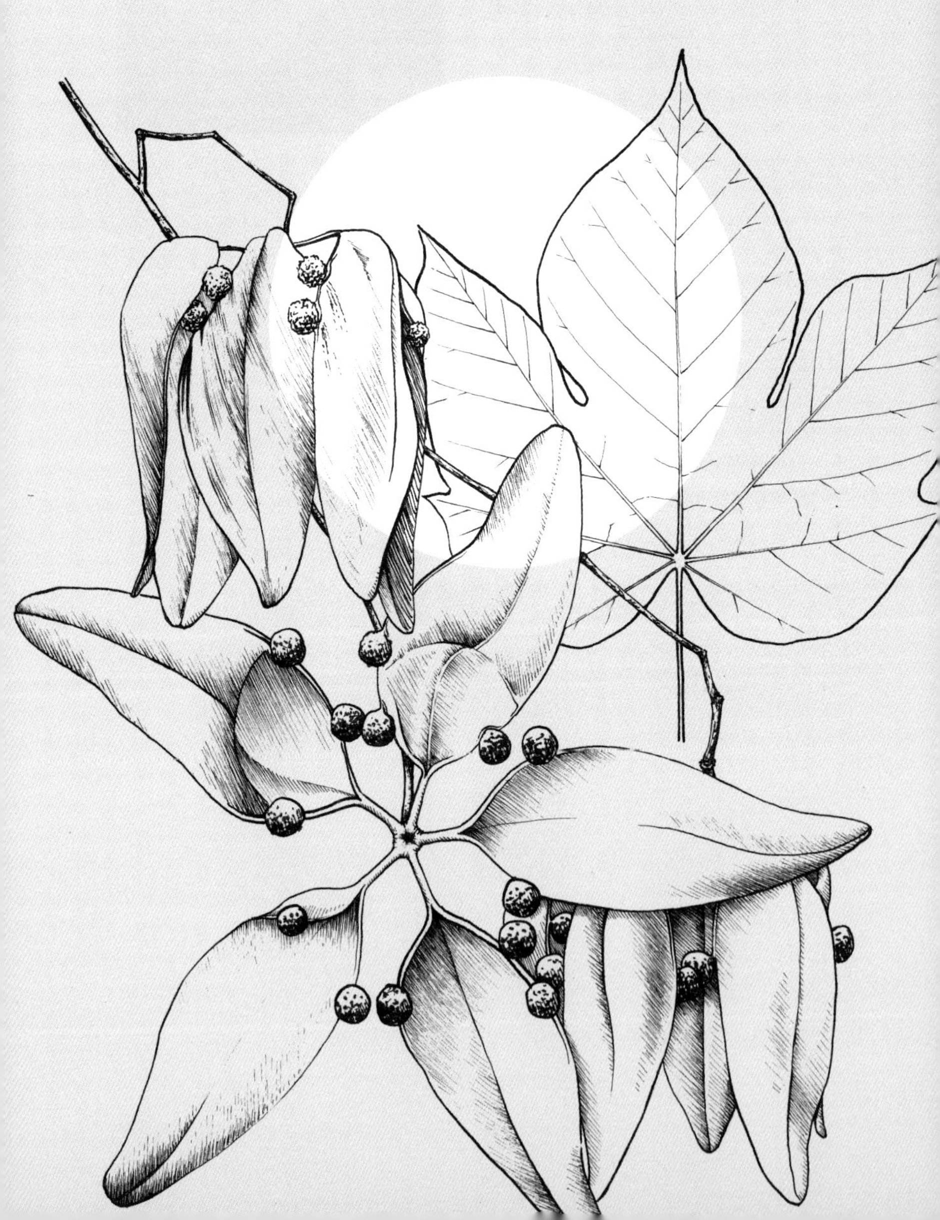

梧桐

青青梧桐独一株

俄文楼西南侧草地上，有一株梧桐，高仅 5 ～ 6 米，胸径 15 ～ 20 厘米，由于主干绿色光滑，显得很独特。北大中关园 49 楼东侧有多株梧桐。生长尚可。

特征 ◉

梧桐属于梧桐科梧桐属，拉丁名为 *Firmiana platanifolia* (L.f) Marsili.。落叶乔木，树皮光滑，绿色。单叶，长 15 ～ 20 厘米，掌状 3 ～ 5 裂，基部心形，裂片无齿，叶柄较长。圆锥花序顶生，长达 50 厘米，花单性，无花瓣；萼片长圆形，长约 1 厘米，黄绿色，雄蕊多数，连合成柱状；子房有柄，心皮 5 个，开裂成叶状，长 3 ～ 10 厘米。蓇葖果叶状，5 个。种子球形，生果皮边缘。花期 6 ～ 7 月，

果期 10 月。

原产于我国和日本，在我国分布于华北以南地区，北京有少量引种。

巧识⊙

注意其主干树皮光滑，绿色；叶掌状 3～5 裂，裂片无齿；果实为叶状蓇葖果，似小舟形。

用途⊙

为庭院重要观赏树木，栽培历史悠久。《群芳谱》云："皮青如翠，叶缺如花，妍雅华净，赏心悦目，人家斋阁多种之。"

木材纹理美观，可制乐器、箱板，叶、花、种子入药。

梧桐有抗二氧化硫的功能。

梧桐逸事

梧桐对季节变化敏感，据《花镜》云："此木能知岁时，清明后梧始华。桐不华，岁必大寒。立秋地，至期一叶先坠。故有'梧桐一叶落，天下尽知秋'之句。"

堇菜科

Violaceae

紫花地丁花色深

紫花地丁和早开堇菜差不多，样子相像，在燕园也是分布广而多，生长地点也差不多。你观察时，只要抓住要害特征，会一见即知。

特征

紫花地丁属于堇菜科堇菜属，拉丁名为 *Viola philippica* Cav.。多年生草本，根状茎粗短，根白色或带黄色。叶基生，叶片舌形、长圆形、长圆披针形，先端钝，基部截形或楔形，边缘有圆钝齿；果期叶大，长可达 10 厘米，宽达 4 厘米，基部常微心形，托叶基部与叶柄合生，叶柄有狭翅，上部翅鞘宽。小苞片生花梗中部，萼片 5，卵状披针形，边缘有狭膜质边，基部附属物短；花瓣 5，紫堇色或紫色，色较深，侧瓣无须毛或稍有须毛，下瓣连距长

14～18厘米，距细，色较深，长4～6毫米，雄蕊5，下面2个雄蕊有腺状附属物伸入距内，花药环生于雌蕊周围。子房无毛，花柱基部膝曲，3心皮，侧膜胎座，1室，胚珠多数。蒴果长圆形，无毛，成熟后3瓣裂，种子多数。花、果期4月中旬至8月。

分布在东北、华北、西北各省区，北京极多见。

巧识◉

紫花地丁要与早开堇菜区分，因二者生长环境差不多，开花时间也差不多，紫花地丁稍晚几天，花期也较长。首先看叶片，紫花地丁的基生叶有等腰三角形状的，叶片两边较直或微微弧状，基部截形；有的叶片稍长，但两边仍较直，不呈弧形。

开花时，花稍小，颜色较深，距比较细，两个侧花瓣一般无须毛。

用途

可以栽培于草坪，增加春天草地的花色。

全草入药，功用同早开堇菜。

紫花地丁治病的故事

古代有两兄弟，穷得只能乞讨为生。一天，弟弟的手指上生疮，痛得受不了。二人到镇上找药铺求助，却被赶出来，他们就在山坡边休息。哥哥忽然看见地上有一种开紫花的小草。也是肚子饿了，哥哥采了这种草，入口嚼一嚼，苦中有凉味，心想也许它能治弟弟的疮病，就把嚼烂的草顺手敷在弟弟的手指上。到了晚上，弟弟高兴地说，手指不那么痛了。哥哥想莫非这草有治痛之效，就又采了些敷上，不久竟完全不痛了。哥哥大叹："真是天无绝人之路。"二人回到破庙里，继续敷药，没两天弟弟的痛指全好了。二人想起药铺对他们之狠，就决心自己为百姓治病，以这种草为主药，以治疗疮为主，治好了许多乡亲。可这草叫什么名字呢？他们看草的花梗笔直，像钉子一样钉在地上，顶上开紫花，就叫它"紫花地丁"。

据现代中药学研究，地丁的突出之效是清热解毒、消痈散结，对痈肿、疔疮有很好的疗效。

早开堇菜

早开堇菜叶长圆卵形

早开堇菜在燕园几乎到处可见，它们在草地上开得很欢，在路边绿篱下欣欣向荣。在燕园，无论你走到哪里，只要留意一下就能看到。4 月是它们出土的旺季。

特征

早开堇菜属于堇菜科堇菜属，拉丁名为 *Viola prionantha* Bge.。多年生草本，有较粗的根状茎，根细长，黄白色。叶基生，叶片长圆卵形或卵形，先端钝或稍尖，基部钝圆形，边缘有钝锯齿，托叶基部与叶柄合生，边有疏齿，叶柄上部有翅。花期时花梗长超出叶，在果期短于叶。小苞片生花梗中部；萼片 5，披针形，有膜质边缘，基部附属物长 1 ～ 2 毫米；花瓣 5，侧瓣内面有须毛或毛少，下瓣连距长 13 ～ 20 毫米，距长 4 ～ 9 毫米，略粗；子房无色，花柱下部稍膝曲；雄蕊 5，下面 2 雄蕊各有一腺状附属物，像尾状延长，伸入花瓣的距内。子房上位，3 心皮合生，侧膜胎座，胚珠多数，花柱基部微膝曲。蒴果椭圆形，室背 3 裂，种子多数。花、果期 4 ～ 8 月。

分布在东北和华北各省。野生种在北京极为普遍。

巧识 ⊙

早春开花时，特别注意它的叶片卵形或长圆状卵形，叶片两侧略呈弧形而非直线形，后出的叶片也略有弧形而非直线形。花淡紫色，非特深的紫色，花瓣下面有距，距较粗，紫色较淡。

用途 ⊙

可种植于草坪中作美化之用。

全草入药，有清热解毒、凉血消肿的作用，可治痈肿、肠炎等症。

千屈菜科

Lythraceae

紫薇

紫薇花瓣有皱

紫薇在燕园各处都能见到，只是都是单株的，未见成群植于一处者。未名湖畔及许多宿舍区都可见到，开花时确有独特的景致。

特征

紫薇属于千屈菜科紫薇属，别名痒痒树，拉丁名为 *Lagerstroemia indica* L.。落叶灌木或乔木。冬芽有 2 鳞片，枝尖光滑无毛，小枝显四棱。叶几无叶柄，椭圆形、长圆形、倒卵形，长 2.5 ～ 7 厘米，宽 2.5 ～ 4 厘米，光滑或下面中脉有毛。圆锥花序顶生，长达 20 厘米；萼半球形，外面无毛；花瓣 6，红色，圆形，有皱，下有长爪；雄蕊多数，花丝长；子房上位，柱头头状。蒴果近球形，室背开裂，呈 6 瓣裂，萼宿存。花期 7 ～ 9 月，可开百日。

原产于我国，普遍栽培，北京公园多见。

巧识 ⊙

茎干皮光滑无毛。注意花红色，花瓣圆形，有皱缩，下部有长爪。蒴果近球形，无毛，萼宿存。室背开裂。

用途 ⊙

著名观赏花木，因其花红色，花瓣有皱缩，形态特殊而受欢迎。有个变种名叫“银薇”，花白色。还有紫色带蓝色者称“翠薇”，最为名贵。

紫薇被称为百日红，因有“谁道花无红百日，紫薇长放半年花”之誉。

紫薇被多个城市选为市花，如信阳、安阳、自贡、咸阳和襄樊等，我国台湾基隆市也选其为市花。

紫薇除露地栽植以外，还可作盆景。

紫薇有较强的抗二氧化碳、氧化氢和氯气的功能，能吸收一定量的有害气体，因此工矿场所和街道住宅区多栽紫薇有好处。

紫薇的叶煎剂可治湿疹，叶和花研末调醋，外用可治痈疖。

紫薇别称“痒痒树”、“怕痒树”。《群芳谱》云：紫薇一名“怕痒花”，人以手抓其肤，彻顶动摇，故名。这个试验不知何人做出，今人试之，并不灵验，可能为一笑话。

紫薇历史悠久

唐代时即栽紫薇，称为“贵人花”。当时的翰林院多植紫薇，管国家政事的“中书省”改名“紫薇省”，其重要官员称为“紫薇舍人”，足见当时上层官员对紫薇的重视。而当时许多著名诗人都有咏紫薇的诗作，最有名的当推白居易的《咏紫薇》：“丝纶阁下文章静，钟鼓楼中刻漏长。独坐黄昏谁是伴，紫薇花对紫薇郎。”（注：丝纶阁是翰林院专为皇帝写圣旨之处，在那里工作的人即为皇帝的机要秘书。诗中表达了诗人对工作的适意和对紫薇花的喜爱。）

石榴科

Punicaceae

石榴

石榴枝有刺

石榴花开红艳动人。在燕园能看到石榴花的地方不多。校医院东门南侧花坛中有一株石榴树，高2米多，年年开花红似火。

特征

石榴属于石榴科石榴属，拉丁名为 *Punica granatum* L.。落叶小乔木，小枝平滑，有刺。叶对生或簇生，长圆披针形或倒卵形，长2.5～5厘米，宽1～2厘米，全缘，无毛；叶有短柄。花多重瓣，红色，少黄色或白色，直径约3厘米，萼片5～8，啮合状排列，花瓣5～7。雄蕊多数，生于萼筒内上半部。雄蕊有多个心皮，子房下位。最初子房各室成 2 轮，中轴胎座，后来外轮 5 ～ 9 室上升到内轮之上，形成下部 3 心皮中轴胎座，上部 5 ～ 7 心皮侧膜胎座；胚珠多数，花柱 1，柱头头状。果实为浆果，果皮革质，近球形，萼宿存。种子多数，外种皮肉质，内种皮坚硬。花期 6 ～ 7 月，果期 9 月。

分布在亚洲南部，我国广栽培。

巧识⊙

小乔木或灌木，有刺。花和果都比较好认，以能认识枝叶特征为最理想：叶对生或簇生，注意叶为长圆形或倒卵形，淡绿色，且不太平整，这是一个特征，此外枝条无毛，平滑。

用途⊙

园艺家培养出了花石榴和果石榴，前者以看花为主，果不重要；后者以收果为目的，花不重要。作为园林观赏植物，观花观果都很好。

石榴果实为水果之一。

石榴有许多栽培变种，花有红、白、黄或带花纹的，有单瓣的和重瓣的，皆有观赏价值。

石榴的根、茎皮、花、叶和果皮均入药，特别是果皮、根皮可治肠炎、痢疾、绦虫病、蛔虫病。

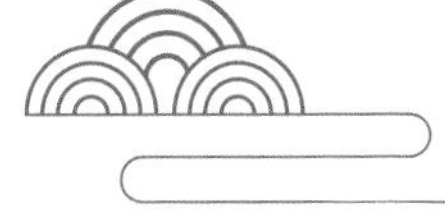

石榴逸事

陕西临潼县骊山华清池附近有一株古石榴，相传为唐代杨贵妃手植，故称“贵妃石榴”。树高 8 米，胸径达 50 厘米，已有 1200 多岁了。

伞形科

Umbelliferae

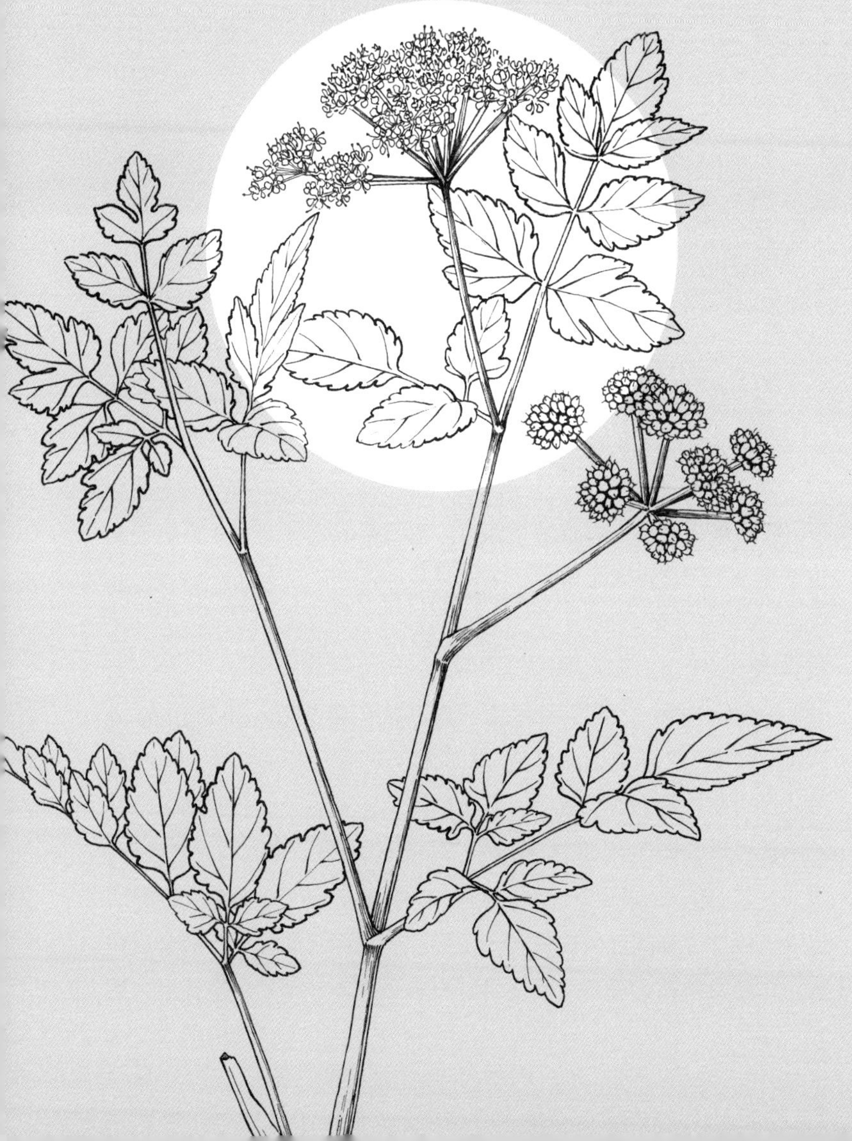

田葛缕子

田葛缕子叫旱芹菜

校园有田葛缕子，俗名旱芹菜。它们生长在钟亭东北侧山下路边草地一带，不为人注意。

特征

田葛缕子属于伞形科葛缕子属，拉丁名为 *Carum buriaticum* Turcz.。二年生草本，高可达 70 厘米，无毛。根较肥厚，呈纺锤形。茎直立，基部有淡褐色，基生叶残留，基生叶有长叶柄，叶片长圆状卵形，长 7 ～ 15 厘米，2 ～ 3 回羽状全裂，最终裂片狭条形，长 5 ～ 10 毫米，宽 0.3 ～ 0.6 毫米，先端锐尖。叶柄长 3 ～ 5 厘米，边缘狭膜质，基部叶鞘白色，三角形。茎上部叶简化，叶柄全为鞘状。花序复伞形，径 3 ～ 8 厘米，有总苞片 3 ～ 5 片，披针形，边缘膜质，伞幅 8 ～ 13 根，稍不等长，小伞形花序有 10 ～ 20 朵花，花梗长 1 ～ 3 毫米，小总苞片 6 ～ 8 个，披针形，有狭窄的白色膜质边缘。萼裂齿短小，花瓣 5，白色，先端有内折的小舌片，雄蕊 5，花柱基短圆锥形，花柱细长，双悬果椭圆形，两侧稍压扁，长 2 ～ 2.5 毫米，褐色，无毛。果棱丝状，每棱槽中有油管 1 条，合生面有油管 2 条。花期 5 ～ 6 月。

分布在东北、华北、西北和四川省，北京山区、平原均有，颇多。

巧识 ⊙

注意其叶 2 ～ 3 回羽状全裂，最终裂片极狭窄，几为线形，宽只有 0.3 ～ 0.6 毫米。叶柄边缘狭膜质，白色，基部叶鞘狭三角形。复伞形花序中，有总苞片 3 ～ 5 个，小总苞片 6 ～ 8 个，如果二者均无则非本种。双悬果，果长 2 ～ 2.5 毫米，果棱丝状。

用途 ⊙

其近缘种葛缕子（*Carum carvi* L.）果实可入药，有祛风健胃、理气之功效。其果含芳香油，可做香料，推测上种也应有同样功能。

泽芹

泽芹长得高

在北大朗润园附近的水域，我于夏日见到池沼中有不少泽芹，可能池中污泥比较肥沃的关系，这泽芹长得好高，比我过去在别的地方见的高大多了，一株足有 1 米多高，羽状复叶也很大，一柄柄的欣欣向荣。燕园这块水域对它来说是块宝地，可以在此放心生长。

特征

泽芹属于伞形科泽芹属，拉丁名为 *Sium suave* Walt.。多年生草本，高 40 ～ 120 厘米，无毛。根呈束状，棕褐色。茎直立，无毛，有纵棱，节间中空。奇数羽状复叶，叶轮廓长圆形至卵状披针形，长 6 ～ 25 厘米或更长，小叶 3 ～ 9 对，小叶片远距离无柄，条状披针形，有时稍宽，长 3 ～ 10 厘米，宽 4 ～ 15（20）毫米，先端渐尖，基部近圆形或楔形，边缘有锐细锯齿，叶柄约长 8 厘米。复伞形花序顶生或侧生，直径 4 ～ 6 厘米，伞幅 10 ～ 20 个，总苞片 5 ～ 8 个，条形至条状披针形，先端长渐尖，边缘膜质外折，小总苞片 6 ～ 9 个，条状披针形。小伞形花序有花 10 ～ 20 朵，花梗长 1 ～ 4 毫米，萼齿短齿状，花瓣 5，白色，倒卵形，反折，花柱基厚垫状，宽于子房，边微波状。双悬果近球形，直径 2 ～ 3 毫米，果棱等形，木栓质，每棱槽中有油管 1，合生面油管 2，心皮柄 2 裂。花、果期 7 ～ 9 月。

分布在东北、华北和华东地区，北京有分布。

巧识 ⊙

最显著的特征是奇数羽状复叶，小叶窄长，小叶片远离，即小叶片之间空隔大，看上去稀稀疏疏的。植株可高达 1.2 米。

用途 ⊙

全草入药，有散风寒、止头痛、降血压的作用。

水芹

水芹像芹菜

我在西校门内东北部老外文楼的西北方向见一水池，沿水池走时，忽见水边有水芹，植株不高也不多，但生长好。

特征

水芹属于伞形科水芹属，拉丁名为 *Oenanthe javanica* (Blume) DC.。多年生草本，高可达 60 厘米，全株无毛。根状茎匍匐状，须根簇生，茎内中空，节处有横隔，基生叶叶柄长，长 3 ～ 6 厘米，叶柄基部呈鞘状抱茎，茎上部叶叶柄短，基部鞘状，边缘膜质，叶三角形。1 ～ 2 回羽状复叶，小叶 3 对，披针形、卵状披针形，长 1.5 ～ 4 厘米，基生小叶 3 裂，顶生小叶菱状卵形，有缺刻状锯齿。复伞形花序，直径 4 ～ 6 厘米，伞幅 8 ～ 17 个，不等长，总苞无或有1～3个，早落，小伞形花序有花10～20朵，小总苞片4～9个，花梗不等长，萼齿似卵形，小而明显。花瓣5，白色，长约1毫米；雄蕊5；花柱基圆锥形，花柱细长，叉开形，果时约长2毫米。双悬果椭圆形，长2.5毫米，果棱厚，钝圆，侧棱较背棱宽大，横切面近五角状半圆形，每棱槽中有油管1条，合生面有油管2条，花、果期7～9月。

分布几遍全国，多生水湿地。北京多见。

巧识 ⊙

首先为野生草本，撕破叶闻一下，有芹菜气味。根状茎匍匐；1～2回羽状复叶，小叶有刻缺状锯齿；复伞形花序，花小，白色；双悬果椭圆形，有肥厚果棱。

用途 ⊙

嫩茎叶可做菜吃。

全草和根部入药，有消热、解毒、止血和利尿的作用。

区分水芹与毒芹

在北京平原地区，水芹较多见，山区也有，多在水边。但应注意将水芹和一种名叫毒芹的草本植物区分开，后者毒性大，勿入口。毒芹拉丁名为*Cicuta virosa* L.。多年生草本，高1米，根状茎节间短，内中空，有横隔，叶2～3回羽状全裂，最终裂片狭披针形，宽3～13毫米。双悬果近球形，果棱肥厚，钝圆。明显不同于水芹，注意鉴别。毒芹分布在东北、华北和西北。在北京八达岭下西沟一山地水沟边有毒芹生长。怀柔喇叭沟门水边也有。

山茱萸科

Cornaceae

红瑞木枝红色

燕园近些年新栽的红瑞木使人眼前一亮，因为它的枝条红色，是别的树木，尤其是灌木通常不具备的，而且其枝条光滑无毛，外皮绝不粗糙，因此鲜红漂亮。燕园所栽的红瑞木不多，只在原实验东馆的西南侧、东侧有几株，在实验西馆的南侧和西南侧有多株，此外在西校门内北侧过去约 200 米的平地上见过。

特征 ◉

红瑞木属于山茱萸科梾木属，拉丁名为 *Cornus alba* L.。落叶灌木，高约 3 米。枝条多近直立，红色，光滑无毛，有白粉。单叶对生，卵形或椭圆形，长 4 ～ 9 厘米，宽 2.5 ～ 6.5 厘米，侧脉 5 ～ 6 对，叶柄长 1 ～ 2 厘米。花两性，伞房状聚伞花序，生枝顶，花小，黄白色。花萼坛状，萼齿三角形。花瓣 4，舌状，雄蕊 4，生花盘外侧，花盘垫状。子房下位，2 室，花柱圆柱形，柱头头状，子房近倒卵形，稍有短毛。核果斜卵圆形，花柱宿存，熟时果白色或带蓝紫色。花期 5 ～ 6 月，果期 6 ～ 7 月。

分布在东北、华北。北京少见，有栽培。

巧识 ⊙

首先其枝光滑无毛，红色，但有时出现绿色枝。叶对生，椭圆形，全缘，侧脉 5 ～ 6 对。果熟时白色，斜圆卵形。

用途 ⊛

为园林绿化树种之一，花序及红色枝条有观赏价值。

种子可榨油，做润滑油。

山茱萸

山茱萸先叶开黄花

在燕园，我只见过一株栽培的山茱萸，还是一个素不相识的女同志领我去看的，就在档案馆之西南侧平地上，估计有4米多高。栽培年代可能不是太久。2014年9月初的一天，我专程去看过一次，可惜树上花早开过了，果也不熟，错过了观赏时期。

特征

山茱萸属于山茱萸科山茱萸属，拉丁名为 *Cornus officinalis* Sieb. et Zucc.。落叶灌木或小乔木，高可达4米，树皮淡褐色，成剥片裂，小枝无毛。单叶对生，有短柄，叶片椭圆形至长椭圆形，长 5 ～ 12 厘米，宽 3 ～ 4.5 厘米，先端渐尖，基部圆形或楔形，全缘；上面绿色，疏生平贴毛，下面灰绿色，毛较密，侧脉 6 ～ 8 对。花先叶开放，黄色。伞形花序腋生，下有 4 个小形苞片，苞片卵圆形，褐色；花两性，花萼 4 裂，宽三角形；花瓣 4，卵形，花盘环状，肉质，子房下位。核果椭圆形，果梗细长，熟时红色。

分布于陕西、山西、河南、山东、安徽、浙江、四川等省，有野生的，也有栽培的。北京有栽培。

巧识 ⊙

先叶开花，这一点与其他种不同。花序伞形，不是伞房状聚伞花序，呈圆盘形。果实熟时鲜红色，椭圆形，两端钝。长 1.5～2 厘米，叶对生。

用途

其成熟果实为重要中药，药名称“萸肉”，是一种收敛强壮药，能健胃补胃，可治腰痛等症，治头晕目眩、耳聋、自汗、遗精、尿频。现代研究发现，萸肉还有更大的药用价值。

问题1：我国出产山茱萸的有名之地在何处？

我国出产山茱萸的著名地区有二。一在浙江淳安县，在其与临安市相邻的地区，山茱萸特多，有成片野生的。其中有一株大的，高18米，近地面的干径达85厘米。春天先叶开花，黄花满树，夏日绿荫重重，一片清凉，秋末红果累累，煞是好看，虽已有200多年树龄，仍年产鲜果达180公斤，让人称赞不已。

河南省栾川县庙子乡东沟桃园村附近，有一大山沟，土质好，山茱萸生长也好。有一株大的，高8米，胸径70厘米，分枝繁多，年收鲜果160多公斤。有人估算此树已有300多岁了。

问题2：为什么说山茱萸是特殊的种？

在山茱萸属中，我国有近30种，只有山茱萸这个种的果实用处大，主要为药用。山茱萸果入药历史悠久，1500年前《神农本草经》即记载山茱萸味酸平，主心下邪气、逐寒，湿痹、去浊，久服身轻。现代药物研究发现，山茱萸有16种氨基酸和维生素A、B、C及黄酮体、香豆精、蒽醌等药用成分，有防治心血管系统疾病及增强免疫力等多种功能。因此山茱萸有特殊性。

毛梾木

毛梾木树皮方块状裂

我在燕园只见到3株毛梾木，其中一株在外文楼北、赛克勒博物馆之西，不大，约8米高；另2株在俄文楼之西草坪西南角出口处，其中一株较大，胸径近20厘米，高8米，另一株较矮，在前一株的西北方。这3株都生长在不太显眼的地方，故不为人所注意。

特征 ◉

毛梾木属于山茱萸科山茱萸属，拉丁名为 *Cornus walteri* Wanger.。落叶乔木，树皮黑灰色，裂成方块状。单叶对生，叶片椭圆形，长 4 ～ 12 厘米，宽 1.5 ～ 5.5 厘米，上面深绿色，下面密生灰白色短柔毛。侧脉 4 ～ 5 对，有叶柄。伞房状聚伞花序顶生，花白色，小，萼裂 4，有花盘，花瓣 4，披针形，雄蕊 4，子房下位，外被密毛。核果球形，黑色，径 5～6 毫米。花期 5 月，果期 9 月。

分布较广，北京少见有栽培。

巧识 ◉

注意其树皮因纵裂和横裂而呈小方块状裂；枝黑灰色，幼枝绿色。核果熟时黑色。

用途 ◉

为木本油料植物，果含油量达 38%，可食用，也可做润滑油。

木材坚实，纹理细密，可做家具。

其鲜叶捣烂外敷，可治漆疮。

灯台树

灯台树花序平如灯台

灯台树在燕园引入栽培的年代不太久，我在国际关系学院东边的后院中，见到过几株灯台树。那是在 2014 年 5 月，我第一次到那个后院，发现树上正开着白色的小花，由于花序呈圆盘状，颇大，极显眼，又见此树叶片互生，似曾相识，回去鉴别，才知为新来的灯台树。

特征

灯台树属于山茱萸科灯台树属，拉丁名为 *Bothrocaryum controversa* (Hemsl.) Pojark.。落叶乔木，叶互生，宽卵形或宽椭圆形，长 4 ～ 13 厘米，宽 3.5 ～ 9 厘米，先端渐尖，基部圆形，上面深绿色，下面灰绿色，疏生贴状毛；侧脉 6 ～ 7 对，叶柄长 2 ～ 6.5

厘米。伞房状聚伞花序顶生，稍有毛，花小，白色，萼齿 4，三角形，花瓣 4，长披针形，雄蕊 4，伸出，长 4 ～ 5 毫米，子房下位，倒卵圆形，密生灰色贴伏短柔毛。核果球形，熟时紫红色或蓝黑色，径 6 ～ 7 毫米。花期 5 月，果期 9 月。

分布在辽宁至华东多省及华南、西南。北京有栽培。

巧识 ⊙

首先其叶互生，同属其他种多为对生。灯台树的叶片宽大，长达 16 厘米，宽达 9 厘米，其他种都小于此数。灯台树果熟时紫红色至蓝黑色，不像其他种果实为黑色。

用途 ⊙

果实可榨油供工业用，其木材坚实，供建筑用。

灯台树开花时，花序平顶如灯台，有观赏价值。

报春花科

Primulaceae

点地梅

点地梅花小似梅花

燕园有点地梅，但不太多，只有在 4～5 月开花时才能见到它。我在未名湖的南岸向西去的上坡路附近的草地上见到过一小片。那小巧的白色花朵，圆而整齐，如贴近地面的“梅花”，十分玲珑悦目。

特征 ◉

点地梅属于报春花科点地梅属，拉丁名为 *Androsace umbellata* (Lour.) Merr.。一年生草本，有长柔毛。叶全部基生，有 10 枚以上，圆形或卵圆形，长与宽各有 5～15 毫米，先端钝圆，基部心形或近似截形，边缘有钝牙齿，叶柄长 1 ～ 2 厘米。花莛出自基部叶丛中，高 5 ～ 10 厘米。伞形花序，有花数朵至十多朵；苞片卵形或披针形，长 2 ～ 7 毫米，端渐尖；花梗纤细如丝，约等长，长 1 ～ 3.5 厘米，混生腺毛；萼杯状，5 深裂几至基部，裂片卵形，花时短，果时增大，长 4 ～ 5 毫米，水平开展，锐尖，有脉纹。花冠白色，径 4 ～ 8 毫米，5 裂，裂片倒卵状长圆形，长 2.5 ～ 3 毫米，筒部短于花萼。雄蕊 5，内藏，生花冠筒周围，花丝特短，子房上位，球形，花柱短，胚珠多个。蒴果扁球形，径 3 ～ 4 毫米，顶端 5 瓣裂。种子小，皮有皱，棕褐色。花期 4 ～ 5 月。

分布在东北、华北、华中及华南和四川。北京常见。

巧识 ◉

注意为小草，叶全基生，小而圆形，花莛多根，直立，高不过 10 厘米，全体伞形排列。花小，花冠白色，喉部缢缩。蒴果扁球形。

用途 ⊕

种植于花坛，春天时小巧玲珑的花很有观赏价值。

全草入药，有清热解毒、消肿止痛之功效，治扁桃体炎、咽喉炎、口腔炎，也可治跌打损伤。

海乳草

海乳草叶肉质

西校门内办公楼礼堂东侧草地中，曾发现有不少海乳草。这是一种小草，极不显眼，然而它增加了北大植物的多样性。

特征◉

海乳草属于报春花科海乳草属，拉丁名为 *Glaux maritima* L.。多年生矮小草本，高 5 ～ 25 厘米。根较粗壮，成束生，根状茎横生，节上有膜质鳞片，对生，茎直立，单一或下面有分枝，无毛。叶密生，近对生，肉质，叶片披针形、长圆披针形或卵状披针形，长 7 ～ 15 毫米，宽 1.5 ～ 5 毫米，先端稍尖，基部楔形，全缘，几无叶柄。花小，生于叶腋，花梗短；萼钟形，5 裂，花瓣状，粉白色或淡粉红色，裂片卵形，长圆卵形，全缘；无花瓣；雄蕊 5，与

萼近等长，生萼基部，花丝基部扁宽，花药心形；子房球形，上位，1室，特立中央胎座，胚珠数个。蒴果卵球形，顶端5瓣裂。种子近黑色，椭圆形，有网纹。花期6月，果期7～8月。

分布在东北、华北、西北，南至长江流域地区。北京郊区如昌平和大兴有分布。北大校园偶见，生潮湿处。

巧识 ⊙

短小草本，有根状茎。叶小，密生，近对生，肉质，披针形，全缘。萼片花瓣状，粉白色，无花瓣。蒴果近球形，小。

用途 ⊙

含丰富的胡萝卜素及维生素，可采嫩茎叶用开水烫后炒熟食。

柿科

Ebenaceae

柿

柿树叶入秋也红

本来燕园柿树不少，特别是在原大饭厅（今大讲堂原址）南侧平地上栽植了很多柿树，成了一个面积不小的柿树林，后来盖大讲堂，把柿树迁走了，从此无柿树林了，只有为数不多的散生的柿树。如不细心找，还不易找到。在今学生宿舍区，原30楼的南侧、东南角处，可见到几株柿树，都不是特老的树，2014年9～10月已结实。

在西门内档案馆南侧路边，可见2株柿树，高6～8米，树干也不粗。

在德斋（红2楼）东侧的草地上，有一株柿树，高约7米，干径8～10厘米。

特征 ◉

柿属于柿科柿属，拉丁名为 *Diospyros kaki* L.。落叶乔木，树皮黑灰色，老树树皮有方块状裂。枝粗壮。叶卵状椭圆形、倒卵状椭圆形或长圆形，长 6 ～ 18 厘米，宽 3 ～ 9 厘米，先端、基部宽楔形或近圆形，上面绿色，下面淡绿色，有叶柄。雄花序中常有 1 ～ 3 花。雌花、两性花都单生。花萼 4 裂，在果熟时增大，花冠黄白色，4 裂，有毛。雌花有退化雄蕊 8 个，子房上位。浆果扁球形或卵球形，径达 8 厘米，橘黄色。种子扁平，较大。花期 5 ～ 6 月，果期 9 ～ 10 月。

柿树南北均栽培较多，华北尤多，北京也很普遍。

巧识 ◉

枝条粗壮，有褐色或黄褐色毛，但后来脱落。开花时见有雄花、雌花及两性花。花冠 4 裂，黄白色，有毛。浆果大，直径可达 8 厘米。

用途

著名果树之一。果生食或做柿饼，其柿霜、柿蒂入药，有止咳去痰的作用。

柿树作为绿化树种是有优势的，因为它的叶子入秋变红，十分好看，叶片也大。其果实橘黄色且较大，叶落后果实挂在树上，十分显眼，也好看。

柿实古代为救荒之用。明代徐光启在《农政全书》中记："今三晋泽沁之间，多柿，细民食之，以当粮也。中州齐鲁亦然。"明代《嵩书》中说"戊午大旱，五谷不登，百姓倚柿而生"，更说明荒年人民以柿代粮的情况。

问题 1：柿树有七绝，你知道吗?

我国古书《酉阳杂俎》记柿树七绝：一多寿，二多荫，三无鸟巢，四无虫，五霜叶可玩，六嘉实可啖，七落叶肥大，可以临书。

问题 2：柿树能长到多老?

河南鲁山县董周乡有一柿树，高 15 米，胸径近 80 厘米，树龄估算近千年，是最老的柿树了。

问题 3：柿树拉丁种加词 "kaki"是什么意思?

1543 年，葡萄牙人曾漂流到日本的种子岛，他们在避难时，第一次吃到了柿子，惊叹味美，就带了柿苗回国，从此葡萄牙有了柿子，后又传布到欧洲多国及美洲的巴西和西印度群岛。由于当初葡萄牙人说柿子是"kaki"，所以流传至今，柿树拉丁名就以"kaki"作为种加词。

柿原产于我国。日本的柿是从我国传过去的。

黑枣

黑枣果像小柿子

燕园有许多黑枣，散生在各处树林中，以小树为多，因无大树，也不为人注意。我最初是在博雅塔之南那条由东向西去通往临湖轩的路的入口处见到黑枣的，就在入口处北侧有个小山梁，下部有一株黑枣，树不大，干径仅 3～4 厘米，高不过 4～5 米，未见有果实（2014 年

9月见之)。由此株树向北，沿山坡下去，又可见到4株，其中1株有两个分枝，结果实，其他3株无果实，这几株都不是很大，干径不超过3厘米或4厘米。

再往西北部去，在镜春园83号院之东，有一条向北去的路，这条路与另一条向东去的小路交叉处附近的山中有4株黑枣，干径不过3～4厘米，都无果实，可能为雄株。

在北大东门外的中关园，我高兴地见到许多株黑枣，生长都比较好，植株也较大，如46楼西北角的一株，干径有15厘米，高8米，结实多。在46楼西侧有2株，一株干径10厘米以上，结实多，另一株无果实。再往西，42楼之东有1株，结实多。在43楼之东北角也有1株，结实多，主干径达18厘米。45楼门前有1株，结实多。校园内南部一宿舍楼附近还有一株黑枣，结实多，果实极像小柿子。

特征◉

黑枣又称君迁子，属于柿科柿属，拉丁名为 *Diospyros lotus* L.。落叶乔木，树皮黑灰色，老时呈小方块裂。小枝灰绿色。叶椭圆形或长圆形，长5～14厘米，宽3.5～5.5厘米，先端突尖，基部圆形或宽楔形，下面灰绿色，有毛，叶柄长0.5～2厘米。花单性，雌雄异株，萼4裂，裂片近圆形，有毛，果时变无毛。花冠淡黄色或淡红色，雄花2～3个聚生，雄蕊6个，雌花单生。浆果近球形，径1.5～2.2厘米，熟后变黑色。花期4～5月，果期9～10月。

分布在南北各省，北京多见。

巧识◉

注意其叶比柿树叶窄，花冠外面无毛，果实远小于柿。

用途

木材耐磨损，可作旋器之轴用，树干为嫁接柿树的砧木。果实可食，果入药，有止咳止渴之功效。

问题 1：君迁子一名怎么解释？

君迁子之名源于唐《本草拾遗》一书，原书未说明君迁子之由来。《本草纲目》记载："……君迁之名，始见于左思《吴都赋》……名义莫详……"因此至今君迁子之名仍是一个谜，现代学者在解释植物古名时，多回避了这个问题。

问题 2：黑枣能长成大树吗？

湖南省溆浦县天主堂边，有一株老黑枣树，高 18 米，胸径 88 厘米，树龄估计约 300 年，应是大而老的黑枣树了。

木樨科

Oleaceae

美国红梣

美国红梣果翅下延

燕园有许多美国红梣，是老燕大或更早时栽种的，但特高大的不多，其中有一株特高大的，我在其冬天无叶时见到树干，还以为是老榆树。等到夏天出了叶子，才知为美国红梣，又细看它的树皮，有网状的纵向深裂，确与其他树种不同。量一下主干胸径，近1米，基部则更粗，已超过1米，再仰头看主干直耸，虽在6米高处形成2分枝，但分枝中较大的一枝直入云天，估计高度在30米以上。周围的树木，无一能与之相比。在德斋（红2楼）东边草地上有一株老美国红梣，高20米以上，胸径90厘米，为燕园第二大的美国红梣。在南门内对外汉语学院南侧草坪上，有2株美国红梣，一株胸径达55厘米，向南略倾斜，已用铁棍支撑；另一株胸径约40厘米。

特征

美国红梣又称洋白蜡树，拉丁名为 *Fraxinus pennsylvanica* Mars.。落叶乔木，羽状复叶，小叶 7 ～ 9，披针形或披针状卵形，也有长圆形或椭圆形，小叶柄短，长仅 3 ～ 6 毫米。圆锥花序生于去年生枝上，花先叶开放，单性花，雌雄异株，萼 4 裂，无花冠，雄蕊 2，子房 2 室，柱头 2 裂。翅果较扁，长 2.5 ～ 6 厘米，果翅下延至果体的一部分。花期 4 ～ 5 月，果期 8 ～ 9 月。

原产于北美，我国多引种。

巧识

特别注意其果实，果翅常下延到果身的一部分。小叶稍窄，多披针形至披针状卵形，多为 7 ～ 9 小叶。先叶开花。

用途

为优良的庭院绿化树种之一，也宜做行道树。其树枝叶浓密，夏日遮阳效果好。

近缘种：白蜡树

燕园内有一株白蜡树（*Fraxinus chinensis* Roxb.），生长在原植物园内（在红湖之西），为乔木。羽状复叶，小叶 5 ～ 9，多为 7，椭圆形或卵状椭圆形，长 3 ～ 10 厘米，宽 1 ～ 4 厘米，边缘有锯齿。圆锥花序顶生或侧生当年枝上，与叶同放，萼 4 裂，无花冠。翅果倒披针形，长 3.5 ～ 4 厘米，先端钝，短尖或凹入。花期 4 月，果期 8 ～ 9 月。分布在东北、华北、中南及西南地区。

白蜡树枝叶可养白蜡虫，白蜡虫的分泌物为制蜡的原料。木材坚硬，有多种用处。

雪柳果实有狭翅

燕园朗润园石桥东侧，沿水边通往亭子的路边有一排雪柳，至少有几十株，本是灌木，但主干有点像小乔木，已有三十来年历史。开花多而小，结实密密麻麻如稻穗，人称五谷树。

特征 ◎

雪柳属于木樨科雪柳属，拉丁名为 *Fontanesia fortunei* Carr.。落叶灌木，高可达 5 米。枝条直立，光滑无毛，幼枝四棱形。叶对生，披针形或卵状披针形，长可达 11 厘米。有短叶柄，先端锐尖，基部楔形，全缘。花绿白色，小而多，密生，花序腋生，总状或圆锥状顶生；萼小，4 裂，花冠 4，几全裂，裂片小而狭，卵状披针形，长约 2 毫米，顶端钝形；雄蕊 2，伸出花冠之外；子房上位，2 室；花柱圆筒状，柱头 2 叉。果实卵状椭圆形，扁平，长 8 ～ 9 毫米，宽 4 ～ 5 毫米，周边有狭翅。花期 5 ～ 6 月，果期 8 ～ 9 月。

分布在我国东部和中部地区，北京公园有栽培。

巧识 ⊙

注意为灌木，单叶对生，披针形，全缘；花序腋生，花小而多，绿白色，花冠 4 裂几达基部；果实卵状椭圆形，扁平，有狭翅，极多，远看似谷穗。

用途 ⊙

因其果穗似稻穗，故民间俗称“五谷树”，植于庭院，有观赏价值。

趣闻：雪柳能长成乔木

江苏省建湖县蒋堂镇谈赵村，有一株雪柳，可能是国内最大、最老的雪柳。当地人也称其为五谷树，树高达 8 米，胸径有 45 厘米，年年开花结实，成为当地一景，据说有几百年历史。当地传说此树结的果实形状一年一变，一年像稻谷，下一年像小麦，又一年像玉米或高粱，有时又像小米，甚至像鱼、像螺丝。这些说法，我认为皆不可靠，因为它的果实多而密，远观近看会产生不同的感觉，实际细看就是椭圆形的翅果而已。此树在当地被视为神树，更是一种迷信。若干年前曾有一位上海记者来访，拿了从江西某地采来的五谷树的枝叶和果实标本让我看，我一看，确定为雪柳，此树根本结不出五谷来。据那位记者说，去看五谷树的人不少，轰动一时。

连翘

连翘叶卵形3裂

燕园的春天十分有趣，天气稍暖点儿，迎春花就领先开花，虽然大地似乎仍在冬眠之中，但4月初毕竟到春天了，迎春花担任春的使者再恰当不过。而迎春开不了多长，也就十来天吧，紧跟着连翘就开始有花了。有趣的是迎春和连翘都开黄色的花，都是先叶开花，都属于木樨科，只是不同属种而已。待到连翘盛开时，才真的唤醒了人们：春天来了。喜欢花的人开始赏花了……燕园各地区都有连翘，在档案馆之南，一条斜着路边上有不少，未名湖南岸和学生宿舍区一带也很常见……

特征

连翘属于木樨科连翘属，拉丁名为 *Forsythia suspensa*（Thunb.）Vahl.。直立或蔓生性落叶灌木，小枝褐色，稍四棱形，叶对生，单叶或 3 小叶状，顶小叶大，长 5 ～ 9 厘米，卵形、长圆状卵形，先端尖，基部宽楔形或圆形，边缘有锐锯齿。花先叶开放，1 至多朵花，长 2.5 厘米。萼裂片长椭圆形，长于花冠的管部，花冠合瓣，黄色，内有橘红色条纹，雄蕊 2，生花冠基部，不外露，花柱细长，柱头 2 裂，心皮 2，合生，2 室，中轴胎座。蒴果狭卵圆形，稍扁，长 2 厘米，2 室，开裂为 2 瓣。种子多个，有翅。花期 3 ～ 4 月，果期 5 ～ 6 月。

连翘有的地方俗名叫“黄绶丹”，形容连翘长枝条上有黄色的花，如一条黄色的带子，十分贴切。

连翘原产于我国中部至北部。北京公园多栽种，燕园内相当多。

巧识 ⊙

首先它的枝条非绿色，多散开蔓生，皮孔较多。叶对生，叶片常单个或成 3 小叶，顶小叶大，质地较薄。花冠合瓣，黄色，先叶开花，花冠 4 裂，雄蕊 2。蒴果开裂，种子有翅。

用途 ⊙

为庭院、公园多种植的观赏绿化花木之一。其成熟果实的果皮入药，有清热消肿之功效。中成药“银翘解毒丸”中的“翘”即指连翘的果皮。

近缘种：金钟花叶长圆形不裂

金钟花（*Forsythia viridissima* Lindl.）属于木樨科连翘属，与上种不同，金钟花的枝条节间内常有片状髓；叶片长圆披针形或长圆形，较厚，不裂。花期 3 ～ 4 月，果期 6 ～ 7 月。

分布在长江流域，北京多栽培。燕园俄文楼西草地南侧、红四楼南侧草地多见，用处同连翘。

紫丁香

紫丁香花紫色

紫丁香为燕园普遍栽培的漂亮花木之一，无论在未名湖畔还是其他建筑物附近，都能见到它。春日里，当迎春、连翘相继开花以后，紫丁香就来了。它的花朵虽不大，却很多，盛开时，一片紫色，十分撩人。在燕南园北围墙内从西向东有3丛较老的紫丁香，在均斋之西有5株较老的紫丁香，未名湖北岸、南岸也均能见到。

特征

紫丁香属于木樨科丁香属，拉丁名为 *Syringa oblata* Lindl.。落叶灌木，高2～4（5）米，叶对生，宽卵形或肾形，先端渐尖，基部心脏形，全缘，无毛，宽4～10厘米，宽度常大于长度，叶柄长1～2厘米。圆锥花序较宽散，长6～15厘米，花两性，花萼钟状，有4齿，花冠合瓣，紫色，4裂，管部长1～1.2厘米，裂片外展。雄蕊2，不外伸。花柱2裂，柱头不伸出，2心皮合生，中轴胎座，子房2室。蒴果长椭圆形，室背开裂，裂片尖，每室有种子，种子有翅。花期4月，果期7～8月。

原产于我国，北京普遍栽培。

巧识 ⊙

注意其为灌木，叶对生，叶片宽卵形，全缘，无毛。花细管状，密集，紫色，4个裂片。蒴果尖，光滑。要与桃金娘科的丁香蒲桃（*Syzygium aromaticum*（L.）Merrill & Perry）区别，后者的花雄蕊多数。浆果核果状，可入药。

用途 ⊙

为园林重要观赏花木。注意其果不入药。

变种：白丁香花白色

白丁香（*Syringa oblata* Lindl. var. *affinis* Lingelsh.）为紫丁香的变种，花白色；叶片较小，较薄；校园有栽培，观赏花木之一。

近缘种：蓝丁香花管极细

蓝丁香（*Syringa meyeri* Schneid.）又称细管丁香，灌木，叶卵圆形。圆锥花序，花密生，深紫色，花冠管部细。花期4～6月。

为观赏花木。燕园仅见一株，在原实验西馆西南路边。

丁香的故事

我国栽培丁香早在宋代以前。有个民间故事，传说古代一人进京赶考，途中借宿民家，这家有个姑娘，二人两情相悦，私订终身。而女方家长反对二人成亲，姑娘气绝身亡。其坟上生出一株树，就是丁香。书生认为此树为姑娘的化身，就天天守望此树，不忍离开。一天来了个老人，问书生为什么不去赶考。书生回答说，他曾出一上联“冰冷酒，一点、二点、三点”，姑娘正要对出下联时，其家长来了，将两人拆散。老人听了后说，你的下联已出来了，就是：“丁香花，百头、千头、万头”。说罢老人不见了，书生便去赶考了。而此对联流传下来，后人闻之，都觉有趣。

红丁香

红丁香叶长椭圆形

实验东馆附近有红丁香，是后来引进的，但也有好些年了，生长状态一般。

特征◉

红丁香属于木樨科丁香属，拉丁名为 *Syringa villosa* Vahl.。落叶灌木，高 2～3 米，小枝粗壮，有瘤状突起和星状毛。叶宽椭圆形或长椭圆形，长 6～18 厘米，先端尖，基部楔形，全缘，上面暗绿色，下面有白粉，近中脉处有短柔毛。圆锥花序顶生，有短柔毛。花紫色或近白色，有短梗，管部长 1.2 厘米，裂片 4，开展，雄蕊 2，不伸出，心皮 2，合生，中轴胎座。蒴果长 1～1.5 厘米，先端钝或尖，光滑。花期 5～6 月，果期 8～9 月。

分布在东北、华北。北京有分布，多在海拔 1200 米及以上的山地生长。

巧识 ⊙

其叶多长椭圆形，下面近中脉处有短柔毛。小枝粗壮，有瘤状突起和星状毛。

用途 ⊙

可移种庭院作观赏花木。但本种为山地较高海拔处灌木，移入平原怎样适应环境，应深入研究。

暴马丁香

暴马丁香雄蕊远伸出

燕园早就有暴马丁香，最大的一株在原电话室的墙角，胸径有30厘米，高8米以上，年年白色的花开满树。只是由于生长的地方偏僻，没多少人注意。之前那里在建筑施工，不知该丁香无恙否？在静园草坪的西南部有后来栽的暴马丁香，也已年年开花；在水塔（博雅塔）的北侧附近，也有暴马丁香。

特征 ⊙

暴马丁香属于木樨科丁香属，拉丁名为 *Syringa reticulata*

(Blume) H. Hara subsp. *amurensis* (Rupr.) P.S. Green & M.C. Chang。落叶小乔木，叶片对生，卵形、宽卵形，长5～12厘米，先端渐尖，基部圆形或近心形，光滑无毛，下面叶脉纹明显。圆锥花序，长达15厘米，无毛。花白色，略有气味。萼钟形，4齿，宿存，花冠合瓣。管部短，4裂，雄蕊2，伸出花冠外，长为花冠管的2倍，心皮2，合生，子房2室，每室胚珠2。蒴果2裂，室背开裂，每室有2种子，种子有翅。

巧识 ⊙

首先它为小乔木，有一主干，不像白丁香灌木状丛生。开花时，先注意小白花中有2个向外伸出的雄蕊，伸出的长度约为花冠裂片长的2倍。

用途 ⊙

为园林绿化花木之一，其花白色，繁多，又为小乔木，绿化效果好。其木材坚硬，可用于制作农具或器具。

暴马丁香代菩提树

菩提树是桑科榕属树木，只产于印度，我国引种过来，也只能生长在广东、海南等热带地区，北方不能露天过冬。如在青藏高原，就不能露天生长，因此当地佛教寺院选择以能露天过冬的暴马丁香为代用树木，青海湟中县的塔尔寺内就有5株，当地僧侣称之为旃檀树，实为暴马丁香。当地僧侣相信这暴马丁香为佛的化身，因此受到很好的保护，至今生长很好。

另外，在甘肃省永登县连城镇，有座寺庙名叫“妙因寺”，为明代遗留下来的。寺内有两株树木，当地人称为菩提树，一株高10米，胸径50厘米；另一株高8米，胸径60厘米。经专家考察，这两棵树并非真正的菩提树，而是暴马丁香。

小叶女贞

小叶女贞叶顶钝圆

燕园有小叶女贞，但不是太多，以前在老生物楼西边有一大丛，生长很好，后来移走了，不知去向。其他地方有散生的，但不多。反倒是近十几年新栽的金叶女贞比较多，如博雅塔下一带就有。

特征

小叶女贞属于木樨科女贞属，拉丁名为 *Ligustrum quihoui* Carr.。半常绿灌木，丛生，高 2 米或稍过 2 米，枝条开展，幼枝有柔毛。叶对生，椭圆形或倒卵形，长 1.5 ～ 5 厘米，顶端钝，基部楔形，或狭楔形。无毛，边缘略外卷。叶柄短，有短柔毛。圆锥花序，长可达 21 厘米，较狭窄形。小花白色，有香气，无花梗。萼 4 齿，花冠合瓣，4 裂，筒部与裂片约等长，雄蕊 2，花药超出花冠裂片。

核果宽椭圆形，熟时黑色，浆果状，长 8 ～ 9 毫米，宽 5 毫米。花期 8 ～ 9 月，果期 10 月。

原产于我国华北、华中及西南地区，北京多栽培。

巧识 ⊙

丛生灌木，叶对生，小，顶端钝圆，基部楔形。圆锥花序较窄，花冠合瓣，雄蕊 2，果黑色。

用途 ⊙

庭院绿化花木之一。也可以作绿篱，花可提取芳香油。

金叶女贞新叶金黄色

博雅塔的北边、西边，栽了许多金叶女贞。所谓“金叶”，是指其嫩叶初出时呈黄色，但不是整株的叶都是黄色，其实大部分叶不呈黄色，有时全株叶都不呈黄色。别的地方如未名湖周边，也可见到此种女贞。从前校园没有这个种，是什么时候引进的，不太清楚。

特征

金叶女贞属于木樨科女贞属，拉丁名为 *Ligustrum* × *vicaryi* Rehder.。灌木，高 2 ～ 3 米，单叶对生，叶片卵圆形，质地较硬，无光泽，全缘，长 1 ～ 5 厘米，宽 0.8 ～ 3 厘米。先端短尖，基部楔形，无毛，新出叶黄色。圆锥花序顶生，花小，白色，花冠合瓣，裂片 4，雄蕊 2，雌蕊 1。果嫩时绿色，熟时蓝黑色。花期 6 ～ 7 月，果期 8 ～ 9 月。

广泛分布在南北各省，北京多有栽培。

巧识 ⊙

灌木，单叶对生，叶质地较厚，先端尖，全缘。花白色，果熟时蓝黑色。特别注意叶顶端尖，质地较厚。

用途 ⊙

为园林绿化灌木，幼叶黄色，花小，白色，很有特色。单栽或作绿篱。

问题：如何区分金叶女贞与小叶女贞?

小叶女贞的幼叶不是金黄色，叶片不及金叶女贞叶厚，叶先端不如金叶女贞叶尖。

女贞

女贞叶大常绿

燕园的西南门靠近海淀大街，进门往东宿舍楼的南墙沟中，栽有一排女贞，共8株，大约是五六年前或更早的时候栽下的。这女贞本是南方的花木，在北大校园里，由于有房舍的掩护，南边又有自行车棚子挡寒风，西边有围墙和高大的树木护卫，因此女贞生长正常，且年年开花，花白色而繁密，花后结实，累累如豆，而其叶经冬未凋

落，多么不易！我当时想，燕园恐怕就这一排女贞树了，但后来在未名湖西北、备斋南门口东侧又见到一株女贞，干径10厘米，高4米。

特征

女贞属于木樨科女贞属，拉丁名为*Ligustrum lucidum* Ait.。常绿小乔木或灌木，高可达10米，枝条光滑。叶对生，有短叶柄；卵形或卵状披针形，长7～18厘米，先端渐尖或急尖，多有尾尖，基部楔形并略下延，暗绿色。圆锥花序直立，长可达25厘米，有短花梗；萼钟形，4齿；花冠合瓣，裂片4，裂片与管部约等长；子房2室，每室2胚珠。核果呈浆果状，熟时黑色。花期7～8月，果期9～10月。

原产于长江以南广大地区，南方多栽培为庭院树或行道树，供观赏。北京公园有栽培，但以栽植在避风处为宜。

巧识

小乔木，叶较大，对生，叶无毛，光亮，较厚。圆锥花序，花小而多，白色，合瓣花，4裂。果嫩时绿色，熟时变黑色，浆果状核果。

用途

女贞抗污染能力强，对氟化氢、二氧化硫抗性强。可吸收氯气，1公斤干叶可吸氯6～10克。

问题：为什么叫女贞？

因其叶经冬不凋落，有如女子的贞洁，因此得名，古代妇女喜欢女贞树。

《琴操》记载：“鲁有处女，见女贞木而作歌。”

神奇的女贞

生命力顽强

湖南洞口县有一座著名的文昌塔，高 43 米，远望十分雄伟。塔顶上生有一株女贞树，高达 6 米，干径有 12 厘米。这株女贞全靠天然雨水为生，其根系穿透砖缝，须根裸露。然而它至今生长良好，令人惊叹！

女贞为什么能到塔顶上去呢？应该是果实被鸟叼食带上了塔顶。由此可见其顽强的生命力。

女贞可长成大木

福建省光泽县止乌镇杉关，有一处五树连根的奇景，五树为玉兰、光叶石楠、山油麻和 2 株女贞。以女贞为最大、最宽，两株都高达 20 米，大的一株胸径达 1.4 米，树龄千年以上，可能是我国最大的女贞了。

流苏树

流苏树花裂片狭如流苏

燕园有流苏树，栽植在校史馆南水沟的南岸，在塞万提斯塑像附近，有2株。这是一种灌木，由于花冠白色，4深裂几裂到了基部，裂片条状倒披针形，像细纸条一样，极为特殊，观赏价值高。特别是在离校本部较远的承泽园内，有一株流苏树，长成了乔木状，有15米高，主干有2分枝，胸径有20厘米，其年岁恐在80年以上。

特征 ◉

流苏树属于木樨科流苏树属，拉丁名为 *Chionanthus retusus* Lindl. et Paxt.。落叶灌木，高 5 ～ 6 米，枝开展。叶椭圆形、卵形或长圆形，长 4 ～ 10 厘米，先端尖或钝，少微凹，基部楔形至圆形，边缘全缘。叶片下面常有柔毛，后变为光滑，叶柄长 1 ～ 2.5 厘米，宽圆锥花序长达 10 厘米，生侧枝的顶端，花单性，雌雄异株。花萼裂片 4，披针形，花冠白色，4 深裂几达基部，裂片狭长，呈条状倒披针形，长达 2 厘米。雄花有 2 雄蕊，雌花柱短，柱头 2 裂，子房 2 室，每室 2 胚珠。核果椭圆形，暗蓝色，含 1 种子。花期 6 ～ 7 月，果期 9 ～ 10 月。

分布广，除东北外，其他地区都有。北京在房山上方山有分布，各公园有栽培。从燕园承泽园的那株老流苏树来看，其栽培历史悠久。

巧识 ◉

落叶灌木，可长成乔木状。单叶对生，叶片顶端圆钝或稍凹。花白色，花冠裂片长达 2 厘米，条状倒披针形。

用途 ◉

观赏价值极高的树木之一。流苏树的木材坚硬，纹理美观，宜制作家具或工艺品。嫩叶可代茶。

趣闻：流苏树可长成乔木

植物分类书上记此种树木为落叶灌木，想来是对大多数植株而言，实际上流苏树可长成大乔木，让人叹为观止。如山东省巷山县下村乡孔庄村有一株流苏树，高达 22 米，胸径达 1.8 米。据专家考证树龄可能已达千岁，堪称“流苏树王”。

从北大承泽园那株老流苏树来看，如保存得好，活上几百年不成问题。可见将木本植物分为乔木、灌木，人为性较大。当然，有些种类本是灌木，年岁再大，也长不成乔木。

迎春花枝向地弯

燕园有不少迎春花，比较多的地方是化学楼南侧东部的墙根，还有塞万提斯塑像西边的小山上。燕园其他许多地方都有，这里就不一一列举了。

春天刚来，北京3月中旬，别的植物还在“睡觉”时，迎春花首先开花，故有“迎春花”之名。

特征

迎春花属于木樨科素馨属或称茉莉属，拉丁名为 *Jasminum nudiflorum* Lindl.。落叶灌木，高 4 ～ 6 米，枝条细长，直立或弯曲，小枝四棱状，无毛，常为绿色。叶对生，羽状 3 小叶，小叶卵形或长椭圆状卵形，长 1 ～ 3 厘米，先端狭渐尖，基部宽楔形，全缘。叶柄长 5 ～ 10 毫米。花常单生，两性，花外有绿色小苞片。

先叶开花，萼裂片6，条形，绿色，裂片与管部约等长。花冠合瓣，黄色，常有6裂。雄蕊2，内藏。很少见到结果实。

原产在我国北部和中部地区，北京普遍栽培于公园。

巧识⊙

落叶灌木，枝条细长，常弯弓形垂向地面，四棱形，绿色。3小叶的羽状复叶，有叶柄。花冠合瓣，常6裂，黄色。雄蕊2，内藏。

用途⊙

公园多露地种植迎春花，景观效果很好。如果盆栽也很有意思，但要将其放在日照和通风良好的地方，任它生长。在盆土有点干时，放点骨粉、米糠水液等含磷质的肥料，则可促其开花，并能延长花期。

迎春花逸事

迎春花为早春最先开花的植物，花黄色，先叶开花，这些都使它成为人们喜爱的花木之一，因此栽培得多，并且从古至今受到文人们的青睐。唐代诗人白居易赞誉迎春花："幸与松筠相近栽，不随桃李一时开。杏园岂敢妨君去，未有花时且看来。"宋代诗人晏殊有诗句云："偏凌早春发，应诮众芳迟。"都称赞迎春最先点缀春色。宋代韩琦也有诗句云："迎得春来非自足，百花千卉共芬芳。"赞迎春并非自足于自己开花早，而是迎来春天后，百花都随之而开，共造芬芳的世界。

迎春花俗名"金腰带"，形容枝条上有黄花，如金色腰带一样。

这个名称有个故事，传说战国时，越国美女西施与其恋人范蠡春游太湖时，范蠡折一枝盛开的迎春花枝条，围在西施的腰间，西施高兴地叫道："这真像条金腰带啊！"从此迎春花便得了个"金腰带"的雅称。

马钱科

Loganiaceae

互叶醉鱼草

互叶醉鱼草叶下面白色

醉鱼草有很多种，都是叶对生的，然而互叶醉鱼草的叶都是互生的，因此单是这一点，就能帮助我们认识它。燕园里面我只在四院（静园东南角那个院）南墙外的绿篱内见到一株互叶醉鱼草。

特征

互叶醉鱼草属于马钱科醉鱼草属，拉丁名为 *Buddleja alternifolia* Maxim.。落叶灌木，高 2 ～ 3 米，枝条细长开展，呈弧形弯曲。单叶互生，披针形至狭披针形，长 4 ～ 8 厘米，全缘，先端短尖或圆钝，基部楔形，上面绿色，下面有密生的白茸毛，叶柄短。簇生状圆锥花序，呈矩圆形或球状，生老枝上，花序基本都有少数叶片，花有香气，花萼有 4 棱，密生灰白茸毛。花冠合瓣，紫

蓝色，小，筒部长约7毫米，宽仅1毫米，雄蕊4，无花丝，生花冠筒之中部，子房无毛。蒴果矩圆形，无毛，种子多数，有翅。花期5～6月。

分布在内蒙古、山西、陕西、宁夏、甘肃，北京有栽培。

巧识 ⊙

灌木，枝细长弯伸。叶窄，互生，下面密生白色茸毛。花紫蓝色，花冠合瓣，萼有灰白色茸毛。雄蕊4，生花冠筒中部。蒴果，种子有翅。

用途 ⊙

本为野生，近些年引入公园栽培，有观赏价值。其枝条细长，人工修剪一下可能更好。

龙胆科

Gentianaceae

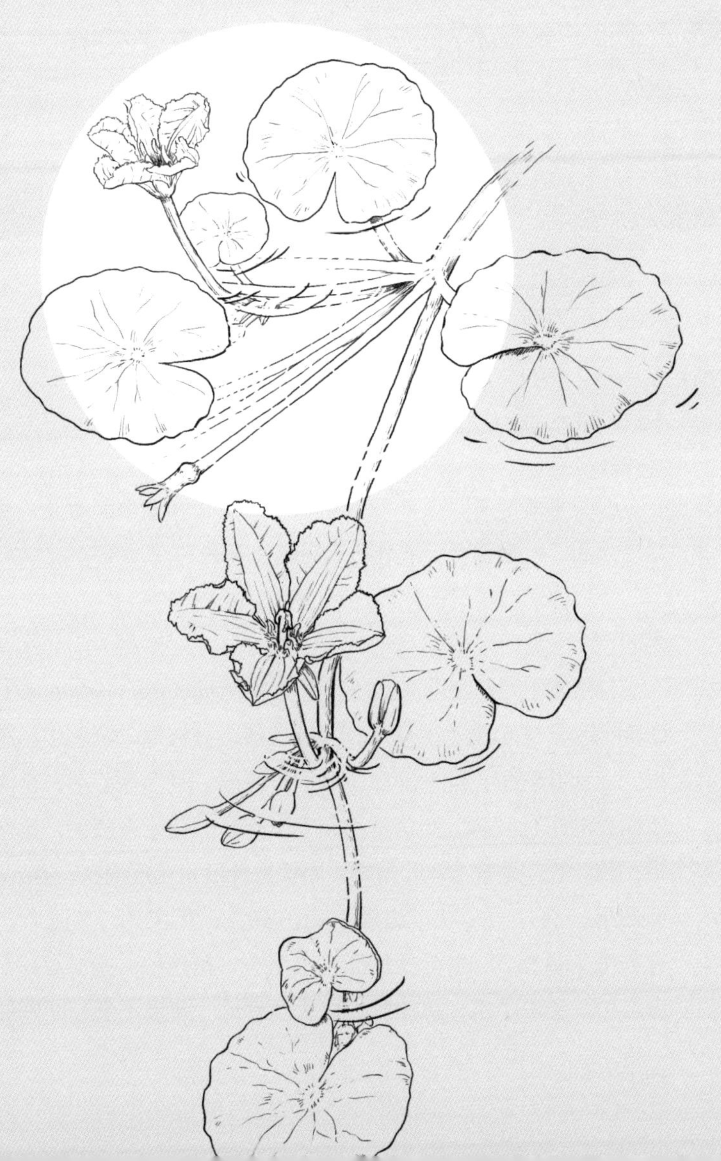

荇菜

荇菜浮水面

荇菜也叫莕菜，是一种水生草本植物，在未名湖西边，常成片浮于水面，叶呈圆形。花伸出水面以上开放。

特征

荇菜属于龙胆科荇菜属，拉丁名为 *Nymphoides peltatum*（Gmel.）O. kuntze。多年生水生草木，茎圆柱形，分枝多，沉水中，有不定根。上部叶对生，叶片漂浮于水面，圆形，基部深心形，全缘，有不明显的掌状叶脉。叶柄基部膨大，抱茎。花成束腋生，花梗圆柱形，较叶长。萼片 5，近分离，卵状披针形。花冠辐状，有 5 裂片，卵圆形，裂片啮合状，边缘有齿，黄色，花径 2 ～ 3 厘米，喉部有长毛。雄蕊 5，生花冠基部，花丝短，花药狭，蜜腺 5，生于子房之下。子房 1 室，花柱短，柱头两片形。蒴果不裂，卵圆形，扁压，无毛。种子多数，有翅。花、果期7～9月。

分布几遍全国各省，水生，北京多见于湖泊、静水中。

巧识⊙

首先是水生草木，叶浮于水面，圆形，基部深心形。花冠有5深裂片，黄色，裂片边缘有齿，喉部有长毛，花伸出水面以上开放。这不同于睡莲，后者叶片圆心形，但两裂片几靠近，裂片非圆形而较狭。开花时花浮于水面，不伸出水面以上，且花朵大，花瓣数目多，离生。

用途⊙

养于池塘，为一种水生花卉，供观赏。

全草入药，有清热利尿、发汗透疹的作用，治感冒发热无汗、麻疹不透、小便不利等。

夹竹桃科

Apocynaceae

罗布麻

罗布麻有乳汁

燕园本来在勺园一带有许多罗布麻，后来盖大楼，那片罗布麻就退出了历史舞台，不知去向了。后来偶然在现在的财务科大楼西头，见到一两株小小的罗布麻，周围杂草丛生，这些罗布麻只能奋力生存。特别是有一小株，下部埋在水泥地下，仅从一小孔中伸出了它细瘦的茎，上面竟然还抽出绿叶，开了粉红色的小花，多么不容易啊！

特征

罗布麻属于夹竹桃科罗布麻属，拉丁名为 *Apocynum venetum* L.。多年生草本，高可达 1 ～ 2 米，有乳汁。茎直立，分枝多。叶对生，长椭圆形、长圆披针形或卵状披针形，长达 5 厘米，宽达 15 毫米，先端钝尖，有短尖头，基部楔形或圆形，叶柄短，叶柄间有腺体。聚伞花序顶生，苞片披针形，长4毫米；萼5深裂，裂片披针形、卵状披针形，长2毫米；花冠钟状，5裂，筒部长6毫米，裂片较短，粉红色；雄蕊5，生花冠筒基部，与花冠附属物互生，花药箭头状；子房半下位，2心皮离生，胚珠多数。蓇葖果双生，下垂，长角状，长15～20厘米，径3～4毫米，种子有毛。花期6～7月，果期7～8月。

分布在东北、华北、西北和华东地区，北京有分布。

巧识 ⊙

首先为草本，无毛，叶对生，有乳汁，叶片长椭圆形，全缘。花小，粉红色。蓇葖果双生，长角状，长可达20厘米。种子有白毛。

用途 ⊙

罗布麻花粉红色，较美，可种植为观赏花卉，增加庭院景色。

其韧皮纤维发达，可供纺织用，又可作造纸原料。

嫩枝叶入药，有清热、平肝、熄风的作用。治高血压、头痛、失眠、神经衰弱和防治感冒。

萝藦科

Asclepiadaceae

杠柳

杠柳叶像柳叶

燕园有杠柳，有的地方杠柳繁殖得还相当多，如新电话室西北的山包上，杠柳与酸枣同生，到处都是“爬行”的杠柳。在燕园西北部一个水域岸上的树林中，杠柳也不少。

特征

杠柳属于萝藦科杠柳属，拉丁名为 *Periploca sepium* Bge.。落叶蔓性藤本，有乳汁，小枝黄褐色。叶对生，披针形至长圆披针形，长 6 ～ 11 厘米，宽 1.5 ～ 2.5 厘米，先端渐尖，基部楔形，全缘，有羽状脉，上面有光泽，叶柄长约 3 毫米。聚伞花序腋生，生花数朵，花序梗、花梗均细弱，花萼 5 裂，裂片卵圆形，长仅 3 毫米，端钝，里面基部有腺体 10 个；花冠紫红色，辐射状，径约 1.5 厘米，裂片 5，远长于萼裂片，中间加厚，反卷，里面有毛；副花冠杯状，10 裂，其中 5 个裂片延伸，呈丝状向里弯曲；雄蕊 5，花粉器匙形，四合花粉位于载粉器内，基部粘盘粘在柱头上；心皮 2，离生，花柱短，柱头盘状，顶端凸起，2 裂。蓇葖果 2，叉生，圆柱形，长 10 ～ 15 厘米，径 4 ～ 5 毫米。种子多数，长圆形，长 7 毫米，顶端有白毛。花期 5 ～ 6 月，果期 7 ～ 9 月。

分布在东北、华北、华东及陕西、甘肃、四川、贵州等省，北京山区有野生，平原也有。

巧识 ⊙

注意蔓性藤本，叶对生，有乳汁，叶长圆状披针形，上面有光泽，全缘。花中有 5 根弯曲的丝状物，为副花冠的部分。果双生，为较细的圆柱形，长达 15 厘米。

用途 ⊙

杠柳的根皮在北方地区被称为“北五加皮”或“香加皮”，有祛风湿、强筋骨的作用。

人工栽培杠柳，可收药材，又能美化绿化庭院，应搭轻型架子，不让它乱爬。

萝藦

萝藦叶中脉下端带紫色

萝藦是草质藤本。它没有卷须，然而靠着生命力强的茎藤，它会爬到绿篱上，欣欣向荣，有机会时也会爬上树去。在燕园，几乎到处都可见到萝藦，这应归功于它的种子轻而且有毛，可以靠风传布，飞出好远……

萝藦有个别名（俗名）叫“婆婆针线包”，指的就是其成熟果实，里面有许多带毛的小种子，似老婆婆常用的针线包，十分有趣。

特征

萝藦属于萝藦科萝藦属，拉丁名为 *Metaplexis japonica*（Thunb.）

Makino。多年生缠绕草本，有乳汁，有肥大块根，黄白色。单叶对生，叶片卵状心形，长 5 ～ 8 厘米，宽 4 ～ 7 厘米，先端短尖或稍渐尖，基部心形，全缘，上面绿色，下面色淡。叶柄长 3 ～ 6 厘米。总状聚伞花序，腋生或腋外生，花多朵，萼 5 深裂，裂片狭披针形，绿色，有缘毛；花冠钟状，白色，有淡红色斑纹，花冠裂片里面有毛，先端反卷；副花冠杯状，5 浅裂，呈兜状；雄蕊 5，合生成圆锥状，包在雌蕊周围，花药顶有白色膜片；花粉块黄色，相邻二药室的花粉块由花粉块柄和着粉腺相连，形成花粉器；子房上位，心皮 2，花柱合生，延伸至花药之外，柱头顶端 2 裂。蓇葖果双生，呈纺锤形，长 8 ～ 10 厘米，直径 2 ～ 3 厘米，外面有瘤状突起；种子扁平，卵形，长 4 ～ 5 毫米，边有狭翅，顶端有白毛。花期 6 ～ 8 月，果期 7 ～ 8 月。

分布在东北、华北、华东，及陕西、甘肃、河南、贵州、湖北。

巧识 ⊙

注意为藤本，叶对生，有乳汁。花冠钟状，有淡红紫色斑纹，裂片反卷，里面有毛。果实纺锤状，外面有瘤状突起。种子扁小，有白毛。

用途 ⊙

根、全草和果壳均入药，根有补气益精之功。果壳补虚助阳、止咳化痰，全草行气活血、消肿解毒，外用治疮疖肿毒、虫蛇咬伤，用鲜萝藦适量捣烂外敷患处即可。

萝藦生于野外，爬附在灌丛上，有观赏价值，不必清除。

地梢瓜

地梢瓜株小果大

燕园有地梢瓜，春天来时，你到民主楼西侧外的杂草地或路边，还有静园草坪一带去看看，准能遇见它。

本种有一变种，名叫雀瓢（*Cynanchum thesioides* var. *australe* (Maxim.) Tsiang），其茎为缠绕茎，分布同正种，燕园也有。

特征 ◉

地梢瓜属于萝藦科鹅绒藤属，拉丁名为 *Cynanchum thesioides* (Freyn.) K. Schum.。多年生直立草本，较矮小，高 15 ～ 25 厘米，茎细，从基部多分枝，有柔毛。叶对生，有乳汁，条形，长 3～5.5 厘米，端渐尖，基部楔形，叶柄长 1～2 毫米。伞形聚伞花序腋生，着花 3 ～ 8 朵。花萼 5 裂，裂片卵状披针形，绿色，外面有毛；花冠绿白色，5 裂，直径约 3 毫米；副花冠杯状，5 裂，裂片三角状披针形，高于合蕊冠；雄蕊 5，花丝结合，2 室，每室 1 花粉块。心皮 2，离生，胚珠多。蓇葖果纺锤形，先端渐尖，中部膨大，长 5 ～ 6 厘米，直径 1.5 ～ 2.5 厘米。种子暗褐色，卵形，长 7 ～ 8 毫米，顶端有白绢毛。花期 6 ～ 8 月，果期 8 ～ 10 月。

分布在东北、华北、华东及西北等省，北京山区、平原均有生长。多在荒地、田边、河岸边繁殖。

巧识 ⊙

矮小草本，高不过 25 厘米，有乳汁。叶对生，条形，长不过 6 厘米，宽不过 5 毫米。花白色，副花冠杯状。蓇葖果纺锤形，中间膨大，长 5 ～ 6 厘米，直径达 2.5 厘米。在野外观察，常可见地梢瓜的枝叶掩盖了果实，用手提起枝叶，发现贴地有大果实（俗称瓜，是因为还真像个小瓜），十分有趣。

用途 ⊙

全草和果实入药，有清热解火、消炎止痛的作用，外用也可治瘊子。

鹅绒藤

鹅绒藤叶三角状心形

临湖轩东边有一条南北向的小道，路东边的水池通向未名湖。我有一次偶然经过，在岸边见到一种草质藤本，样子有点像萝藦，但细看不是，因其叶略短宽，且上面呈淡灰绿色，不是萝藦叶那种鲜绿色。虽然无花无果，但我认出它应是鹅绒藤，这种植物在燕园比较少见。

特征 ◉

鹅绒藤属于萝藦科鹅绒藤属，拉丁名为 *Cynanchum chinense* R. Br.。多年生缠绕草本，全株有短柔毛。叶对生，有乳汁，宽三角状心形，长 4 ～ 9 厘米，宽 4 ～ 7 厘米，先端锐尖，基部心形，上面绿色，下面灰绿色，两面有短柔毛，边缘全缘，叶柄长 2 ～ 4 厘米。二歧聚伞花序腋生，花多朵，花萼 5 深裂，里面基部有腺体。花冠

5 裂，白色，裂片长圆披针形，二形，杯状，上部裂成 10 条丝状体，分内外两轮，外轮与花冠裂片等长，内轮稍短。雄蕊 5，花丝结合，花药上部与柱头贴生，顶端有向里的膜片，2 室，每室 1 花粉块，长卵形，相邻 2 雄蕊药室的花粉块以花粉块柄连于一个着粉腺上，形成花粉器。心皮 2，离生，胚珠多，柱头合生，基部膨大，顶端 2 裂。蓇葖果，双生或仅 1 个发育，呈角状圆柱形，长达 11 厘米，直径 5 毫米。种子长圆形，顶端有白色绢毛。花期 6～8 月，果期 8 ～ 10 月。

分布范围自辽宁达河北、河南、山东，西北达宁夏，华东达江苏、浙江二省。北京郊区、城区均可见，多生于山坡、田边、路边。

巧识 ⊙

叶对生，有乳汁，叶淡灰绿色，宽三角心形，不同于萝藦的叶。花白色，副花冠有 10 条丝状体。果成双或单一，角状圆柱形。

用途 ⊙

作为野生物种，增加了燕园植物的多样性。

全株入药，为一种祛风剂。

旋花科

Convolvulaceae

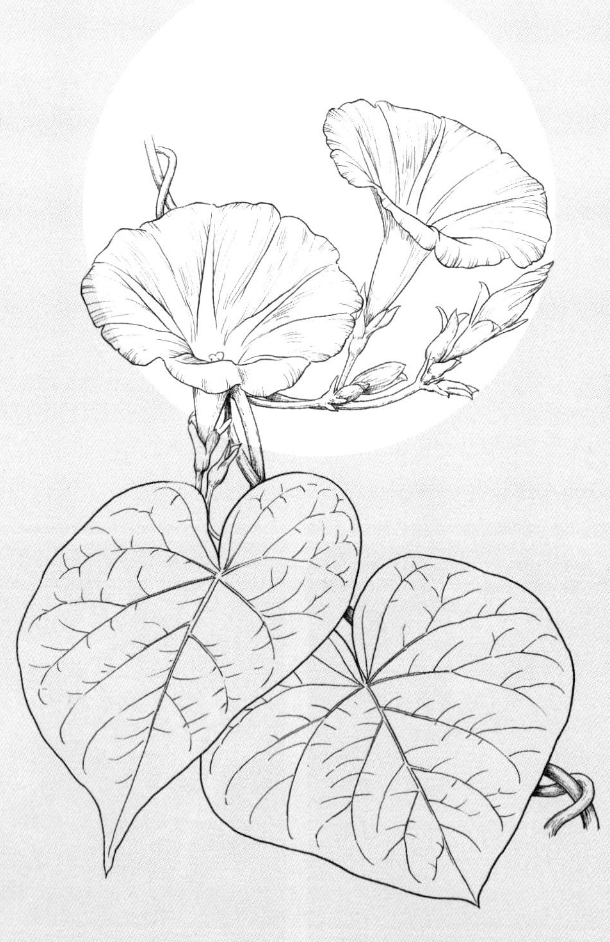

茑萝

茑萝的叶像梳子

在朗润园至镜春园的住户门外篱笆上有时可见到茑萝，总体上不太多。它的叶子裂片细，引人注目。

特征

茑萝属于旋花科茑萝属，拉丁名为 *Quamoclit pennata* (Desr.) Boj.。一年生草本，茎缠绕，无毛。叶互生，羽状深裂，几至中脉，裂片条形，有 14 ～ 15 对，基部有假托叶，叶柄长 0.8 ～ 4 厘米。聚伞花序腋生，总花柄长于叶。萼片 5，长 5 毫米，椭圆形。花冠 5 浅裂，裂片卵状三角形，管部呈高脚碟状，深红色。雄蕊 5，不等长，外伸。子房 4 室，4 胚珠，柱头头状，2 裂。蒴果卵圆形，长 7 ～ 8 毫米，4 瓣裂。种子卵状长圆形，黑褐色。花期 7 ～ 9 月，果期 8～10 月。

原产于热带美洲，我国广泛栽培，北京多见。

巧识 ⊙

特别看它的叶子为羽状，几全裂，裂片窄条形，极为特殊。再看花冠为高脚碟状，红色。

用途 ⊙

作为观赏植物，美丽动人。

圆叶牵牛

圆叶牵牛叶全缘

在燕园内一些居民住宅外的篱笆上，可见到圆叶牵牛，其最大的特点是叶圆心形，全缘，有长叶柄，花多紫红或粉红色。

特征 ⊙

圆叶牵牛属于旋花科番薯属，拉丁名为 *Ipomoea purpurea* (Linn.) Roth。一年生缠绕草本，被倒向短柔毛和开展的硬毛。叶互生，叶片圆心形，全缘。叶柄长 5 ～ 9 厘米，有倒向柔毛。花腋生，单生或由数花组成伞形聚伞花序，花序柄短于叶柄，长达 12 厘米。苞片条形，长 6 ～ 7 毫米，有长硬毛。萼片 5，长椭圆形，长 1 ～ 1.4 厘米。花冠漏斗状，直径 4 ～ 5 厘米，紫红或粉红色，筒部近白色。雄蕊 5，不等长，花丝基部有毛。雌蕊由 3 心皮组成，花柱长于雄蕊，子房无毛，3 室，每室 2 胚珠，柱头 3 裂。蒴果近球形，无毛，种子三棱状卵形，长约 5 毫米，有短毛。花期 6 ～ 8 月，果期 9 ～ 10 月。

原产于南美洲，我国南北广布。北京多栽培。

巧识 ⊙

首先它的叶片圆心形，全缘，萼裂片椭圆形，由此即可确定。

用途 ⊙

庭院常栽培，因其花冠喇叭形，色红美丽，为观赏花卉之一。

种子可入药，有泻下、利尿的效果。

牵牛花的逸事

艺术家爱牵牛花

梅兰芳最爱牵牛花，也自己种牵牛花。一次他早起练功，可能起得晚了一点儿，走到户外，见牵牛花花已开，就抱歉地对花说：“我起晚了。”

“牵牛子”的传说

古代一个给财主家放牛的少年，生病了，财主不给治，把他赶出门。少年的病是肚子大，小便难。他只好上山去，肚子饿了，见到许多小果子，就摘它的种子来吃。不久，拉大便如淌水，大肚子消退了，少年恢复了健康。他将此事告知父老乡亲，人们就叫这种种子为“牵牛子”。

裂叶牵牛

裂叶牵牛叶中裂片内凹

校园内有裂叶牵牛，在实验东、西馆之间以及未名湖北部山坡一带都能见到裂叶牵牛。其他各地也有，无一定的地点。

特征

裂叶牵牛属于旋花科番薯属，拉丁名为 *Ipomoea hederacea* (L.) Jacq.。一年生草本植物，有毛，茎长，缠绕性，有分枝。叶心卵形，常3裂，中裂片基部向内凹陷，深近中脉，有硬毛；叶脉掌状，叶柄长于花柄。花1～3朵，总花梗腋生，长可达5厘米，有长柔毛。苞片2，披针形。萼片5，披针形，先端向外反曲，3个较宽，2个较窄，基部密生白色或金黄色柔毛。花冠淡紫蓝色，漏斗状，筒部白色，雄蕊5，不等长，花丝下部稍宽，有毛。雌蕊较雄蕊长，子房 3 室，每室 2 胚珠。蒴果无毛，球形，种子三棱形。花期 6 ～ 9 月，果期 8 ～ 10 月。

原产于美洲。北京有野生。

巧识 ⊙

注意其叶片常 3 裂，中裂片基部向内深凹至近中脉。开花时注意花萼片披针形，先端向外反折，基部密被毛。

用途 ⊙

为一种观赏花草，种子入药，有利尿、消肿和驱虫的作用。

田旋花 2 苞片小

田旋花又称箭叶旋花，在燕园各处的路边、草地、房屋附近，你只要留心，总会看见它。它多缠绕在小草或小灌丛上，有时不缠绕外物，而是在草地上蔓延，总之生长自由得很。

特征 ◉

田旋花属于旋花科旋花属，拉丁名为 *Convolvulus arvensis* L.。多年生草本，无毛，有根状茎。茎平铺或缠绕，叶片卵状长圆形至披针形，先端钝或有小尖头，叶基多戟形，或箭形、心形，全缘或3裂，叶柄短于叶片。花生于叶腋，单生或2～3花，偶多花；苞片2，小条形，着生于远离萼片处；萼片5，不等长，有毛，2外萼片稍短，长椭圆形，内萼片近圆形；花冠漏斗状，粉红色或白色，

5浅裂；雄蕊5，花丝基部扩大，有小鳞状毛；子房上位，2室，每室2胚珠，柱头2，条形。蒴果卵状、球形或圆锥形。种子卵圆形，无毛，黑褐色。花期6～8月，果期7～9月。

分布在东北、华北、华东、西北、西南。北京平原极多见，生荒地、田边、路旁。

巧识⊙

注意其叶片戟形或箭形。开花时注意花梗上有两个小苞片，生在远离花朵的地方。

用途⊙

为野生杂草，但其花粉红色，漏斗状，多的时候地面一片花，也很好看，是不用人工培养的观花草本。

全草入药，活血调经、止痒、止痛、祛风，治神经性皮炎、风湿关节痛，可取根状茎用水煎服。

打碗花

打碗花 2 苞片大

打碗花在燕园也有，只是不如田旋花多。打碗花有时在路边能见到，在镜春园西部有些地方也可以见到，如房舍附近的杂草地里。准确地点很难说，因为今年见到在那里，明年一看又不见了。

特征

打碗花属于旋花科打碗花属，拉丁名为 *Calystegia hederacea* Wall.ex.Roxb.。一年生缠绕草本，或卧地上，无毛，从基部即分枝。叶三角卵形、戟形或箭形，侧裂片近三角形，中裂片长圆披针形，先端渐尖，叶基部微心形，全缘，无毛。花单生于叶腋，花柄比叶柄长，苞片 2，宽卵形，紧托花萼而生，淡绿白色。花冠漏斗状，粉红色或淡紫色。雄蕊 5，子房无毛，2 室，胚珠 4，花柱 1，柱头

2，长圆形，扁平。蒴果卵圆形，萼片宿存，种子黑褐色，表面有小瘤。花期 7 ～ 9 月，果期 8 ～ 10 月。

分布于全国各地。北京多，野生。

巧识 ⊙

注意其叶片较宽短，侧裂片有时带小裂片，形成掌状 5 裂。花梗上 2 小苞片，较宽大，且紧贴于萼片底下。这一点与田旋花最好区分。

用途 ⊙

虽然是野生的，但花好看，也可观赏。

根可入药，有健胃、消炎、通便之功效。花入药，有止痛的作用，外用可治牙痛。

紫草科

Boraginaceae

斑种草

斑种草茎叶有粗毛

斑种草与附地菜同属紫草科，同是小草，它们往往长在一起。在燕园，你去俄文楼西边草坪的西侧，在路边绿篱下，能看到很多附地菜，斑种草也不少。

特征

斑种草属于紫草科斑种草属，拉丁名为 *Bothriospermum chinense* Bge.。一年生草本，全株有较密的硬毛。茎高 20 ～ 40 厘米，下部分枝，斜上升或直立。叶片长圆形或倒披针形，基生叶和茎下部叶有叶柄，叶两面有短的粗糙毛，边缘皱波状。花序顶生，有苞片，苞片卵形或狭卵形，边缘有皱，花梗长 2 ～ 8 毫米；花萼裂片 5，狭披针形；花冠合瓣，淡蓝色，喉部有 5 个鳞片状附属物；雄蕊 5，内藏。子房 4 裂；花柱不外伸，柱头头状。小坚果 4，肾形，有网状皱纹褶，内面有横向的凹陷。花期 4 ～ 6 月，果期 6 ～ 8 月。

分布在辽宁、河北、山西、山东、河南、陕西、甘肃等省区，北京平原、山地均有，为杂草。

巧识 ⊙

本种好认，因其为小草，全株有硬毛。叶边多皱波状，两面多硬毛。花小，蓝色，喉部有 5 个附属物。4 个小坚果，内面有横向的凹陷，与附地菜明显不同。

用途 ⊙

本种别名细叠子草或蛤蟆草，全草入药，有解毒消肿、利湿止痒的功能，治痔疮、湿疹，多外用，煎水洗患处。

附地菜

附地菜有贴伏白毛

附地菜在燕园很普遍。它喜欢生在路边近绿篱下，借绿篱的掩护而生，这样不致遭到人的践踏。它也会进入较开阔的草地，但不成片。

特征

附地菜属于紫草科附地菜属，拉丁名为 *Trigonotis peduncularis* (Trev.) Benth. ex Baker et Moore。一年生草本，基部分枝，高 5 ～ 20 厘米，有贴伏的白毛。基生叶倒卵状椭圆形或呈匙形，全缘，长 0.5 ～ 3.5 厘米，宽 3 ～ 9 毫米，先端钝圆，基部渐狭且下延至叶柄，两面有细硬毛，茎下部叶与基生叶相似。茎上部叶椭圆披针形，先端钝尖，基部楔形，两面有细硬毛，无叶柄。花序顶生，长达 16 厘米，仅下部有 2 ～ 4 个苞片，有短伏细毛；花萼裂片椭圆状披针形，先端尖，有短毛；花冠合瓣，蓝色，裂片钝，喉部黄色，有5个鳞片状附属物；雄蕊5，内藏，子房4裂。4个小坚果，小坚果四面体形，有细毛，有短柄，棱尖锐。花期5～6月，果期7～8月。

分布在东北、华北及南方的江西、福建，云南、西藏、新疆也有。北京极多见，为杂草。

巧识 ⊙

茎瘦弱，基生叶小，叶片倒卵状椭圆形或匙形。花序细长，花小，稀疏，紫色。4小坚果。

用途 ⊙

全草入药，有温中健胃、消肿止痛的作用，又可止血，治胃痛、吐酸、吐血、跌打损伤。

马鞭草科

Verbenaceae

荆条掌状复叶对生

未名湖南岸石桥附近山上，有荆条生长，而且不少。在石桥东，一小路沿水流弯弯曲曲向南去，路边山坡下、山上都有荆条。岸边的荆条有一人多高，年年开花结实。蓝紫色的花，是合瓣的，像唇形，花小而多。那条路上有了荆条，犹如北京郊野的山地，颇有意思。

特征

荆条属于马鞭草科荆条属，拉丁名为 *Vitex negundo* L. var. *heterophylla* (Franch.) Rehd.。落叶灌木，小枝四棱形。掌状复叶对生，小叶椭圆状卵形，长 2 ～ 10 厘米，先端锐尖，边缘有切裂状锯齿或羽状裂，下面灰白色，有柔毛。圆锥花序疏展，长 12 ～ 20

厘米，花两性；萼5齿裂，宿存花冠合瓣，蓝紫色，二唇形，上唇2裂，下唇3裂；雄蕊4，2强；子房球形，2～4室，每室1～2胚珠。核果球形，中果皮肉质，内果皮骨质，种子无胚乳。花期6～8月，果期7～10月。

分布于东北、华北、西北、华中及西南。北京山区野生的极多，主要见于海拔千米以下的阳坡。

巧识 ◉

注意为灌木，叶对生，掌状复叶。花冠合瓣，二唇形。核果。

用途 ⊛

荆条为蜜源植物，北京山区养蜂人在荆条开花时放蜂收蜜，收益不小。

荆条枝条坚韧，可用来编筐，用处多。

荆条不怕干旱，不要求土壤深厚。在北京山地，千米下的阳坡（向南山坡）上生长良好。阳坡土层较薄，水分涵养较差，但荆条能适应，且生长尚好，故为山地绿化固土护坡的理想植物。

荆条在水分充足的地方生长茂盛，有的植株能长成小乔木状。荆条的原种为黄荆（*Vitex negundo* L.）。在重庆市梁平县蟠龙山有一株黄荆，高达15米，胸径超过70厘米，俨然一株大树，估算其年龄有500岁。黄荆的掌状复叶有5小叶，小叶边缘全缘或仅有少数锯齿。荆条的小叶边缘有缺刻状锯齿，浅裂至深裂，因此定为变种。

海州常山

海州常山气味大

燕园的海州常山较少，老生物楼南门西侧曾有一株，但长得不太好，已除去了。现生长良好的，应是老化学楼西北侧靠近楼房的一株，高约 2 米，直径约 8 厘米。

特征 ◉

海州常山属于马鞭草科大青属，拉丁名为 *Clerodendrum trichotomum* Thunb.。灌木或小乔木，高可达 10 米。枝髓白色，有横隔。叶对生，椭圆形或三角状卵形，长可达 16 厘米，宽可达 13 厘米，先端渐尖，基部宽楔形至截形；上面深绿色，下面淡绿色，幼时两面有白色柔毛；侧脉 3 ～ 5 对，全缘或有波状齿；叶柄长 2 ～ 8 厘米。伞房状聚伞花序顶生或腋生，苞片叶状椭圆形，早落；花萼初绿色，后变紫红色，基部合生，5 深裂，裂片三角状披针形或卵形，顶端尖；花有强烈的气味，花冠合瓣，白色或带粉红色，5裂，裂片长椭圆形；雄蕊 4，花丝、花柱均伸出花冠外；子房 4 室，4 胚珠，柱头 2 裂。核果近球形，包于增大的萼内，熟时蓝紫色。花、果期 6 ～ 11 月。

分布范围自辽宁、华北至中南、西南部，陕西、甘肃也有。北京有引种栽培。

巧识 ⊙

灌木，叶较大，对生，有气味；伞房状聚伞花序，花萼紫红色，花冠白色，雄蕊 4，花丝、花柱伸出花冠之外较长；浆果状核果，外果皮熟时蓝紫色。

用途 ⊙

引种入公园作观赏花木是适宜的，因其花、果均有特点。不足之处是花的气味不太好闻。

唇形科

Labiatae

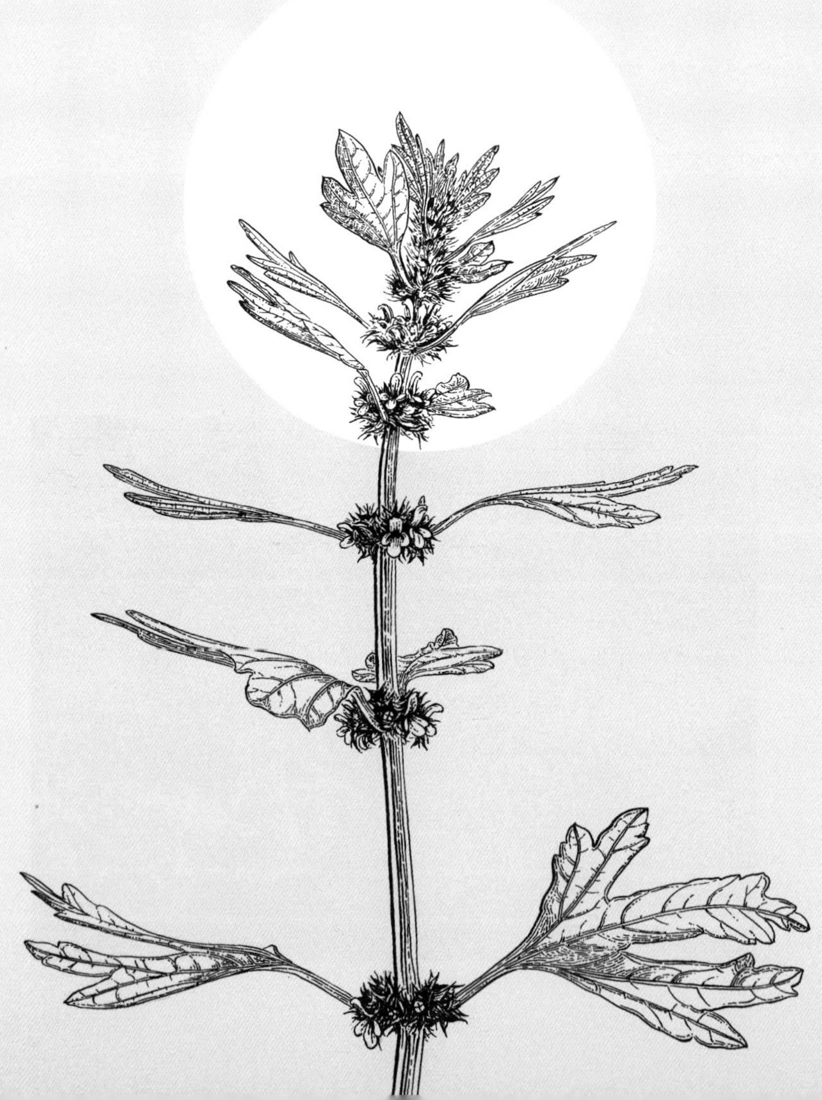

一串红

一串红花序通红

每年国庆将到时，电教大楼西门的小花坛中，会有一片一串红，开着红通通的花，让人觉得喜气洋洋。一串红原产于巴西，传到我国已很久了。它的花序在茎中上部，花朵、花梗全为红色。将其集中栽植，红光耀眼，观赏效果极佳。

特征◉

一串红属于唇形科鼠尾草属，拉丁名为 *Salvia splendens* Ker-Gawl.。一年生草本，高可近 1 米。茎四棱。叶对生，叶片卵圆形或三角状卵圆形，先端渐尖，基部楔形或圆形，边缘有锯齿，叶柄长 3～4.5 厘米。轮伞花序有 2～6 朵花，再组成总状花序，顶生；苞片卵圆形，红色，先端尾状尖；花柄长 4～7 毫米，密生红色腺毛，花序有柔毛；萼钟形，红色，外有腺毛；花冠红色，二唇形，上唇直伸，长圆形，下唇短于上唇，3 裂，中裂片半圆形，侧裂片长卵圆形，比中裂片长，能育雄蕊 2，稍外伸，上下臂近等长，上臂药室发育，下臂药室不育，退化雄蕊短小；花柱先端不等 2 裂。4 小坚果，椭圆形，暗褐色，有狭翅，光滑。花期 8 ～ 9 月，果期 9 ～ 10 月。

一串红在原产地巴西是一种靠蜂鸟传粉的植物。我国有引种，北京各公园多有栽培。

巧识 ⊙

注意其为草本；叶对生，花序顶生，全为鲜艳红色；花冠唇形，能育雄蕊 2，杠杆形；4 小坚果。

用途 ⊙

优秀的公园美化花卉，观赏价值高。

雪见草

雪见草叶皱缩

在北大图书馆东边马路两侧的草地上，我于八九年前见过幼苗期的雪见草，后来又见到它开花结实。近年似乎更少见了。印象很深的是它的叶片上面有皱缩，我最初还以为它是白菜幼苗。这叶面皱缩的特点使它得了个“癞团草”的名字。

特征

雪见草属于唇形科鼠尾草属，拉丁名为 *Salvia plebeia* R. Br.。二年生草本，主根较粗，茎可达 90 厘米，有向下的灰色柔毛。叶片椭圆状卵圆形，先端钝或尖，基部圆形或楔形，边缘有钝齿，下面有腺点。轮伞花序有 6 朵花，再组成总状或圆锥花序，顶生；苞片披针形；花萼二唇形，上唇全缘，有 3 小尖头，下唇深裂为 2 齿，

外有腺点；花冠淡紫色，少白色，二唇形，上唇长圆形，下唇3裂，中裂片最大，倒心形，侧裂片近半圆形，能育雄蕊2，生于下唇基部；花柱与花冠同长，先端不等二裂。小坚果倒卵圆形。花期4～5月，果期6～7月。

分布几遍全国。北京多见，生田野草地。

巧识 ⊙

注意叶片的下面有金黄色腺点，叶片上面有皱缩；花冠二唇形，能育雄蕊2枚，生花冠下唇基部，伸展于上唇之内；花萼外也有黄色腺点。

用途 ⊙

全草入药，有清热解毒、利尿消肿、凉血止血之功效，治扁桃体炎、支气管炎、肺结核、咳血、便血，外用治痈肿、痤疮肿痛。

夏至草

夏至草萼齿顶有刺尖

为什么叫“夏至草”？此草在夏天刚到时盛开，夏至时就衰败了，因此叫夏至草。夏天刚到，北大校园俄文楼西边草地上已有夏至草，西边马路旁的绿篱下夏至草成了群。别的地方也有。这种草比较普遍。

特征 ◉

夏至草属于唇形科夏至草属，拉丁名为 *Lagopsis supina* (Steph.) Ik.-Gal. ex Knorr.。多年生草本，茎高 15 ～ 35 厘米，密生细毛，有分枝。叶片对生，半圆形、圆形至倒卵形，掌状 3 浅裂或掌状 3 深裂，裂片有疏生圆齿，两面有细毛。轮伞花序，花小；萼管状钟形，外生细毛，有 5 脉，裂片近整齐，三角形，先端有刺尖；花冠

白色，稍外伸，外有长柔毛，呈二唇形，上唇长圆形，全缘，下唇3裂，中裂片圆形，侧裂片椭圆形；雄蕊4，前对较长，内藏；花柱端2浅裂，等长于雄蕊；花盘平顶形。4小坚果，小坚果长卵状三棱形，褐色。花期3～5月，果期5～6月。

分布在东北、华北、华中、西北和西南等省区。北京较多见，为杂草。

巧识⊙

注意为小草本，茎四棱；叶对生，叶片小，掌状3浅裂至3深裂；花白色，花冠二唇形，萼5齿，齿端有浅蓝色刺状尖；4小坚果。

用途⊙

全草入药，有养血调经的作用，治贫血性头痛、半身不遂、月经不调。

益母草

益母草紫红小花叶腋生

在未名湖南岸山坡脚下一带有益母草生长，其茎上叶腋几乎都有小花聚生，茎四棱形，叶对生，茎中部叶多3全裂。校园内多是散生个体。

特征

益母草属于唇形科益母草属，拉丁名为 *Leonurus japonicus* Houtt.。二年生草本，茎直立，高可达1米，茎四棱，有分枝，有倒向短柔毛。基生叶羽状裂，裂片较宽；茎中部叶3全裂，裂片长圆菱形，又羽状分裂，裂片宽条形，叶裂片全缘或有疏齿。轮伞花序叶腋生，有8～15朵花；苞片针刺状，有伏毛；花萼管状钟形，外密生伏毛，5齿呈刺状，前2齿较长，靠合；花冠合瓣，粉红或淡紫红色，长 1 ～ 1.5 厘米，二唇形，上唇长圆形，直伸，外有白柔毛，里面无毛，下唇 3 裂，中裂片较大，倒心形；雄蕊 4，花丝中部有白色长柔毛；花柱先端等二裂。小坚果长圆状三棱形，淡褐色，光滑。花期 7 ～ 9 月，果期 9 ～ 10 月。

分布于全国。北京山区、平原均多见。

巧识⊙

益母草基生叶与夏至草基生叶有时易混淆，实际前者羽状裂，较大，裂片较宽，后者掌状裂，较小；前者被毛少，后者被毛多。开花时益母草花淡紫红色，夏至草花白色；益母草 7 ～ 9 月开花，夏至草 3 ～ 5 月开花。

益母草茎中部叶 3 全裂，茎上部叶少裂或为条形不裂，株高可达 1 米。

益母草的传说

益母草全草入药，为著名的调经活血药，特别是女性产后，服之有止血作用。传说从前有一青年与其母相依为命，过着穷日子，可母亲多年来有产后瘀血痛症。儿子去中药店买药，药店郎中开了药，索银子一两。儿子拿药让母亲服用，病果然好了不少。儿子再去买药时，药店涨价了。儿子没法，只好暂不买，等药店老板去采这种药时，便老远跟在后面，看见老板采的是田野的一种野草。这儿子聪明，待人走后，他也去采这种草，回来让母亲吃几次，病全好了。儿子高兴，想到此草治好了母亲的病，就叫此草为“益母草”，意思是对母亲有好处的草。此名流传了下来。

茄科

Solanaceae

龙葵

龙葵花药顶孔裂

龙葵这种较矮的草本植物，在燕园内多见。如果你去博雅塔西、实验东馆和实验西馆那一带路边草地上找，准能看见龙葵，静园草坪上也有。它只是一般不成片生长。

特征 ◎

龙葵属于茄科茄属，拉丁名为 *Solanum nigrum* L.。一年生草本，茎直立，高 1 ～ 1.5 米，近无毛。叶片卵形，长 2.5 ～ 11 厘米，宽 1.5 ～ 5.5 厘米，全缘或有波状粗齿，两面无毛或稍有毛，叶柄长 1 ～ 2 厘米。蝎尾状花序生于叶腋外方，花 3 ～ 10 朵，总柄长 1 ～ 2.5 厘米，花柄短；花萼杯状，直径约 2 毫米；花冠白色，辐状，5 深裂，裂片卵圆形；雄蕊 5，花药黄色，侧面靠近，围绕花柱，顶孔裂；子房上位，卵形，2 室。中轴胎座，胚珠多数。浆果球形，径约 8 毫米，熟时黑色，种子多数，近卵形，两侧压扁。花期 7 ～ 9 月，果期 8 ～ 10 月。

欧亚美洲均有，分布于全国各地，北京常见。

巧识 ⊙

注意其为一年生草本，叶片卵形，边缘有不规则波状齿；花小，合瓣，白色，辐状，5 深裂；花药黄色，顶孔开裂；浆果熟时黑色。

用途 ⊙

龙葵能不能当野菜吃？有的书认为可以吃，但《中国有毒植物》一书认为龙葵有毒，因此以不吃为上策。

全草入药，为解热利尿、消炎镇痛药。

酸浆

酸浆花萼像红灯笼

校园靠近树林的道边有时能见到酸浆，酸浆又称锦灯笼、红姑娘或挂金灯，因为它在果熟时红色的萼膨大，包着红色浆果，样子像个小灯笼。

特征

酸浆属于茄科酸浆属，拉丁名为 *Physalis alkekengi* L.。多年生草本，根状茎横生，茎高 30 ～ 60 厘米，节部略膨大。叶互生，为长卵形、宽卵形或菱状卵形，长 4 ～ 10 厘米，宽 2 ～ 7 厘米，先端渐尖，基部楔形，稍偏斜。花单生于叶腋，花萼钟状，5 裂，有短毛；花冠辐状，白色，径约 2 厘米；雄蕊 5，生于花冠基部，花药纵裂；子房 2 室，胚珠多数。浆果球形，种子多数，扁平，肾形。

巧识 ⊙

注意其成熟浆果红色，外包以膨大的橘红色花萼，地下有横生的根状茎。

用途 ⊙

其成熟果实可食。

带花萼的果实入药，有清热利咽、化痰利尿之功效，治急性扁桃体炎、咽痛、肺热、咳嗽和小便不利。

包括根在内，全草入药。

枸杞

枸杞有硬刺，果红色

燕园内几乎到处都有枸杞。你到未名湖边走一走，特别是南岸山坡一带，留意一下就能见到枸杞。它不拘地点，山坡边、山脊上、大树根边、路边、草地附近到处生长；它也不成群，而是单株或一两株在一起。夏天可见它紫色的小花朵，小巧可爱，秋冬可见宝石般的小红果生在枝头，一个个呈小卵形，煞是好看。

特征

枸杞属于茄科枸杞属，拉丁名为 *Lycium chinense* Mill.。落叶小灌木，枝条不直，有硬刺。叶互生或簇生于短枝上，叶片卵形、卵状披针形或卵状菱形，全缘，叶柄短，长 3 ～ 10 毫米，无毛。花 1 ～ 4 朵簇生于叶腋；花萼钟状，4 ～ 5 齿裂或 3 裂；花冠漏斗状，淡紫色，5 裂，裂片卵形，有缘毛；雄蕊 5，花丝下部有茸毛，生花冠筒上，花药纵裂；子房 2 室，花柱丝状，柱头 2 浅裂。浆果卵形或长圆形，熟时鲜红色。种子扁肾形，黄色。花期 5 ～ 6 月，果期 8 ～ 11 月。

分布于南北各省区。北京多野生。

巧识 ⊙

灌木，枝条有硬刺，弯曲斜生长或俯垂。叶大小不一，多卵形，无毛。花淡紫色，5 裂，花药纵裂。浆果小，卵形，红色。

用途 ⊙

枸杞的果实为著名中药，有滋补肝肾、益精明目的作用。枸杞的根皮入药，称“地骨皮”，有清热退烧、凉血、降血压的作用。

枸杞的传说

枸杞作为滋补肝肾的药，自古即有名，因此在民间被视为长寿之药。传说曾有人外出，在路上看见一个年轻姑娘拿棍子在打一个老头。他觉得奇怪就上前制止，并问原因。那个姑娘说，他是我孙子，由于不听话，不肯吃枸杞，以致年纪轻轻就已衰老了。那人问姑娘你多少岁了？得知姑娘已 140 岁了，老头才 30 多岁，才知道吃枸杞能长寿。这个传说显然是虚拟的，主要说明枸杞的药效，也算是有趣的传闻。

玄参科

Scrophulariaceae

毛泡桐

毛泡桐叶片大，毛多

新电话室东边的马路边上有一株毛泡桐，年年发叶开花。那叶片真大，像大蒲扇一样。

特征 ◉

毛泡桐属于玄参科泡桐属，拉丁名为 *Paulownia tomentosa* (Thunb.) Steud.。落叶乔木，高可达 20 米。树皮灰褐色，小枝幼时有黏质腺毛。叶对生，大形，宽卵状心形，长 20 ～ 40 厘米，先端急尖，基部心形，全缘，或有波状浅齿，下面有密毛，老叶下面有呈树枝状、有柄的毛；叶柄长达 15 厘米，有黏质腺毛。圆锥花序宽大，长达 40 厘米，小聚伞花序生花 3 ～ 5 朵，花两性；萼浅钟形，长 1.5 厘米，外有茸毛，5 深裂；花冠紫色，二唇形，上唇 2 裂，下唇 3 裂，直径约 4.5 厘米；花冠筒漏斗状钟形，长 5 ～ 7.5 厘米，离基部不远处呈弯曲形，向上突膨大，外有腺毛；雄蕊 4，2 强，不外伸，花丝在近基部处扭转，药叉分；花柱上端微弯，子房 2 室，外有腺毛。蒴果卵圆形，被黏质腺毛，长 3 ～ 4.5 厘米，宿萼不反卷，果皮厚达 1 毫米，室背开裂，种子小而多，有翅，连翅长 2.5 ～ 4 毫米。花期 4 ～ 5 月，果期 8 ～ 9 月。

分布在河北、河南，西部有野生。北京有栽培。

巧识 ⊙

注意其叶片大，下面密生毛，毛有较长的柄和分枝；果实卵圆形；萼裂深达一半，以致萼齿长于管部。

用途 ⊙

本种为速生造林树种，其材质优良，轻而韧，有很强的防潮隔热性能，耐酸耐腐，可制胶合板。

叶和花可喂猪、羊，亦可入药，有消炎、止咳的功效。

地黄

地黄花冠筒外紫红，内黄色

地黄这种野生小草在燕园很常见，但要说具体地点，有时还说不太清，但我亲自见到并且确定过的地点是临湖轩西南侧绿篱下边，借助绿篱的掩护，它们生长得不错。别的地方也有，如民主楼东北边停车场北侧的杂草地中，地黄不少。

特征 ⊙

地黄属于玄参科地黄属，拉丁名为 *Rehmannia glutinosa* (Gaetn.) Libosch. ex Fisch. et Mey.。多年生草本，全株有灰白色或褐色长毛和腺毛，有肉质的根状茎，黄色茎单一或从基部有分枝，高 10 ～ 30 厘米，紫红色，茎上不生叶。叶基生，倒卵形或长椭圆形，长 2 ～ 10 厘米，宽 1 ～ 3 厘米，尖端钝，基部渐狭成叶柄，边缘有不整齐锯齿，上面有皱纹，绿色，下面淡紫色，有白色长柔毛和腺毛。总状花序顶生，密生腺毛，花梗长 1 ～ 3 厘米，苞片叶状，花萼钟状，5 裂，裂片三角形，长 3 ～ 5 毫米；花冠筒状略弯，长 3 ～ 4 厘米，外面紫红色，里面黄色有紫斑，下部渐狭窄，顶端二唇形，上唇 2 裂，反折，下唇 3 裂，裂片直伸；雄蕊 4，生花冠筒近基部，2 强，花丝略弯曲；子房卵形，2 室，中轴胎座，后期为 1 室，侧膜胎座；花柱细长，柱头 2 裂，裂片扇形。蒴果卵球形，长 1.6 厘米，先端有喙，室背开裂，种子多数，卵形，黑褐色，表面有蜂窝状膜质网眼。花期 4 ～ 6 月，果期 6 ～ 9 月。

分布在东北、华北，向南至江苏、安徽等省，陕西、甘肃也有，北京较多见，栽培、野生均有。

巧识

多年生矮草本，叶片倒卵形，也有椭圆形的，上面有皱，有较多白色长柔毛和腺毛。花冠筒状，二唇形，外面紫红色，里面黄色有紫斑。蒴果后期为侧膜胎座，种子多。

用途

其根状茎为著名中药材，因加工方式不同，分为鲜地黄、熟地黄和生地黄三种：鲜地黄清热、生津；熟地黄滋阴补肾，补血调经；生地黄清热、生津，凉血、止血。

地黄的花有蜜腺，以前农村小孩吃不到糖，把地黄花放到口中吸蜜汁，如糖一样甜。

过去传统上用地黄的根状茎混入饲料中喂马，可使马的毛特别光鲜。

地黄名字的故事

传说唐代黄河中下游曾发生疫病，伤人多，县太爷到药王庙求神，有个人送他一株药草，说此草名叫“地皇”，是皇天赐的良药，并说附近一山沟此药不少。县太爷忙叫人去挖了不少，救了老百姓的命。老百姓将此药种在自家院子里，因为此药色黄，人们就叫“地皇”为“地黄”，并一直流传下来了。

通泉草

通泉草花冠唇形，淡紫色

在西门内办公楼东侧近楼草地上，春夏之季曾见到有通泉草，只是不太多。它是一年生草，能不能坚持生存下去，要看此后夏天能否再见到了。

特征 ◎

通泉草属于玄参科通泉草属，拉丁名为 *Mazus japonicus* (Thunb.) O. Kuntze。一年生草本，高仅 5 ～ 15 厘米，无毛或有疏短毛，茎直立或斜生，下部有分枝。基生叶少数，有时莲座状，倒卵状匙形或卵状倒披针形，长 2 ～ 6 厘米，顶部无齿或有疏齿，基部楔形，并下延成有翅的叶柄，茎叶对生或互生，形似基生叶。总状花序顶生或生于分枝之顶，具花 3 ～ 20 朵，疏生；花萼钟状，裂片 5，卵形，端急尖；花冠淡紫色或蓝色，长 1 厘米，二唇形，筒部短，上唇直立，2 裂，下唇较大，3 裂，有褶襞 2 条；雄蕊 4，2 强，药室极叉开；子房无毛，柱头呈片状。蒴果球形，无毛，种子多数，小，黄色。花期 4 ～ 5 月，果期 6 ～ 7 月。

分布在南北各省区，西北除外，北京偶见。

巧识 ⊙

小草本，高不过 15 厘米。叶片倒卵状匙形，长 2 ～ 6 厘米。花冠淡紫色或蓝色，二唇形，雄蕊 4，2 强。果为球形蒴果，种子多，黄色。

用途 ⊙

全草入药，有清热、解毒、调经的功效，治消化不良、偏头疼、痔疮。

紫葳科

Bignoniaceae

厚萼凌霄

厚萼凌霄萼真厚

在燕南园东北角出口内，有一株厚萼凌霄，生长尚好。老生物楼西北侧也有一株。在中关园小广场东南角，一株厚萼凌霄缠在一株丁香树上，它十分霸道，几乎覆盖了丁香树树冠，开了好多红色的花，欣欣向荣。不过丁香就可怜了，不能很好地生长，因为厚萼凌霄的茎缠在丁香的茎枝上，非常紧，解也解不开。

特征 ◉

厚萼凌霄又称美国凌霄，属于紫葳科凌霄属，拉丁名为 *Campsis radicans* (L.) Seem。落叶木质藤本，借气根依附他物而生。奇数羽状复叶，对生，小叶 9～11，卵形，先端有短尾尖，基部宽楔形或截形，边缘有疏锯齿，长 1.5～6.5 厘米，宽 1.6～4.2 厘米，上面有疏短毛，下面有白茸毛，脉上尤密，呈白色。顶生圆锥花序，花萼钟形，红色，浅裂，裂片卵状三角形；花冠漏斗状钟形，橙红色，5裂，裂片几乎等长；雄蕊4，2强，花柱柱头白色，短于花冠；子房2裂。蒴果狭长，2瓣裂。种子多数，压扁，有2翅。

巧识 ⊙

厚萼凌霄为木质藤本。注意羽状复叶的小叶顶端有短尾尖，下面脉上有白色密毛；花橙红色，花冠漏斗钟形，雄蕊4，2强，不外露；果实为蒴果，狭长。尤其注意花萼红色，很厚。

用途 ⊙

为园林观赏植物，花红色，美观。但应注意勿让它缠在别的花木上。

问题1：我国自产一种凌霄花，与厚萼凌霄有何不同？

我国产的凌霄花，拉丁名为 *Campsis grandiflora* (Thunb.) Schum.，不同于厚萼凌霄的地方在于：我国的凌霄花的小叶（也就是羽状复叶）两面无毛，花萼较薄，而厚萼凌霄的小叶下面，沿叶脉有密生白色茸毛，花萼明显较厚。

问题2：我国产的凌霄花也可缠树而上，有著名的例子吗？

在山东青岛崂山，太清宫三皇殿院内，有一棵老圆柏，称汉柏，树龄2000多年，树高22米，胸径1.19米。在它离地 3.5 米的树干缝隙处，生有一株凌霄花，直径达 10 厘米。这株凌霄花的茎，依靠柏树向上生长，一直到柏树树顶。它年年开出艳红的花，如空中花园一样，蔚为壮观，游人无不驻足观看，赞赏不已。

问题 3：你知道有赞美凌霄花的诗么？

宋代杨绘的《凌霄花》诗云："直饶枝干凌霄去，犹有根源与地平。不道花依他树发，强攀红日斗妍明。"这是一首赞美凌霄花的诗，说凌霄花虽然攀附他木之上，但还是扎根土中，因此才能凌空而斗红日。

问题 4：凌霄花的历史你知道吗？

凌霄花早在先秦即有记载，当时称凌霄花为"苕"。在《诗经·小雅》中有"苕之华，芸其黄矣"之句，其中的"苕"即凌霄。

问题 5：凌霄花能不能不依附他物而生？

当今所见凌霄花似乎都是攀附他物而生的，但古代有特殊例子。如宋代陆游在《老学庵笔记》中记载了凌霄花的变异情况："凌霄花未有不依木尚能生者，唯西京富郑公园中一株，挺然独立，高四丈，围三尺余，花大如杯，旁无所附。"如果记述属实，那么凌霄花攀附的习性就不是绝对的了。

梓树的果实像棍子

临湖轩东侧水池的东岸不远是实验西馆，其南门前有两株老梓树，还是20世纪五六十年代留下的，现在树的干径有40厘米以上，高约8米，叶子很大，生长尚可。

特征◉

梓树属于紫葳科梓属，拉丁名为*Catalpa ovata* G. Don。落叶乔木，叶对生，有时3叶轮生，叶片宽卵形或近圆形，先端常3浅裂，基部微心形，侧脉5～6对，基部掌状，5～7脉，全缘，叶柄长15～18厘米。圆锥花序顶生，长达25厘米；花萼5瓣；花冠合瓣，黄白色，二唇形，内有黄色丝斑和紫斑，长2厘米；能育雄蕊2，退化雄蕊3；子房卵形，2室；花柱端2裂。蒴果长圆柱形，长达30厘米，熟时2瓣裂，种子椭圆形，两端有白色长毛。花期6～7月，果期7～9月。

分布于长江流域多省，北至华北，北京有栽培。

巧识⊙

注意看叶片，比较宽大为重要印象，宽卵形或近圆形，先端多有3浅裂；花黄白色，二唇形，内有蓝色斑纹和紫斑；蒴果长圆柱形，可长达30厘米。

叶先端3浅裂，叶片宽，不同于楸树叶，因为楸的叶较窄，先端尾尖；也不同于黄金树，黄金树叶全缘，宽卵形，基部心形。

用途

庭院绿化树木，有观赏价值，也可作为行道树。

梓树有抗二氧化硫和氨气的功能，宜于工矿区种植。

梓树种子入药，为利尿剂。

古人怎么看梓树？

《诗经·小雅》云："维桑与梓，必恭敬止。"说明古代桑与梓同等受重视。《汉武故事》说："上曰，我昨晚梦子夫中庭，生梓树数株。"说明古人爱梓树，以至于梦中见到了梓树。

《群芳谱》有云："造屋有此木，则群材皆不震，处之有之，木莫良于梓，故书以梓材名篇，礼以梓人名匠。"梓木可作琴瑟，如《诗经·鄘风》云："椅桐梓漆，爰伐琴瑟。"用梓木做柜藏书，虫不蛀书。

《群芳谱》云："梓以白皮者入药，治热毒，去三虫……及一切温病。"

《博物志》云："桐梓二树花叶饲猪，能肥大，且易养。"

楸树

楸树开花紫云一片

在老生物楼东北的三岔路中心地带，有两株保存下来的楸树。两树相距不足一米，大小差不多，一北一南，高约12米，胸径40厘米，开花时紫云一片，很好看。

在国际关系学院东院内，有三株楸树，一株的胸径近50厘米，高12米，另一株胸径40厘米，高约12米，还有一株较小。

在校景亭之西方池子的东岸上，有一楸树，高约10米，胸径25～30厘米。

在乒乓球场馆的西B门外，有一楸树，胸径有60厘米，高约15米，可能是燕园中最大的一株。此外燕南园西南角一条小路通向商业区，路东侧的高围墙外，有一楸树，较小，高4～5米，胸径仅16厘米。

特征◉

楸树属于紫葳科梓属，拉丁名为 *Catalpa bungei* C. A. Mey.。落叶乔木，高可达 15 米。叶对生，叶片三角状卵形，先端渐尖，基部宽楔形或截形，叶片基部有时有 1 ～ 4 对齿或裂片，有时全缘，两面无毛，叶柄长 2 ～ 8 厘米。伞房状总状花序，花萼有 2 尖裂；花冠合瓣，钟形，有 5 裂片，呈二唇形，边缘波状，白色或淡紫色，有紫斑；可育雄蕊 2，内藏；花柱长于雄蕊，顶端 2 裂，子房 3 室。蒴果长条形，长 25 ～ 50 厘米。种子狭长椭圆形，两端有长毛。花期 5 ～ 7 月，果期 6 ～ 9 月。

分布于东北、华北、华东、华中、华南、西南，西北的陕西、甘肃也有。北京多有栽培。

巧识◉

注意其叶片三角卵形，先端渐尖，基部有裂片。最好撕开叶片闻一闻，立刻会闻到一股不好闻的气味。从上述叶片特征可与梓树、黄金树分开。

楸树盛花时，远看树冠上如淡紫的云彩，很好看，而梓树和黄金树花黄白色或白色。

用途

为庭院、公园绿化和美化重要树木之一。

楸树木材好，为建筑、家具良材，又可用来制作乐器。

楸树叶和花均可食。

问题 1：北京最古老的楸树在何处?

在北京三里河清真寺内，有一株古楸高 12 米，胸径超过 1 米，树龄 400 多年，为北京最古老的楸树。

问题 2：我国最古老的楸树在何处?

甘肃宁县湘乐乡小坳子村，有一株唐代留下的老楸树，树高 20 米，胸径 2 米多，树龄 1300 多年，堪称“中国楸树王”。

问题 3：古人怎么看楸树?

宋代诗人梅尧臣有诗赞美楸树：“楸英独妩媚，淡紫相参差。”这是欣赏楸花之美。

宋代《东京梦华录》一书载：“立秋日，满街卖楸叶，妇女儿童辈，皆剪成花样戴之。”这是一种风俗，说明古人喜欢楸叶。

宋代苏东坡《梦中绝句》描写楸：“楸树高花欲插天，暖风迟日共茫然，落英满地君方见，惆怅春光又一年。”

黄金树

黄金树叶大不裂

我最初在燕园见到黄金树是在南门内西侧21楼南墙边上，从东到西有一排，记不清多少株了，那时是20世纪60年代，距今有50多年了。如今还剩5株，以最东头的1株最为高大，其高有20米，胸径达50厘米或过之，俨然大树了，其他4株要矮小一些，但也不小。

一次，我在静园西侧，见草地上有两株较大的树木，上前一看，是两株黄金树，栽植的时间不会太久。树高约8米，干径有25厘米左右，生长良好。别的地方，我未见黄金树，可能比较少吧。

特征

黄金树属于紫葳科梓属，拉丁名为 *Catalpa speciosa* Ward.。落叶乔木。单叶，叶片宽卵形、卵状长圆形，对生，长 15 ～ 30 厘米，宽 11 ～ 20 厘米，先端渐尖，基部心形至截形，全缘，上面几无毛，下面密生弯曲柔毛；基生脉 3 条，叶柄长达 15 厘米。圆锥花序顶生，长 15 厘米，花萼 2 裂，花冠钟形，二唇形，内有两条黄色条纹、紫褐色条纹和斑点，能育雄蕊 2，子房 2 裂。蒴果长圆形，长可达 40 厘米。种子长圆形，两端有白色长毛。花期 6 ～ 8 月，果期 7 ～ 9 月。

原产于美国中部地区，我国引种栽培。北京有栽培。

巧识 ⊙

注意黄金树的叶片为宽卵形及卵状长圆形，多全缘，基部心形或楔形，而楸树和梓树不同，后二者叶有裂。又黄金树的花白色，而楸树花淡紫红色，梓树的花黄白色。

用途 ⊙

庭院、公园绿化树种，树可长到 30 米高，十分雄伟。

黄金树与楸树、梓树为紫葳科梓属的不同种，黄金树原产自美国，说明我国植物与美国植物有亲缘关系。

黄金树木材有多种用处。

车前科

Plantaginaceae

平车前

平车前有直根

燕园的平车前不少，到草地上去看看，就能见到它们散生各处，路边也有，是不怕踩、不怕干旱的一种草。

特征

平车前属于车前科车前属，拉丁名为 *Plantago depressa* Willd.。一年生小草，有主根直下。叶基生，长卵状披针形，长 4 ～ 14 厘米，宽 1 ～ 1.5 厘米，常无毛或稍有毛，纵脉 3 ～ 7 条，叶柄长 1 ～ 11 厘米，基部有较宽叶鞘。穗状花序，直立，长 2 ～ 18 厘米；苞片三角卵形，边缘紫色；花萼 4 裂，裂片长圆形或椭圆形，背部有龙骨状突起，边缘膜质；花冠裂片 4，裂片卵形或三角形，有时顶端有浅齿；雄蕊 4，花丝细长，花药 2 室，纵裂；子房上位 2 室，每室有多胚珠。蒴果膜质，成熟时在中下部盖裂。种子多数，长圆形，棕黑色，光滑。花期 6 ～ 9 月，果期 7 ～ 9 月。

分布几遍全国，北京较多见，路边、田野到处可见。

巧识 ⊙

本种叶较小，又叫小车前。叶脉多为 5，少 7。注意：拔起看，必有直根钻入土中，如全为须根则非本种。

用途 ⊙

嫩叶可作蔬食，可炒，可做汤，也可作馅。种子入药，有利尿、清热、止泻、明目的功效。开花时花较多，为蜜源植物。

近缘种：车前只有须根

车前（*Plantago asiatica* L.）与上种不同处为：车前无直根，只有须根；叶卵形，有 5 ～ 7 脉，两面均无毛；种子只有 5 ～ 6 粒。分布同上种，此草多见，燕园也有。种子和全草入药，功效同上种。

车前草名字的故事

传说汉代武将马武带兵南征，被敌围于一无人烟之地。时为夏日，天热水少，人马均疲乏，且尿血，军医认为要用清热利尿的药治。一天，马武的一个马夫发现有 3 匹马吃了马车前地上的草就不尿血了，他自己也照着吃那种草，也好了，于是告知马武，马武命令全军采此草，煎水服之，尿血全好了。马武向车夫问那草长在何处，马夫用手一指说：“就在那大车前面。”马武说：“好个车前草助我也。”从那时起这种草就被称为“车前草”，为利尿、解毒的良药。

茜草科

Rubiaceae

茜草

茜草茎上有倒刺

燕园几乎到处都能看到茜草，未名湖边，朗润园、镜春园以及临湖轩西部一带，都是茜草分布的地方。

特征

茜草属于茜草科茜草属，拉丁名为 *Rubia cordifolia* L。多年生攀缘草本，根黄红色，茎四棱，蔓生，分枝多，茎的棱上、叶柄上、叶边缘和叶下面中脉都生有较密的倒刺。4 叶轮生，长卵形，卵状披针形，大小变化多，长 2 ～ 4 厘米，宽 1 ～ 1.5 厘米，先端锐尖，基部心形，有纵叶脉 5 条，弧状，叶柄长 1.5 ～ 2.5 厘米。

聚伞花序圆锥状，顶生和腋生；花小，有短梗；萼筒与子房愈合，萼齿不显；花冠淡黄白色，辐状，5裂，裂片啮合状；雄蕊5，生花冠管上，花丝短；子房下位，无毛，2室，每室1胚珠。果实肉质，呈双头形，常1室发育，熟时呈红色。花、果期6～9月。

分布在南北各省区，为杂草。北京极常见，燕园常见。

巧识⊙

注意其茎四棱，攀缘性，茎棱上、叶柄、叶下面中脉及叶缘都有倒刺，用手触摸感觉非常明显。如有花则呈黄白色，小辐状。如有果，则为肉质，双头形，熟时为红色，小。

用途⊙

茜草的根可用于制作红色染料。

根又可入药，有活血通经、化瘀生新的功效，主治衄血、吐血、便血、尿血、风湿关节痛。外用治跌打损伤、疖肿、神经性皮炎等。

茜草治病的故事

传说汉武帝时，乌孙国王昆莫送良马千匹和珍宝给武帝，要求武帝以一女儿回礼嫁给他。武帝派人选了刘细君送之，刘品貌如仙、才艺超群，能歌善舞，会吟诗作赋。她奉命嫁到乌孙国，被封为第一夫人，但昆莫年老体衰，让刘细君失望，得了经水不通之病。当地医生治而无效，刘细君自己查询带去的医书，发现茜草有通经行血之效，就用茜草根煎水服之，不一日即通，令当地医生叹服不已。

忍冬科

Caprifoliaceae

猬实

猬实果外有刚毛

在静园东北角的竹丛旁边，有两株猬实，一株生长较好，高 3 米以上，另一株可能紧挨竹丛的关系，生长得差一些，也矮一些。

特征

猬实属于忍冬科猬实属，拉丁名为 *Kolkwitzia amabilis* Graebn.。落叶灌木，高达 3 米，老枝皮成片条状剥落。叶对生，叶片卵状长圆形或椭圆形，长 3 ～ 8 厘米，宽 2 ～ 3.5 厘米，边缘近全缘或有疏生浅齿，上面有短柔毛，下面脉上有柔毛。伞房状圆锥聚伞花序，每聚伞花序有 2 花，2 花萼筒下部合生，萼筒外有直长柔毛，子房上部收缩，萼裂片 5，钻状披针形，长 3 ～ 4 毫米，有短柔毛；花冠钟状，粉红色至紫色，长 1.5 ～ 2.5 厘米，微有毛，裂片 5，2

片稍宽短；雄蕊 4，2 长 2 短，内藏；子房椭圆状，顶端狭窄，呈长喙状，有刚毛，3 室，仅 1 室发育有 1 胚。果为两个合生，有时 1 个不育，外生刺毛状刚毛，花柄和宿存的花萼均有硬毛。花期 6 月，果期 7 ～ 10 月。

为我国特有单种属，北京各公园有栽培。

巧识 ⦿

开花结实时，可见果外密生硬刚毛，此为标准特征；如未开花，可见叶对生，叶下面脉上密生短柔毛可识。花的特点是合瓣花，粉红至紫色；又其茎枝成片状剥落。

用途 ⊕

为公园、庭院美化的花木之一，较有特色。燕园还可多栽培些猬实。

欧洲荚蒾

欧洲荚蒾花药黄白色

欧洲荚蒾为灌木，最好看的是它的花序，花序像个圆盘，中央为小的能育的花，两性，四周绕一圈的是不育花，花瓣白色，极有观赏价值。

特征

欧洲荚蒾属于忍冬科荚蒾属，拉丁名为 *Viburnum opulus* L.。落叶灌木，高可达 3 米。枝条暗灰色，有条裂，冬芽为 2 鳞片所包，叶卵形或稍宽，常 3 裂，叶基脉掌状，裂片有不规则的锯齿，上部叶较窄，托叶 2，顶端有 2 ～ 4 腺体。由聚伞花序组成复伞形花序，边缘有不孕花，白色，萼筒有5齿；花冠乳白色，长仅3毫米；雄蕊5，花药黄白色，长于花冠。核果近球形，熟时红色；果核扁圆形。花期5～6月，果期8～9月。

巧识⊙

为高灌木，可达3米。叶对生，注意叶片常为3裂。花序呈平顶圆形，边缘有显眼的不孕花，白色。雄蕊的花药黄白色，绝不为紫色。

用途⊙

为园林花木之一，花序形态好看。果可食，也可入药，种子可榨油制肥皂或作润滑油。

近缘种：鸡树条荚蒾花药紫色

在北京东灵山、百花山海拔1200米以上有一种灌木，名叫鸡树条荚蒾（*Viburnum sargentii*），与上种极为相似，仅一处不同，即鸡树条荚蒾的花药是紫色的，而欧洲荚蒾的花药是黄白色或白色，不为紫色。

六道木

六道木茎有六道沟

北大的静园南部西侧靠近绿篱的地方，有一株六道木，是一种只有两三米高的灌木。为什么叫“六道木”？是由于它的老茎上可看出有六条纵行的浅沟，因而称为六道木。此种在园中极少。

六道木的花2朵并生，燕园这株六道木在枝顶的花中，有3朵并生现象，可视作变异。如果有4～6花，则为另种：伞状六道木，拉丁名为 *Abelia umbellata* (Graebn. et Buchw.) Rehd.。此种分布在陕西、湖北和云南。

特征 ◉

六道木属于忍冬科六道木属，拉丁名为 *Abelia biflora* Turcz.。落叶灌木，高 2 ～ 3 米，嫩枝上可见密生的较长的白色刚毛，毛倒向而生。叶片对生，矩圆形或矩圆披针形，长 2 ～ 6 厘米，先端尖或渐尖，基部渐狭，全缘或有疏浅裂，两面脉上有毛，边缘有短缘毛；叶柄基部膨大，相对之叶柄合生，有刚毛。花 2 朵并生，白色、淡黄或带红色，几无总花梗；花萼有疏短刚毛，裂片 4，倒卵状矩圆形，长约 1 厘米，绿色；花冠钟状，呈高脚碟形，外生柔毛杂生倒刚毛，筒长 7 毫米，裂片 4；雄蕊 4，2 长 2 短，不外露，子房 3 室，仅 1 室发育。瘦果弯曲，长约 8 毫米，萼裂片 4，宿存。花期 5 ～ 6 月。

分布于辽宁至华北地区。

巧识 ◉

注意为灌木，老茎有纵行 6 条浅沟。叶对生，两叶叶柄基部均膨大，合生。幼枝有白色倒生的刚毛。花 2 朵并生，萼裂片 4，花冠裂片 4，果弯曲形。

用途 ◉

可引种作庭院观赏花木。老干有 6 条纵沟，为观赏点之一。

木材坚实，可作拐杖用。

六道木古逸闻

据说《杨家将》里的降龙木就是六道木。

锦带花

锦带花枝条像花带

燕园的草地不时可见到锦带花，如静园草坪、逸夫苑东侧草地。

在学校银行东侧的草地中，还栽有“红王子”锦带花，特点是花为鲜红色，无杂色，十分美艳，算是锦带花的一变异型。

特征

锦带花属于忍冬科锦带花属，拉丁名为 *Weigela florida* (Bunge) A. DC.。落叶灌木，当年枝绿色，有柔毛，小枝紫红色，略有

棱。冬芽芽鳞边缘有睫毛。叶对生，椭圆形、卵状长圆形或倒卵形，长 2 ～ 5.5 厘米，宽 1.5 ～ 3 厘米，先端渐尖，稀钝圆，基部楔形，边缘有浅锯齿，两面有短柔毛。伞形花序，花 1 ～ 4 朵生于短侧枝之顶；花萼长 1 ～ 2 厘米，裂片 5，外有疏毛；花冠漏斗钟形，外面粉红色或紫红色，里面灰白色，长 3.5 ～ 4 厘米，裂片 5，宽卵形；雄蕊 5，生花冠内中部，稍露出花冠，柱头扁平，2 裂，子房下位，2 室。蒴果长 1.5 ～ 2 厘米，顶端有短柄状喙，疏生柔毛，室间开裂成 2 瓣，种子多数。花期 6 ～ 8 月，果期 9 ～ 10 月。

分布于东北、华北各省。北京山区有野生，公园有栽培。

巧识 ⊙

注意为灌木，叶对生，有短叶柄，椭圆形，两面有短柔毛，在长枝上下的短枝上都生花，花 1 ～ 4 朵，伞形花序，花萼 5 裂，花冠合瓣，漏斗状钟形，裂片 5。蒴果，室间开裂，2 唇形。在众特征中特别注意在长枝的上下短枝上都有花，因此剪一长枝即似得一锦带，上下有红紫色，故称锦带花。

用途 ⊙

种植在公园、庭院作观赏花卉。

海仙花萼裂达基部

在静园草坪、蔡元培塑像前以及南阁西边草地上，都可以看到海仙花。在东校门内南侧逸夫二楼东南边的草坪上，也可见到三丛生长良好的海仙花。海仙花给人的印象是花朵比锦带花大，且花多白色带粉红色，叶片也比锦带花的叶大得多。

特征 ◉

海仙花属于忍冬科锦带花属，拉丁名为 *Weigela coraeensis* Thunb.。落叶灌木，叶对生，叶片宽椭圆形或宽卵形，长 7 ～ 17 厘米，宽 3 ～ 9 厘米，先端渐尖，基部圆形或宽楔形，边缘有密粗钝齿，有时齿圆，下面脉上有毛。聚伞花序顶生、腋生；或单朵，花萼裂片 5，长 1 厘米，裂至基部；花冠白色或带粉紫色，筒部漏斗状钟形，裂片 5，卵形，大小相似，约等大；雄蕊 5，子房下位，花柱柱头圆形，白色。蒴果圆柱形，室间 2 裂，种子多个。花期 5 ～ 7 月，果期 8 ～ 10 月。

分布于南北多省，北京有引种栽培。

巧识 ⊙

叶对生，叶片较大，长可达 17 厘米，宽达 9 厘米。花朵似锦带花，但不如后者艳丽，多白色。

用途 ⊙

庭院栽植作观赏花卉，有观赏价值。

白果毛核木

白果毛核木果白色

在光华管理学院（旧院）东门外马路东北侧的草地上，有一丛迎春花，迎春花的北侧，就在石头边，有一丛白果毛核木。它不到1米高，在未结实时，细枝直立，一旦结实，由于果穗的重量，枝条会弯垂。好多枝条都有果穗，因此都下垂，而果实白色成为一特殊景象。燕园内我只见到这一丛。

特征

白果毛核木属于忍冬科毛核木属，拉丁名为 *Symphoricarpos albus* Blake。落叶小灌木，小枝直立，结实时，由于果重而使枝弯垂。叶对生，卵形至椭圆形，长2～5.2厘米，宽1～3.4厘米，先端钝或稍尖，基部宽楔形或圆形，边缘全缘，偶有疏波状小浅裂片，或呈羽状浅裂，两面无毛。穗状花序，花几无梗，从枝顶或枝上部叶腋生出，花可多达 16 ～ 20 朵；花序长 3 ～ 7 厘米，花冠钟状，4 ～ 5 裂，粉红色，长约 8 毫米；雄蕊 4 ～ 5，不伸出花冠外，花柱细长，柱头头状。果实为浆果状核果，果核有细毛，核果白色，小，有棱。花期 4 月，果期 10 ～ 11 月。

原产于北美洲，我国有引种。

巧识 ⊙

直立小灌木，叶对生，卵形，全缘，偶有浅裂片或成羽状浅裂。花粉红色，花冠钟状，浆果状核果白色。果穗有果可多达 20 个，果球形，略呈三至四棱状，小，长 0.8 ～ 1.3 厘米，核有细毛。

用途 ⊙

作园林观赏花木很好。花粉红色，美丽玲珑，因花组成穗状花序顶生，生于顶部叶腋，十分显眼。果穗白色，使枝弯垂，果穗又似小葡萄串，有观赏价值。

近缘种：毛核木

毛核木属有许多种原产自北美，仅一种产自我国，名叫毛核木，拉丁名为 *Symphoricarpos sinensis* Rehd.。

忍冬就是金银花

燕园的金银木相当多，而金银花较少，我偶然在逸夫二楼东南侧马路南边的草地上见到两丛金银花，枝叶成团，高不过 1 米，花丛直径也约 1 米。两丛相近，由于无人工搭架，因此成团缠绕而生，十分有趣。

特征

忍冬属于忍冬科忍冬属，拉丁名为 *Lonicera japonica* Thunb.。落叶攀缘灌木，枝条上有密生的毛和腺毛。叶对生，宽披针形或卵状椭圆形，长 3 ～ 8 厘米，宽 2 ～ 5 厘米，两面有毛。花成对生于叶腋，总梗短，苞片叶状，边缘有纤毛，萼筒无毛，5 裂。花冠二唇形，长 3 ～ 4 厘米，初时白色带紫色，后变黄色，有香气，外有柔毛和腺毛，上唇 4 裂，裂片直立，下唇不裂，反卷；雄蕊 5 个，与花柱均稍伸出花冠口，子房下位，柱头头状。浆果球形，黑色。花期 6 ～ 8（9）月，果期 8 ～ 9（10）月。

分布于辽宁、陕西、湖南、云南和贵州。北京多有栽培。

巧识

攀缘灌木。注意其幼枝密生柔毛和腺毛；叶对生，手感粗糙；花成对生于叶腋，先白色后变黄色；浆果球形，黑色。

用途

首先它是著名中药，以花蕾入药时，称“金银花”或“双花”；以带叶枝条入药时，称“忍冬藤”。有清热解毒的作用，主治上呼吸道感染、流行性感冒、细菌性痢疾等。

可种植在公园、庭院作观赏之用。

问题：我国何地出产的忍冬最有名？

山东省平邑县栽培的金银花占全国的 40%，已有几百年历史，多栽植在田间小路两侧，不占耕地，这里素有金银花之乡的美誉。

金银花逸事

著名作家张恨水抗战时居重庆郊区。一天出门，见一居民区有一丛金银花，他十分欣赏，曾想仿此在自家种一株，询问匠人，由于索价过高，只好作罢。为此他在散文集《山窗小品》中，收入了《金银花》一文，文中描写金银花开花时的姿态活灵活现……

金银木

金银木很多

近三十年来，燕园的金银木很多，几乎到处都能见到，但 20 世纪五六十年代在燕园似未见过金银木。金银木在此生长好，我在未名湖边行走时，特别留意了一下南岸区域，灌丛上如有小红果子，珍珠似的，两个果子在一处，而叶子又对生，那准是金银木。我见到一株大的，那是在北阁西边的草地上，草地上少有灌木，空荡荡的，但中间夹有一丛金银木，它的主根生出四根茎，大小差不多，茎高有 3～4 米，俨然乔木的样子，与众不同，很特殊。在俄文楼西南侧，可见到多丛较老的金银木。在实验西馆的西侧，有两株较老的金银木。在原化学楼西侧有多丛金银木。

特征◎

金银木属于忍冬科忍冬属，又称金银忍冬，拉丁名为 *Lonicera maackii* (Rupr.) Maxim.。落叶灌木，小枝中空。叶对生，卵状椭圆形或卵状披针形，长 5 ～ 13 厘米，宽 4 ～ 7.5 厘米，先端渐尖，基部宽楔形，两面脉上有毛。叶柄长约 1 厘米。总花柄腋生，短于叶柄，有腺毛，生 2 花，相邻两花是分离的，萼 5 齿裂，花冠合瓣，5 裂，二唇形，初开白色，后变黄色，长达 2 厘米，花冠管部短于唇瓣约 2/3 至 3/4；雄蕊 5，短于花冠，花柱细长，短于花冠，柱头头状，子房 2 室。浆果初绿色，熟时红色。花期 5 ～ 6 月，果期 8 ～ 10 月。

分布于东北、华北、华中、中南及西南各省区。北京多有栽培。

巧识◎

注意是灌木。叶对生，花 2 朵腋生，相邻花不连合，总花柄短于叶柄。花冠合瓣，5 裂，其中 4 裂片呈舌状，另 1 裂片狭长。浆果红色。

用途◎

园林观赏灌木。普遍栽培，生命力强。

种子油供制肥皂用。

郁香忍冬

郁香忍冬叶暗绿色

我在燕园只看到过一株郁香忍冬，不知是哪年来到燕园的，反正时间并不太久。那天我走俄文楼北边那条路往西去时，看见大雪松下有一株奇花，还在开放。我跨过绿篱近前一看，叶子对生，长圆形，颇大，上面暗绿色，叶较厚又无毛，还有点光泽。一查得知是郁香忍冬，是燕园的“稀客”！后来发现燕南园里面东侧路西边的园中有两株，博雅塔西南侧有一株，北阁西侧的水沟边有几株矮的。

特征 ◉

郁香忍冬属于忍冬科忍冬属，拉丁名为 *Lonicera fragrantissima* Lindl. et Paxt.。半常绿灌木，高约 2 米。叶对生，叶片无毛，边缘和中脉稍有毛，质地较硬，近革质，宽卵圆形或长圆形，长 5～8.5

厘米，宽 3 ～ 5.5 厘米，边缘全缘，上面略有光泽，暗绿色，下面色淡，叶柄短。花白色，有浓香，长约 1.5 厘米，成对腋生，有短总梗，无毛；花冠二唇形，外面无毛。果实熟时红色，2 子房连合几至顶部。花期 4 ～ 5 月。

分布于河北南部、河南西南部、湖北西部、安徽南部和浙江东部以及江西北部。北京有栽培。

巧识 ⊙

灌木。注意叶较硬，近革质，全缘，上面暗绿色，椭圆形或卵状椭圆形，叶柄短，花白色，果红色。

用途 ⊙

因花香为一大特点，宜作为公园和庭院花木。其叶暗绿色，有特色。

新疆忍冬

新疆忍冬两果离生

燕园木本植物中，有难得一见的新疆忍冬。几年前，我在第一教学楼西侧不远处老电话室东南侧的绿篱内，见到一株新疆忍冬，后又在老哲学楼东南侧的马路边见到一株，这一株长得更强壮些。后来老电话室那边施工，可能那株新疆忍冬已挪走了，不知去向。

特征 ⊙

新疆忍冬属于忍冬科忍冬属，拉丁名为 *Lonicera tatarica* L.。落叶灌木，高可达 3 米，小枝中空。叶对生，卵形、卵状椭圆形或卵状矩圆形，长 2 ～ 5 厘米，宽 1.8 ～ 3.2 厘米，先端尖、渐尖或钝形。双花的总花梗长 1 ～ 2 厘米，两花的萼筒不连生，萼檐有三角状小齿；花冠合瓣，白色或粉红带白色，长 1.5 ～ 2 厘米，唇形，上唇 4 裂，中间 2 裂片裂得较浅；花冠筒部短于唇瓣，基部有浅囊；雄蕊 5，内藏，有柔毛；柱头头状。浆果熟时红色，径 5 ～ 6 毫米。

分布在新疆北部，北京有引种。

巧识 ⊙

灌木。叶对生，卵形或卵状矩圆形，非纯绿色，呈暗蓝绿色状；花白色或粉红色，上唇 4 裂片的中间 2 裂片裂得较浅些；果红色。

用途 ⊙

适宜引入公园、庭院作观赏花木。原产自新疆，来之不易。

葫芦科

Cucurbitaceae

栝楼

栝楼花冠流苏状

我曾在博雅塔西南侧马路西侧的桧柏树上，看见有栝楼爬上去了，那花冠裂片顶端和边缘有细分裂成的流苏状的须，一看就知为栝楼。它似乎不是人栽的，不知哪年，一粒种子入土，让栝楼“找”到了好地方，爬上树去“风光”一阵。

特征 ◎

栝楼属于葫芦科栝楼属，拉丁名为 *Trichosanthes kirilowii* Maxim.。多年生草本，茎攀缘，圆柱状，多分枝，无毛，有棱槽，有卷须，2～5分枝。叶轮廓近圆形，长与宽各8～15厘米，掌状3～7中裂或浅裂，少有深裂者，有时不裂，裂片长圆形；先端锐尖，基部心形，边缘有疏齿或缺刻，叶柄长3～7厘米。花单性，雌雄异株，雄花 3 ～ 8 朵，顶生于总花梗端，有时为单花，总梗长达 10 ～ 20 厘米；雌花单生，苞片倒卵形或卵形，长 1.5 ～ 2 厘米，缘有齿，花萼 5 裂，裂片披针形，全缘，长 1.5 厘米；花冠白色，5 深裂，裂片倒卵形，顶端和边缘裂成流苏状；雄蕊 5，花丝短，有毛，花药靠合，药室 S 形折曲；子房下位，卵形，花柱 3 裂，侧膜胎座，胚珠多数。果卵圆形至近球形，长 8 ～ 10 厘米，径 5 ～ 7 厘米，黄褐色，光滑；种子多数，扁平，长椭圆形，长约 1.5 厘米。花期 7 ～ 8 月，果期 9 ～ 10 月。

原产自我国，分布广。北京习见栽培。

巧识 ⊙

花单性，雌雄异株，雄花多朵，雌花单生。注意其花冠白色，5 深裂，其顶端及边缘细裂成流苏状。果圆球形，地下有圆柱形块根。

用途 ⊙

其根入药名“天花粉”，有排脓消肿、生津止渴之功效。果和种子、果皮均可入药，有清热化痰、润肠的功能。

花形奇特，可供观赏。

盒子草

盒子草果横裂

我见到盒子草是在北大西门之西的蔚秀园，它生长在水池（现已干）东南角的一丛芦苇上，细的茎缠在芦苇叶上，还结了果实，果实从腰部横裂，真像个盒子。学校本部朗润园水域也有。

特征

盒子草属于葫芦科盒子草属，拉丁名为 *Actinostemma*

tenerum (Maxim.) Maxim.。一年生草本，茎细长，呈攀缘状，有短柔毛，有卷须，分 2 叉，与叶对生。叶互生，叶片戟形、披针状三角形或卵状心形，长 4～8 厘米，宽 2～4 厘米，不裂或下部 3～5 裂，中裂片长，宽披针形，先端渐尖，侧裂片短，边缘有疏齿，基部心形，几无毛，叶柄长 1～4 厘米。花单性同株，雄花序总状，腋生，长达 10 厘米；雌花单生或生于雄花序基部；萼裂片条状披针形，长 3～5 毫米，端尾尖，黄绿色；雄蕊 5，离生，花药 1 室；子房卵形，1 室，柱头 2 裂。果卵形或长圆形，长 1.5～2 厘米，宽 1～1.5 厘米，上半平滑，下半外面有突起，成熟时于约中部盖裂；种子 2，长 1 厘米，暗灰色，有皱纹及不规则突起。花期 8～9 月，果期 7～10 月。

分布于东北、河北至江苏、浙江、四川等省区。北京多见。

巧识 ⊙

注意其果实盖裂，有种子 2 个。

用途 ⊙

全草入药，可利尿消肿、清热解毒。种子和叶也入药，主治肾炎、水肿、湿疹、疮疡肿毒。

菊科

Compositae

全叶马兰

全叶马兰叶有细粉状茸毛

全叶马兰在西校门内南侧水池的东岸草地见过不少，其叶窄，两面有细粉状茸毛，舌状花淡紫色。

特征

全叶马兰属于菊科马兰属，拉丁名为 *Kalimeris integrifolia* Turcz.。多年生草本，高 50 ～ 120 厘米，茎呈帚状分枝，下部光滑，上部有细短毛。叶互生，条状披针形或长倒披针形，长 1.5 ～ 4 厘米，宽 3 ～ 6 毫米，先端尖或钝，基部渐狭，无柄，叶缘全缘，呈波状，上面绿色，下面蓝绿色，两面有密生的粉状短茸毛。头状花序直径 1 ～ 2 厘米，排成伞房状；总苞半球形，径 7 ～ 8 毫米，总苞片 3 层，披针形，有短硬毛和腺点，有缘毛；舌状花一层，淡紫色，雌性，长 6 ～ 11 毫米，宽 1 ～ 2 毫米；管状花长 3 毫米，有毛，两性，5 齿裂，黄色，花药基部钝，花柱分枝披针形。瘦果倒卵形，长 2 毫米，淡褐色，扁平，边肋色淡或一面有肋，呈三角形，上部有短毛和腺，冠毛长 0.3 ～ 0.5 毫米，褐色，不等长，易落。花、果期 7 ～ 9 月。

分布于我国东北、华北，以及西部、中部和东部的多省区。北京多见。

巧识 ⊙

注意其叶条状披针形或长倒披针形，全缘。叶两面有极细短茸毛。头状花序的舌状花淡紫色，管状花黄色。瘦果倒卵形，扁平。

用途 ⊙

可用于公园绿化。因含粗蛋白质和粗脂肪，也可用作饲料。

粗毛牛膝菊

粗毛牛膝菊舌瓣3齿裂

在燕园各处的草地、路边、荒地、林缘和水边，几乎都可看到有粗毛牛膝菊生长，它的显著特征是头状花序小，周边有5个舌状花，舌瓣3齿裂。

特征 ◉

粗毛牛膝菊属于菊科牛膝菊属，拉丁名为 *Galinsoga quadriradiata* Ruiz.& Pav.。一年生草本，高30～50厘米，茎直立，有分枝。叶对生，卵圆形或披针形，长3～6厘米，宽1～3厘米，先端渐尖或钝，基部圆形或宽楔形，边缘有浅圆齿或近全缘，基出3脉，略有毛，叶柄长3～15毫米。头状花序小，直径3～4毫米，有梗；总苞半球形，总苞片2层，宽卵形，绿色，近膜质；舌状花5个，白色，一层，雌性；管状花黄色，两性，花冠5裂齿，花托凸起，托片披针形，花药基部箭形，花柱2分枝。管状花冠毛膜片状，白色；舌状花冠毛毛状，脱落。瘦果有3～4棱，倒卵状三角形。花、果期7～10月。

原产自北美洲，归化中国，北京多见。

巧识 ⊙

一年生，单叶对生，注意其头状花序小，周围有舌状花，花冠顶有3个裂片，裂片钝，黄色。

用途 ⊙

其花入药，有清肝明目的作用。

小蓬草

小蓬草头状花序小而极多

燕园有小蓬草，它到处生长，似乎不择环境，路边草地或杂草丛生处，或是水边，几乎无处不在。它给人的印象是茎直达 1 米或更多，茎叶狭长，上部分枝多，头状花序小而多。

特征 ◉

小蓬草属于菊科飞蓬属，拉丁名为 *Erigeron canadensis* L.，又称小飞蓬，小白酒菊。一年生草本，茎直立，高可达 1.5 米或过之，疏生硬毛，上部分枝多。叶互生，茎生叶条状披针形或长圆状线形，长 3 ～ 7 厘米，宽 2 ～ 8 厘米，先端渐尖，基部狭楔形，全缘或有疏浅齿，边有长睫毛，几无叶柄。头状花序小而极多，花茎上部排成长圆锥状或伞房样圆锥状；头状花序直径约 4 毫米，有短梗；

总苞钟状，径3毫米，总苞片2～3层，条状披针形，边膜质，几无毛；花有两种，外围有雌花，舌状，白色，多层，结实；中央有少数两性花，筒状，5齿，白色。瘦果长圆形，冠毛污白色，刚毛状。花、果期6～9月。

原产自北美洲，传入我国，已成归化种，分布遍全国。北京多见，为杂草。

巧识

注意其叶狭长，边缘略有小疏齿，上部分枝细而多，头状花序小而多。瘦果长圆形，冠毛污白色，刚毛状。

用途

全草入药，有清热利湿、散瘀消肿之功效。治肠炎痢疾、传染性肝炎、疮疖肿毒。

旋覆花

旋覆花舌状花极多

旋覆花在燕园不少，但似乎无固定的生长地点，未名湖畔、临湖轩西侧山路边、静园草坪等地都见过。

特征 ◉

旋覆花属于菊科旋覆花属，拉丁名为 *Inula japonica* Thunb.。多年生草本，茎直立，高 20 ～ 70 厘米。有根状茎，茎上部有分枝，基生叶和茎下部叶花时已枯萎。茎叶椭圆形或长圆形，长 3 ～ 10 厘米，宽 1 ～ 2.5 厘米；先端锐尖或渐尖，基部渐狭或急狭或有半抱茎小耳，近全缘，上面无毛，下面有伏毛和腺点；上部叶渐小。头状花序直径 2.5 ～ 4 厘米，1 ～ 5 个在茎顶呈伞房状；苞片条状披针形，总苞半球形，直径 1.3 ～ 1.7 厘米，总苞片 4 ～ 5 层，条状披针形至条形，长 8 ～ 10 毫米，外层较短，有长柔毛、腺点和缘毛；周边舌状花黄色，舌片条形，有 3 齿，长 1 ～ 2 厘米，雌性，结实；管状花黄色，有 5 齿，两性，结实。瘦果具白色冠毛。花、果期 6 ～ 10 月。

分布于东北、华北、西北、中部、东部各省区，广东、福建、四川、贵州也有。

巧识 ⊙

注意其叶基部渐狭或急狭，不呈宽大形，不呈近心形。头状花序的总苞片条状披针形。舌状花黄色，管状花特多。瘦果具白色冠毛。

用途 ⊙

头状花序入药，有消痰行水、降气止呕的作用。治痰多咳喘、呃逆、嗳气、呕吐。

旋覆花的故事

古代《花史》一书中，有一个旋覆花的故事。据说有位诗人外出郊游，看见旋覆花正盛开，诗兴来了，就以“金钱花”为题作一诗。不觉入梦，梦中见一女子抛给他许多钱，并笑曰：“为君润笔。”等诗人醒来，只摸得怀中一把金钱花。自此，人们又称旋覆花为“金钱花”“润笔花”。

苍耳

苍耳总苞有带钩的刺

苍耳在校园多见，但不成片，散生在各处路边和草地上。

特征

苍耳属于菊科苍耳属，拉丁名为 *Xanthium sibiricum* Patrin ex Widd.。一年生草本，高可达 90 厘米。叶三角状心形，长 4 ～ 10 厘米，宽 5 ～ 12 厘米，先端尖或钝，基部近心形或截形，不分裂或有 3 ～ 5 浅裂，边缘有缺刻和不规则的粗锯齿，基出 3 脉，两面有贴生粗糙伏毛，叶柄长。花单性，雄头状花序球形，径 4 ～ 6 毫米，几无梗，有柔毛，总苞苞片长圆披针形，长达 1.5 毫米，花冠钟状。雌头状花序椭圆形，外层总苞片披针形，长 3 毫米，有短毛，内层总苞片结合成囊状，在瘦果成熟时变硬质，绿色或带红褐色，连喙长达 15 毫米，宽达 7 毫米，外面疏生有钩的刺，刺长达 1.5 毫米，有短毛和腺点，喙长 1.5 ～ 2.5 毫米；雌花无花瓣，总苞内包瘦果 2 个。果长 1 厘米，无冠毛，灰黑色。花期 7 ～ 8 月，果期 8 ～ 9 月。

全国都有分布。北京各处多见，为杂草。

巧识⊙

种子可榨油，与桐油掺和制油漆、油墨、肥皂等，也可作为润滑油。带总苞的果实可入药，称“苍耳子”，有发汗通窍、散风祛湿、消炎镇痛的作用，治感冒头痛、慢性鼻窦炎、风湿性关节炎等。

腺梗豨莶

腺梗豨莶总苞有腺毛

在原实验东馆南门对面的草地一带有腺梗豨莶生长。

特征

腺梗豨莶属于菊科豨莶属，拉丁名为 *Siegesbeckia pubescens* Makino。一年生草本，高可达 1 米，茎上部呈二歧分枝，有灰白色长柔毛和糙毛。叶对生，基部叶卵状披针形，花时已枯，茎中部叶卵形至菱状卵形，长 3 ～ 12 厘米或更长，宽 3 ～ 8 厘米，先端渐尖，基部宽楔形，下延于叶柄，柄长 1 ～ 3 厘米，边缘有不规则锯齿，上面深绿色，下面淡绿色，基出 3 脉，侧脉网脉明显，两面有短柔毛，脉上有长柔毛。头状花序直径 1.5 ～ 1.8 厘米，花序梗长 3 ～ 5 厘米，密生紫褐色的、有柄的头状腺毛；总苞宽钟状，总苞片密生紫褐色头状有柄的腺毛，外层多为5片，条状匙形，长7～12毫米，内层卵状长圆形，长3.5毫米；舌状花黄色为雌花，舌片先端3齿裂，结实；中央有管状花，两性，结实，花托有托片，花柱分枝短，稍扁。瘦果倒卵形，长2.5～3.5毫米。花、果期8～9月。

分布于吉林、辽宁、河北，直达南方和西南多省区。北京多见。

巧识◉

茎中部叶菱状卵形，长可达12厘米，叶两面有平伏短柔毛，脉上有长柔毛。头状花序的总苞外层呈条状匙形，密生紫褐色的、有柄的头状腺毛。瘦果无冠毛。

用途⊕

全草入药，有祛风湿、通络、降血压的作用，治风湿性关节痛、高血压、急性黄疸型肝炎。

鳢肠

鳢肠含淡黑色汁液

鳢肠又称墨旱莲、旱莲草。我在燕园原电话交费室南侧草地上见过，开白色花，后来那里施工，电话室搬走了，不知现在还有没有。燕园别的地方应该还有此草。

特征

鳢肠属于菊科鳢肠属，拉丁名为 *Eclipta prostrata* (L.) L.。一年生草本，高 60 厘米，茎较细弱，斜上或近直立，基部分枝，有糙毛，草汁淡黑色。叶片披针形、长圆披针形，长 3 ～ 10 厘米，宽 0.5 ～ 2 厘米，先端尖或渐尖，全缘或有细锯齿，两面生密糙毛，几无叶柄。头状花序单生，径长 6 ～ 8 毫米，有花序梗；总苞球状钟形，总苞片绿色，草质，有 2 层，长圆形、长圆状披针形；花托凸起，托片刚毛

状或披针形，外围为舌状花，2层，白色，舌片小，全缘或2裂，雌性，结实；中央为管状花，白色，有4齿裂，花柱分枝钝，两性。舌状花的瘦果扁四棱形，表面有疣状突起，无冠毛；管状花瘦果三棱状，无冠毛。花、果期6～9月。

分布于全国各地，常见。北京多见，多生水边、湿地和沟边。

巧识

鳢肠含淡黑色汁液，单叶对生，头状花序，花白色，果无冠毛。

用途

鳢肠在中医药书中称墨旱莲或旱莲草。全草入药，有养阴补肾、凉血止血之功效，用以治肝肾阴虚之眩晕、须发早白、吐血尿血、便血、带下、淋浊等症。

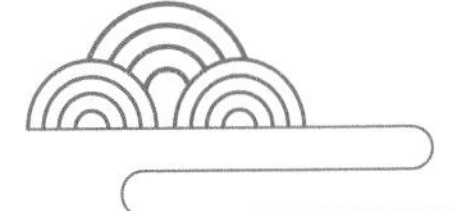

旱莲草故事

传说唐代人刘简喜欢仙道，有一年刘碰到一老采药人，老人带刘简到自己的药园去看，指着池边一种绿草说："我常吃此草，已活过百岁了。"临别时老人送刘简一包这种草的种子，并说："回去种下，到苗高半尺就可服用，一天用2两左右，夏天吃鲜的，冬天用干的泡水。"刘照此做了，也活到百多岁，刘称此草为旱莲草。

故事并不一定可靠，但旱莲草为一种药却是真的。

鬼针草果有硬芒状冠毛

校园内凡草地、路边、荒地或林缘，总能见到鬼针草，有1米高，八九月间，它的果实成熟了，在枝头上随风摇动。有人经过，一旦碰上，果上的刺钩会扎入衣服，被人带走去传布，它这一招还真妙。

特征

鬼针草属于菊科鬼针草属，拉丁名为 *Bidens bipinnata* L.。一年生草本，高50～100厘米或过之，茎直立，有分枝，茎下部稍四棱形，无毛，上部分枝稍带毛。叶对生，叶柄长，二回羽状深裂，长5～15厘米，小裂片三角形或菱状披针形，裂片先端尖或渐尖，边缘有不规则细尖齿或钝齿，两面有疏毛，叶柄长2～6厘米。头状花序直径 6 ～ 9 毫米，花序梗长 1 ～ 5 厘米；总苞杯形，总苞片条状椭圆形，先端尖或钝，有托片，狭披针形；外围有一层舌状花，黄色，1 ～ 3 朵，不育；管状花黄色，两性，结实，花冠 5 裂，花柱分枝，顶端三角形。瘦果条形，稍扁，有 3 ～ 4 棱，长 1 ～ 2 厘米，有短毛，顶端有芒状冠毛 3 ～ 4 根，长 2 ～ 5 毫米，芒上有倒刺毛。花、果期 8 ～ 10 月。

分布在全国大部分地区。北京普遍可见。

巧识 ⊙

注意其叶对生，叶片二回羽状深裂，头状花序边缘有 2 ～ 3 枚舌状花，黄色，中央全为两性的管状花。果实上端有 2 ～ 3 根有倒刺毛的芒状冠毛。

用途 ⊙

全草入药，有祛风湿、清热解毒的作用。

近缘种：大狼把草无舌状花

大狼把草（*Bidens frondosa* L.），一年生草本，叶对生，有叶柄，羽状复叶，小叶 3 ～ 5 枚，披针形，边缘有粗齿。头状花序顶生或腋生，直径 1 ～ 3 厘米，无舌状花。管状花黄色，花冠 4 裂。瘦果扁平，有芒状冠毛 2 根，芒上有倒钩刺。花、果期 8 ～ 10 月。

燕园较多，全草入药。

甘菊

甘菊有股菊香

每到秋天9～10月，未名湖周边一带总能见到许多甘菊，开黄色的花，有一股香气。别的地方如临湖轩西侧路边山地一带，也有不少甘菊。

特征◎

甘菊属于菊科菊属，拉丁名为 *Chrysanthemum lavandulifolium* (Fisch. ex Trautv.) Makino。多年生草本，高1.5米以上，有地下匍匐茎，地上茎直立，中部以上多分枝，毛稀疏。基生叶和茎下部叶在开花时枯萎，中部叶卵形、宽卵形或椭圆卵形，长3～7厘米，宽2～5厘米，二回羽状分裂，第一回为全裂，侧裂片2～3对，第二回为半裂或浅裂，裂片卵状菱形或卵形，全缘或有缺刻状锯齿，小裂片先端锐尖或稍钝，上面绿色，有微毛，下面淡绿色，疏生或密被分叉的白色柔毛，有密腺点，叶有短柄，有狭翅，基部有羽裂状假托叶。上部叶羽裂、3裂或不裂。头状花序径1～1.5厘米，多数在茎顶排成复伞房状。总苞碟形，径长5～7毫米，总苞片5层，外层条形，或条状长圆形，有白色或淡褐色膜质边缘。边花为雌性花，一层，花冠舌状，黄色，舌片椭圆形，长5～7毫米，顶端全缘或有2～3个不明显齿裂。中央花多数，为两性花，花冠整齐，管状，5齿裂，花柱分枝线形，花药基部钝形，顶端附片披针状卵形。瘦果长1.2～1.5毫米，倒卵形，无冠毛。花、果期9～10月。

分布于东北、华北、西北、山东、江苏、浙江、江西及四川、湖北和云南等省区。北京山区、平原均多见。

巧识 ⊙

注意茎中部叶宽卵形，二回羽状分裂，第一回全裂，第二回半裂或浅裂，下面淡绿色，有白色分叉状柔毛，有腺点。头状花序直径不超过1.5厘米，含舌状花和管状花，花黄色，总苞片边缘膜质。瘦果倒卵形，无冠毛。

用途 ⊙

花入药，能清热解毒，凉血降压。

大籽蒿

大籽蒿花序长

艾蒿类中大籽蒿的头状花序较大，在北京地区，其他蒿的头状花序都小于它。在燕园未名湖南岸西部去钟亭的斜路附近的草地上可见到大籽蒿。

特征 ◉

大籽蒿属于菊科蒿属，拉丁名为 *Artemisia sieversiana* Willd.。一、二年生草本，高 30 ～ 100 厘米或更高，根粗壮，茎有棱，有白柔毛，不分枝或从基部分枝。下部叶、中部叶有长叶柄，叶片宽卵形，长达 10 厘米，宽达 8 厘米，2 ～ 3 回羽状深裂，裂片宽或狭窄，羽轴有狭翅，上面灰绿色，有疏毛，下面密生柔毛，两面有密腺点；有假托叶，上部叶小，羽状全裂，最上部叶不裂，条形至条状披针形。头状花序较大，半球形，直径 4 ～ 6 毫米，下垂，在茎顶排成较宽的圆锥状；苞叶窄条形，总苞片 3 ～ 4 层，外层的长圆形，有绿色中脉，内层的倒卵形，干膜质；花托有托毛，白色；边花雌性，花冠 2 ～ 3 裂，结实；中央花两性，花冠黄色，5 裂，花柱 2 分叉。瘦果长圆倒卵形，长 1 ～ 1.2 毫米，褐色，无冠毛。花期 7 ～ 8 月，果期 8 ～ 9 月。

分布广，但华南没有。北京山区、平原均多见。

巧识 ⊙

特别注意其头状花序大，径达 6 毫米，下垂。叶 2 ～ 3 回羽状深裂，裂片狭窄，羽轴有狭翅。

用途 ⊙

全草入药，祛风湿、清热，头状花序有消炎止痛作用，治痈肿疔毒。

茵陈蒿

茵陈蒿叶裂毛发状

校园里茵陈蒿不少，多生路边荒地或草坪，或在林地边缘见之。春天出苗，矮小，白色，有白柔毛；以后长高大了，样子变化大。

特征

茵陈蒿属于菊科蒿属，拉丁名为 *Artemisia capillaris* Thunb.。多年生草本，有时半灌木状，高达 1 米；有纺锤状根，伸长或斜升；茎直立，有分枝；不育枝先端有叶丛，当年枝初有绢状柔毛，后无毛。叶 2 回羽状分裂，下部叶裂片宽短，有短绢毛；中部及以上叶长 2 ～ 3 厘米，裂片细毛发状，宽仅 0.3 ～ 1 毫米，几无毛；上部叶羽状分裂、3 裂或不裂，不育枝的叶向上部渐大，1 ～ 2 回羽状全裂，裂片丝状，先端有 1 ～ 2 齿状裂，密生绢毛。头状花序卵形，长1.5～2毫米，径约1.5毫米，下垂；极多花序在茎顶排成开展的圆锥形，花梗短，苞片丝状；总苞无毛，总苞片3～4层，边膜质，背面稍带绿色；边缘小花雌性，4～6朵，中央小花两性，2～5朵；花托凸起，无托毛。瘦果长圆形，长约0.8毫米，无毛。花期8～9月，果期9～10月。

分布几遍全国。北京地区多见，生山坡、草地、路边杂草地。

巧识⊙

注意当年生枝黄色、黄褐色，初有绢状柔毛，后变无毛。叶2回羽状分裂，下部裂片有短绢毛，中部以上的叶长2～3厘米，裂片细，呈毛发状，宽不及1毫米，近无毛，上部叶羽裂或3裂或不裂。不育枝的叶1～2回羽状全裂，裂片丝状条形，密生绢毛。头状花序卵形，长1.5～2毫米，径1.5毫米。

总体看叶有白色绢状毛，叶细裂，为重要特征。

用途⊙

幼嫩茎叶入药，有清热利湿退黄之功效，用以治黄疸型和无黄疸型肝炎。

茵陈蒿的故事

从前有个患黄疸病的人，找华佗医治，当时华佗也没有办法，病人只好走了。半年后，华佗又见到那人，他的病已好了。华佗问他怎么治的。他说：没请人治，只是家中缺粮，吃了些野草。那人带华佗见了野草，华佗想，可能此草能治黄疸病，便采了些去医治得同样病的人，可是都无效。华佗又找那人问他什么时候采的草。那人说三月。华佗毕竟是聪明人，他改为三月采那小草，果然治好了病人，如果到了四五月采草去治，就无效。华佗高兴极了，就给这三月采的草取名“茵陈”，又编了个顺口溜：“三月茵陈、四月蒿，五月当柴烧。”意思是只有三月采的幼嫩草苗才叫茵陈，治病有效，如果四五月去采，茵陈已老，成了蒿子，只能当柴烧了。今天茵陈仍为抗黄疸的重要药材。

黄花蒿

黄花蒿叶绿、细裂

校园里黄花蒿极多，几乎随处可见，草地、荒地、路边、山坡边都少不了它，它有浓香气。

特征

黄花蒿属于菊科蒿属，拉丁名为 *Artemisia annua* L.。一年生草本，高 40 ～ 100 厘米或以上，直立，无毛，分枝多。基生叶和茎下部叶于花期多枯萎；中部叶卵形，长 4 ～ 7 厘米，宽 3 ～ 5 厘米，2 ～ 3 回羽状全裂，栉齿状，小裂片长圆状条形或条形，端锐尖，全缘或有 1 ～ 2 个锯齿，上面绿色，下面淡绿色，两面几无毛，有密腺点；茎上部叶小，1 ～ 2 回羽状全裂。头状花序小而多，球形，径 1.5 ～ 2 毫米，有短梗，下垂；苞叶条形，极多数密生成塔形圆锥状；

总苞片无毛，2～3层，外层的狭长圆形，绿色，边缘狭膜质，内层的卵形或近圆形，边膜质，较宽；全为筒状花，黄色，边缘花雌性，2～3齿裂，有10～20朵，中央花两性，5齿裂，有10～30朵，都可结实；花托长圆形，无托毛。瘦果长圆形，长约0.7毫米，无毛。花、果期8～10月。

亚洲、欧洲和北美洲都有，分布全国。北京多见。

巧识 ⊙

一年生草本。注意其叶2～3回羽状全裂，呈栉齿状；叶上下面均绿色，下面略淡；头状花序小而多，每个花序直径1.5～2毫米；全株有一股浓香气。

用途 ⊙

黄花蒿全草入药，称“青蒿”，有清热凉血、退虚热、解毒之功效，治疟疾、伤暑低热无汗，又可灭蚊。

北京地区有习俗，早春用黄花蒿嫩茎叶浸酒中，使酒色呈青绿色，有浓香气味，名曰“茵陈酒”。

如今从黄花蒿提取出的“青蒿素”已成世界著名的治疟疾的特效药，胜过奎宁。黄花蒿有功。

白莲蒿

白莲蒿叶背有白毛

白莲蒿不少，在新电话收费室北侧的马路北边山地林缘，以及未名湖北岸一带，都可以见到。

特征 ⊙

白莲蒿属于菊科蒿属，拉丁名为 *Artemisia gmelinii* Web. ex Stechm.。多年生草本或半灌木状，高 50 ～ 100 厘米或更高，茎粗壮，分枝多，基部木质，略紫色，无毛或稍有毛。下部叶花时已枯；茎中部叶卵形至长圆卵形，长 4 ～ 10 厘米，宽 3 ～ 7 厘米，二回羽状全裂，侧裂片 5 ～ 10 对，长圆形，边缘有齿或羽状深裂，羽轴有栉齿状小裂片，小裂片长圆形或条状披针形，宽仅 1 ～ 4 毫米，先端尖，两面初时都有白色毛，后下部脱落，近无毛，有腺

点；有叶柄及假托叶；上部叶小，羽状浅裂或有小齿。头状花序近球形或半球形，小，径仅3毫米，下垂，多数排列成稍狭的圆锥状花序；苞叶条形，总苞片3层，外层的绿色，卵状长圆形，内层的宽椭圆形，边宽膜质，几无毛；皆为管状花，边缘花雌性，花冠2～3齿裂，中央花两性，花冠整齐，5齿裂；能育花柱分枝条形，花托凸起，无托毛。瘦果卵状长圆形，长1.5毫米，无毛。花期8～9月，果期9～10月。

分布于东北、华北至西北的广大地区。北京山区及平原均多见。

巧识 ◉

注意叶二回羽状全裂，侧裂片5～10对，长圆形，有齿或羽状深裂，羽轴有栉齿状小裂片，狭长，宽仅1～4毫米，初时下面有灰色毛。头状花序小而多，有短梗，下垂。

用途 ◈

东北部分地区以白莲蒿的幼苗作茵陈蒿用。

艾叶上面有白腺点

校园各处，特别是未名湖一带，可见到艾（或名艾蒿）。在别的地区，如镜春园、朗润园一带也有艾。

特征

艾属于菊科蒿属，拉丁名为 *Artemisia argyi* Levl. et Vant。多年生草本，高逾 1 米；根状茎横生，有匍枝；茎直立，带紫褐色，有密白毛；花序枝出自中部或以上。叶互生，中部叶 1 ～ 2 回羽状深裂至全裂，侧裂片 2 对，中裂片又 3 裂，裂片边有齿，上面有毛，灰绿色，密生白腺点，下面密生灰白色毛，叶基部急狭成短柄，有时扩大成假托叶；上部叶小，全缘或 3 裂。头状花序长圆状钟形，长 3 ～ 4 毫米，径 2 ～ 2.5 毫米，下垂，在茎顶排成圆锥状花序；

总苞片 4 ～ 5 层，边缘膜质，背面有绵毛；花紫红色，外层雌性，内层花两性，花托半球形，无托毛。瘦果长圆形。花期 8 ～ 9 月，果期 9 ～ 10 月。

分布在东北、华北、华中、华南等地区。北京多见。

巧识 ⊙

注意其叶上面有白腺点，下面有白毛。叶 1 ～ 2 回羽状深裂至全裂，头状花序长圆钟形，总苞片背面有白绵毛。

用途 ⊛

艾叶入药，有散寒除湿、温经止血功能，治痛经、月经不调。

蒙古蒿

蒙古蒿总苞长圆形，有茸毛

观察了好多年，知道蒙古蒿已进了燕园。什么时候进来的？恐怕在燕大早年就有了。现在在未名湖的南岸，石桥之西那一带，能在山坡下见到蒙古蒿，它的叶片下面白色。别的地方也有。它在燕园有近百年了。

特征

蒙古蒿属于菊科蒿属，拉丁名为 *Artemisia mongolica* Fisch. ex Bess.。多年生草本，株高1.2米以上。茎带紫褐色，多少有点毛；上部有花序分枝，基生叶花时枯萎；中部叶有短梗，基部半抱茎，有1～2回条状披针形假托叶，叶长6～10厘米，宽4～6厘米，羽状深裂，或二回羽状深裂，侧裂片2～3对，长2～4厘米，宽

1～2厘米，两侧有3～5个小裂片，裂片、小裂片条状披针形至条形，顶裂片又3裂，上面无毛，下面密生蛛丝状白毛；上部叶3裂或不裂。头状花序长圆状钟形，长3～5毫米，直径2～2.5毫米，近无梗，在茎顶排列成窄或略开展的圆锥状；苞片条形，总苞片3～4层，有密茸毛，边缘宽膜质；全为管状花，花冠紫红色，花序中外层花雌性，花冠细管状，端2～3齿裂；内层花两性，花冠整齐，5齿裂，花药基部钝。瘦果长圆形，长约1.5毫米，无毛。花、果期8～9月。

分布于东北、华北以及河南、陕西、甘肃、山东、江苏和江西等省区，为荒地杂草。北京地区有分布。

巧识

注意茎中部叶有短柄，基部半抱茎，有1～2对假托叶，呈条状披针形。叶片长6～10厘米，羽状深裂或二回羽状深裂，侧裂片2～3对，长2～4厘米，宽1～2厘米，顶裂片3裂，叶片下面密生蛛丝状毛，白色。头状花序长圆状钟形，长3～5毫米。瘦果长圆形，无毛。

用途

为荒地杂草，目前尚不知有何用处。

刺儿菜

刺儿菜叶齿端有刺

校园内的荒地处，能见到刺儿菜，无一定地点，在朗润园至镜春园一带均有。叶齿端、总苞片端均有刺。头状花序全为紫色管状花。

特征 ◉

刺儿菜属于菊科蓟属，拉丁名为 *Cirsium setosum* (Willd.) M. Bieb.，别名小蓟。多年生草本，高 0.2 ～ 2 米，有细长根状茎，茎直立，有纵棱，常无毛或幼茎有蛛丝状毛，不分枝或上部多分枝。叶互生，基生叶开花时已枯落，下部和中部叶椭圆形或长圆状披针形，长 5 ～ 9 厘米，宽 1 ～ 2 厘米，先端钝或尖，基部稍窄，呈圆楔形或钝圆形，无叶柄，全缘或齿裂或羽状浅裂，齿端有硬刺，两面有疏或密的蛛丝状毛，茎上部叶小。花单性，雌雄异株；头状

花序单生或多个生于枝顶形成伞房状，雌株头状花序较大，总苞长 15 ～ 25 毫米，雄株花序总苞长 18 毫米，总苞片多层，外层的较短，长圆披针形，内层的披针形，顶端长尖，有刺；雄花花冠长 17 ～ 20 毫米，花冠裂片长 9 ～ 10 毫米，雌花花冠长约 26 毫米，花冠紫红色，裂片长 5 毫米，雄花花药紫红色，长约 6 毫米，有尾，雌花的退化雄蕊花药长 2 毫米；花序托凸起，有托毛。瘦果椭圆形或长卵形，略扁平，冠毛羽毛状，先端稍弯曲。花、果期 4 ～ 8 月。

分布于全国。北京极多见。

巧识 ⦿

有长的地下茎，叶片长椭圆状披针形，无乳汁，边缘有刺。雌雄异株，头状花序全为管状花，紫红色，总苞片有刺。瘦果椭圆形，冠毛羽毛状。

用途 ⊕

嫩茎叶为猪的饲料。

全草入药，有凉血、止血和利尿的功能。

泥胡菜

泥胡菜外总苞片有附片

泥胡菜形象极特殊：叶羽状深裂，下面灰白毛，像抹了石灰一样；头状花序的总苞包得极紧，外层总苞片短于内层，其背面先端下面有深紫色鸡冠状附片；管状花紫色。

特征

泥胡菜属于菊科泥胡菜属，此属仅一种，拉丁名为 *Hemistepta lyrata* Bge.。二年生草本，株直立，高可达 80 厘米，茎有纵棱。基生叶莲座状，有叶柄，叶倒披针形、倒披针状椭圆形，长 10 ～ 20 厘米，呈提琴状的羽状分裂，顶裂片大，三角形，有时 3 裂，两侧裂片 7 ～ 8 对，长圆倒披针形，上面深绿色，下面密生灰白色茸毛；中部叶椭圆形，先端渐尖，无柄，羽状分裂；上部叶条状披针形至条形。头状花序多数，有花序梗，总苞球形，总苞片 5 ～ 8 层，外层苞片卵形，先端尖，背面顶端有鸡冠状突起，绿色或紫褐色，中层苞片长圆形，内层苞片条状披针形，中层之内总苞片顶端紫红色，背面几无小鸡冠状突起；花托平，有托毛；全为管状花，紫红色，长 13 ～ 14 毫米，5 裂，管部比裂片约长 5 倍，花丝光滑，花药基部箭头状，花柱 2 裂。瘦果圆柱形，长 2.5 毫米，有 15 条纵棱，冠毛 2 层，长约 11 毫米，羽毛状，白色。花、果期 5 ～ 8 月。

分布于我国南北各地。北京常见。

巧识⊙

泥胡菜属仅此一种，注意其为一年生草本。叶羽状深裂，下面有密白色茸毛，头状花序，外层总苞片背面有鸡冠状突起，呈绿色或紫褐色。注意花序中全为管状花，5 裂，其管部比裂片约长 5 倍。

泥胡菜属与风毛菊属近似，但泥胡菜属的外总苞片背部上方有鸡冠状突起，风毛菊则无此现象。泥胡菜属的果实有 15 条纵棱，风毛菊属果实仅有 4 条棱，二者明显不同。

用途⊙

全草入药，有清热解毒、散肿消结的功效。

嫩茎叶可作饲料。

大丁草

大丁草有二型

大丁草植株有二型花序，春秋季不同，十分有意思。20世纪50年代初燕园就有此草，也没人管。几十年来园内的变迁，也没影响它的生存，生命力顽强。在档案馆东侧路边林边草地、钟亭东北一带草地和路边可以见到。春天见的和秋天见的不一样。

特征 ◉

大丁草属于菊科大丁草属，拉丁名为 *Leibnitzia anandria* (L.) Turcz.。多年生草本，有春秋二型。春型的植株矮小，高不过8～15厘米，叶基生，较小，莲座状，叶片椭圆广卵形，长2～5.5厘米，宽1.5～4厘米，羽状分裂，顶裂片较大，宽卵形，端钝，基部心形，边缘有不规则圆齿，上面绿色，下面有白色绵毛。花莛直立，初被白色蛛丝状柔毛，后脱落，有几个条形苞片。秋型植株高可达30厘米，叶片倒披针状长椭圆形或椭圆状宽卵形，长5～16厘米，宽3～3.5厘米，羽状裂，顶裂片尖端短渐尖，下面无毛或有毛。头状花序单生花莛之顶，春型的径6～10毫米，秋型者较大，直径1.5～2.5厘米。总苞呈钟状，外层苞片较短，条形，内层苞片条状披针形，端钝尖，边带紫红色，有毛。春型者有舌状花，花冠紫红色，二唇形，外唇舌状，有3齿，内唇2裂，裂片条形，花冠长10～12毫米。管状花冠二唇形，外唇3～4裂，内唇2裂；花药基部有尾，花柱分枝短钝。瘦果长5～6毫米，冠毛淡棕色，长约10毫米。春型植株花期4～6月，果期5～7月；秋型植株花、果期7～9月。

分布于我国南北广大地区。北京山地多见，多生阴地环境。

巧识 ⊙

春型植株矮小，叶莲座状，羽状裂，下面有白毛，有舌状花，白色，4月即开花。秋型植株高30～60厘米，是春型的2倍，头状花序不见舌状花，瘦果冠毛淡棕色，其叶似春型的叶，但大一些。

用途 ⊙

由于有二型花，人工栽于草地也有观赏价值。

全草入药，有清热利湿、解毒消肿、止咳、止血的作用。

蒲公英

蒲公英有故事

校园的蒲公英不少，几乎凡有草地的地方或路边都能见到。它生命力十分顽强，常被认为是杂草，可见不少人不知它还是一种重要的中草药。

特征 ⊙

蒲公英属于菊科蒲公英属，拉丁名 *Taraxacum mongolicum* Hand.-Mazz.。多年生草本，高 10 ～ 25 厘米。叶全基生，有乳汁，长圆状倒披针形或倒披针形，长 5 ～ 16 厘米，宽 1 ～ 5 厘米，倒向羽状分裂，裂片 4 ～ 5 对，长圆状披针形或三角形，有齿，顶裂片较大，呈戟状，羽状浅裂或仅有波状齿，基部渐狭成短叶柄，疏有蛛丝状毛或几无毛。花莛数个，约与叶等长，有蛛丝状毛。头状花序；总苞淡绿色，外层总苞片卵状披针形或披针形，边缘膜质，有白色长柔毛，顶端有小角状突起，有时无突起；内层总苞片条状披针形，长度为外层总苞片的 1.5 ～ 2 倍，顶端有小角状突起；全为舌状花，多数，黄色，长 1.5 ～ 1.8 厘米，外层舌片（即花冠舌片）外侧中央有红紫色宽带，舌片顶端有 5 齿，即示 5 个花瓣合生。因一个裂口深而使花冠呈舌状，有 5 齿。雄蕊 5，生花冠内壁上，花药 5，合生，套在花柱外；花柱细长，顶端 2 裂。瘦果褐色，长约 4 毫米，外有刺状突起，上端有喙，喙长 6 ～ 8 毫米，喙顶端有白色冠毛一丛。

分布遍及全国。北京多见。

巧识 ⊙

从营养体看，叶全基生，贴地或稍直立，叶片倒向羽状裂，有乳汁。如已出花莛，则注意头状花序中全部为舌状花，舌片有 5 小齿。瘦果有长 6 ～ 8 毫米的喙，喙端有一簇白毛，每根毛为单毛，整个果实如一降落伞，果外有刺状突起。

用途

全草入药有清热解毒、消痈散结的作用，治上呼吸道感染、急性扁桃体炎、流行性腮腺炎、肠炎和痈疖疔疮等。它还是一种野菜，营养丰富。

关于“蒲公英”名字的传说

从前有一年轻女子得了奶痈病，疼痛难忍，又不好说出口，于是寻短见到一江边要跳江。正好一蒲姓渔翁的女儿叫小英，正在捕鱼，救了这个女子，问明原因，就告知其父。渔翁说可采一种草药捣烂外敷，渔家女就用此方为那个女子治病，只敷了三天病就好了。女子高兴极了，可是不知这种治病有奇效的草叫什么名字，为了感谢渔家姑娘，用她的名字“蒲公英”命名这种药草。蒲公英的名称流传下来，并成了解毒消肿的药草。

翅果菊

翅果菊舌状花淡黄色

翅果菊在镜春园的水域边常见。

特征

翅果菊属于菊科翅果菊属，拉丁名为 *Lactuca indica* L.。二年或一年生草本，高达 1.5 米，全株无毛。上部有分枝，下部叶花时已枯，中部叶披针形、长椭圆形至条状披针形，长 10 ～ 30 厘米，宽 1.5 ～ 8 厘米，羽状全裂或深裂，有时不裂；基部扩大呈戟形且半抱茎，裂片边缘缺刻状或锯齿状，无柄；两面无毛或下面主脉有疏毛，带白粉，最上部叶变小，披针形或条形。头状花序多数，在枝端排成狭圆锥状；总苞近圆筒形，长达 15 毫米，宽 3 ～ 6 毫米；总苞片 3 ～ 4 层，先端钝尖，带紫红色；外层苞片宽卵形，内层苞片长圆状披针形，舌状花淡黄色，舌片截头，有 5 齿；雄蕊 5，花药合生，花药基部箭头状，柱头 2 深裂，裂片条形。瘦果椭圆形，黑色，压扁，边缘内弯，每面有 1 条纵肋，喙短而明显，长约 1 毫米，冠毛白色，长约 8 毫米。花、果期 7 ～ 9 月。

分布于全国大部分地区，西北除外。北京平原、山区均常见。

巧识 ⊙

较粗壮的高草本，高达 1.5 米。茎中部叶羽状全裂，有时不裂。裂片边缘缺刻状或锯齿状。头状花序多数，在枝端排成狭圆锥状。头状花序总苞近圆筒形，苞片 3 ～ 4 层，内层外层长短不一，呈覆瓦状。花淡黄白色。瘦果有 1 毫米短喙，冠毛白色。

用途 ⊙

幼嫩茎叶可食用，又可作饲料。

根入药，有凉血散瘀、清热解毒之功效。

抱茎苦荬菜

抱茎苦荬菜叶抱茎

抱茎苦荬菜相当多，在新电话室北边，去未名湖的下坡路两侧，春夏之交，抱茎苦荬菜都出来了。未名湖周围的路边杂草地上都能见到它，别的地方如静园草地、俄文楼西草坪及路边都有。

特征 ◉

抱茎苦荬菜属于菊科苦荬菜属，拉丁名为 *Ixeris sonchifolia* Hance。多年生草本，高可达 80 厘米，无毛，茎上部有分枝。基生叶多个，长 3 ～ 8 厘米，宽 1 ～ 2 厘米，先端急尖或圆钝，基部下延成柄，边有锯齿，有时为羽状深裂；茎生叶较小，卵状椭圆形或卵状披针形，长 2.5 ～ 6 厘米，先端锐尖或渐尖，基部扩大呈耳形或戟形，抱茎，全缘或羽状裂。头状花序小，多个组成伞房花序，有细梗；总苞片二层，筒状，长 5 ～ 6 毫米，外层约 5 片，极短小，卵形；内层约 8 片，披针形，长约 5 毫米，背部各有中肋一条。全为舌状花，黄色，长 7 ～ 8 毫米，先端有 5 小齿；雄蕊 5，生花冠内部，花药合生，套在花柱外。瘦果纺锤形，黑色，长约 3 毫米，外有纵肋及小刺，喙短，冠毛白色。花、果期 4 ～ 7 月。

分布于东北、华北。北京山区、平原均多见。

巧识 ⊙

注意其茎生叶的基部抱茎，花黄色较深。第一点尤为重要。

用途 ⊙

嫩茎叶可作野菜，也作鸡鸭鹅的青饲料。

全草入药，有清热、解毒、消肿之功效。

近缘种：苦菜花淡黄色

苦菜（*Ixeris chinensis*(Thunb.)Nakai）与上种明显不同处为本种茎矮小，叶基不抱茎，基生叶莲座状，条状披针形，长达 15 厘米，宽 1 ～ 2 厘米。花淡黄色或近白色，花药棕褐色，果有长约 3 毫米的喙。

分布于我国南北多省区。北京多见，北大校园也多见。

嫩茎叶可为饲料。全草入药，可清热、解毒、活血、排脓。

香蒲科

Typhaceae

香蒲花序像蜡烛

燕园有水域，除未名湖之外，在北部朗润园至镜春园一带有长的水域。在校景亭的东北边有个小池，那里有大片香蒲生长。香蒲开花时花序在茎干上部，红红的，圆柱状，极像蜡烛，又由于在水里，故称“水烛”，十分形象。

特征

香蒲属于香蒲科香蒲属，拉丁名为 *Typha angustifolia* L.。多年生沼生草本，茎直立，高达 1.5 ～ 3.5 米。叶片窄长条形，宽 5 ～ 12 毫米，下部鞘状，抱茎。肉穗花序，长可达 60 厘米；雄花序和雌花序在同一茎上部，雄花序在上部，雌花序在下部，二者不相接；雄花序长 20 ～ 30 厘米，雄花有雄蕊 2 ～ 3 枚，基生毛长于花药，顶端分叉或不分叉；雌花序在下，长 10 ～ 28 厘米，基部的叶状苞片早落，雌花的小苞片匙形，短于柱头；花被退化变态成毛状，早落。坚果小，无纵沟。花期 5 ～ 6 月，果期 7 ～ 8 月。

分布于东北、华北、华东及西北的陕西、甘肃、青海。北京有野生，生于浅水边或池塘中。

巧识 ⊙

首先注意其植株很高，高 1.5 ～ 3 米或更高。叶片较窄，宽 5 ～ 12 毫米。如已开花，注意雄花序和雌花序之间有间隔，雄在上，雌在下，雌花序长可达 28 厘米。

用途 ⊗

香蒲的茎叶纤维发达且柔韧，可作编织之用，也为造纸原料。

花粉入药，称“蒲黄”，生用行血消瘀、止痛，炒用止血和治痛经、瘀血胃痛、跌打损伤，外用治痈肿。

雌花叫蒲绒，可作填充物。

香蒲池一奇景

有一年，我走到校景亭东北那个水池的南岸去看香蒲。正注视水面那高高的香蒲景色，忽然扑腾一声，从香蒲丛中飞出几只白鹭，腿很长，颈也长，那情景让我惊奇，至今难忘。它们可能在香蒲下的水中寻小鱼吃。我想可能香蒲的茎叶高而密，掩护了白鹭的活动。如果无香蒲，白鹭不一定来。

禾本科

Gramineae

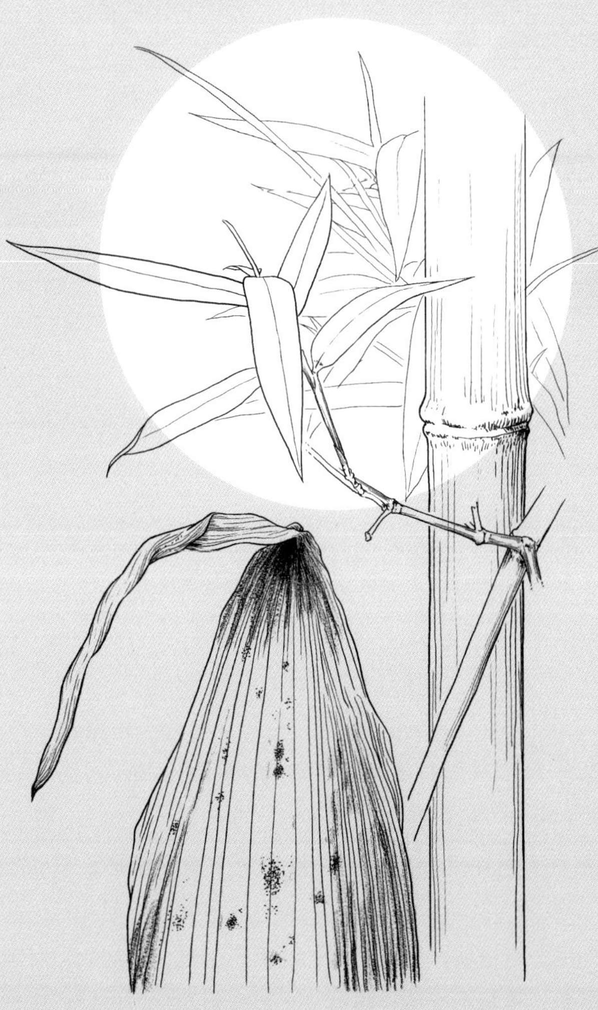

早园竹

早园竹青青

燕园的竹子多为早园竹，集中在临湖轩住宅的东南侧。燕南园的小竹子也为此种，历史较长，一年到头青翠。

特征 ◉

早园竹属于禾本科刚竹属，拉丁名为 *Phyllostachys propinqua* McClure。常绿乔木，茎秆高 4 ～ 8 厘米，直径 3 ～ 5 厘米。节间绿色，新生茎秆多有厚的白粉，有时只在节下有白色环；节间长 5 ～ 20 厘米；竿环、箨环皆中等隆起；箨鞘淡红褐色、黄褐色，有时带绿色，无毛，有白粉；箨舌弧形，两侧不下延，淡褐色，有细而短的白色纤毛；箨耳不发达；箨叶平直形或稍皱状，披针形或呈带状，比箨舌狭；叶鞘无叶耳，叶舌圆弧形，中等大。叶片宽2～3厘米，长13～16厘米，叶柄长2～3毫米。笋期4～5月。

原产于我国，分布于江苏、浙江、安徽、河南等省区。北京多有栽培。

巧识⊙

注意秆箨无箨耳，无肩毛；箨舌弧形；箨鞘斑点紫褐色，集中分布于上部中央，上部边缘多枯焦。

用途⊙

因其竹茎不粗，直径3～5厘米，高7～8米，适于城市居室旁的绿化，竹景可人。

竹笋有甜味，可食。竹竿宜用来制作器具和伞骨。

箬叶竹

箬叶竹叶子宽

在燕园，箬叶竹人一看即知，因为它株高不过1米，叶片宽于园内任何竹子的叶。在未名湖北东南角，向东去的马路北侧山坡底部，栽有多丛箬叶竹。在未名湖西北红一楼西的民主楼前山边也有箬叶竹。

特征

箬叶竹属于禾本科箬竹属，拉丁名为 *Indocalamus longiauritus* Hand.-Mazz.。秆高1米，粗约5毫米，节间长5～20毫米，每节分枝1～3个；箨鞘短于节间，长5～9.5厘米，背部有棕色刺毛；箨舌截形，长0.5～1毫米，鞘口缝毛长1～3毫米；箨耳显著，脱落性，半月形，高1毫米，宽5毫米，有4～12毫米长的流苏状刚毛。箨叶长三角形，长3～55毫米，宽1～6毫米；小枝有叶1～3片，叶片长10～33厘米，宽1.5～6.5厘米；叶耳显著，半月形，顶有流苏状缕毛，次脉6～12对。圆锥花序细长形，长8～14厘米，花序主轴分枝及小穗轴均有白微毛。

分布于华中和西南地区，生山坡。北京引种。

巧识⊙

燕园仅此一种箬叶竹，由于叶子比一般竹子叶宽，植株矮，一看即知。

用途⊙

秆可作竹筷用，叶子可以包粽子。

植株可绿化路基。

草地早熟禾

草地早熟禾很秀气

我在原一教西侧草地以及静园草地上都见过草地早熟禾，株高不到 1 米，秆比较柔弱，花穗也比较细柔。然而它有一种秀丽的风姿，虽没有彩色，绿色仍鲜明好看。

特征

草地早熟禾属于禾本科早熟禾属，拉丁名为 *Poa pratensis* L.。多年生草本，有长匍匐根状茎。秆丛生或单生，较细，高 50 ～ 75 厘米，有 2 ～ 3 节。顶生叶鞘长达 20 厘米，长于叶片；叶舌端截形，长 1 ～ 2 毫米；叶片长 6 ～ 25 厘米，宽 2 ～ 4 毫米。圆锥花序顶生，开展形，长 13 ～ 20 厘米，宽 2.5 ～ 4 厘米；每节分枝 3 ～ 5 个，分枝细弱，有二次分枝；小穗 2 ～ 4 个，生分枝上；基部主枝长5～9厘米，不生小穗部分长2.5～4.5厘米。小穗柄短，卵圆形，绿色，熟后草黄色，长4～6毫米，有2～4小花。颖卵圆形或卵状披针形；第一颖长2.5～3毫米，有1脉；第二颖长3～4毫米，有3脉。外稃纸质，先端有较少膜质，脊与边缘花中部以下有长柔毛；间脉明显，基盘有长蛛丝状毛；第一外稃长3～3.5毫米，内稃短于外稃，最上的内稃与外稃同长。颖果纺锤形。花期5～6月，果期6～8月。

分布于东北、华北及甘肃、四川、山东、江西等省区。

巧识⊙

先看小穗绿色，小穗的基盘有长蛛丝状毛；有较长的匍匐根状茎；叶舌先端截形，长1～2毫米。

用途⊙

是很好的草坪、草地绿化植物。因其含营养物质多，如开始出穗时，含粗蛋白质、脂肪和纤维素等，又是很好的饲用植物。

臭草叶鞘闭合

燕园的春夏季，在路边草地，随处可见到臭草。臭草又叫枪草、肥马草。

其叶鞘闭合，在禾本科为一特殊性状，为识别要点。禾本科中叶鞘闭合的种类少，雀麦属（*Bromus*）的叶鞘也是闭合的。

特征

臭草属于禾本科臭草属，拉丁名为 *Melica scabrosa* Trin.。多年生草本，秆直立，高 30 ～ 70 厘米；基部有时膝曲，常密生分蘖。叶鞘闭合，无毛，下部叶鞘长于节间，上部叶鞘短于节间；叶舌膜质，透明，长 1 ～ 3 毫米，顶端撕裂状而两侧下延；叶片长 4 ～ 15

厘米，宽 2 ～ 7 毫米。圆锥花序狭窄，长 8 ～ 16 厘米，宽 1 ～ 2 厘米，分枝紧贴主轴，直立或斜上；小穗柄弯曲，上部有微毛；小穗长 5 ～ 7 毫米，有 2 ～ 4 能育小花，顶部有几个不育的外稃集成小球状。颖大略相等，膜质，有 3 ～ 5 脉，长 4 ～ 7 毫米；外稃有 7 脉，背部粗糙，颗粒状；第一外稃长 5 ～ 6 毫米，内稃一般稍短于外稃，有时二者相等。雄蕊 3。颖果褐色，光亮，纺锤形，长约 1.5 毫米。花期 4 ～ 7 月，果期 5 ～ 8 月。

分布于华北及西北地区。北京山区、平原都多见。

巧识 ⊙

首先看它的叶鞘是闭合的，不像多数禾本科草叶鞘是纵开口的。如果在花、果期，除看叶鞘以外，还可看到其小穗的柄是弯曲的，再看颖果褐色而光亮，纺锤形。

用途 ⊙

虽为杂草，但也为饲料。

芦苇

芦苇高达3米

由朗润园一条小道向西去，在水域边多见芦苇。在禾本科野生种中芦苇最高大，无人照料也能生长良好。芦苇不能离开水，当然也可上岸成陆生性，但总体靠水生。

特征

芦苇属于禾本科芦苇属，拉丁名为 *Phragmites australis* (Cav.) Trin. ex Steud.。多年生水生或湿地生，可陆生高草本，根状茎匍匐生，秆高达3米，直径2～10毫米，节下有白粉。叶鞘圆筒形，叶舌有毛。叶片长15～25厘米，宽1～3.5厘米。圆锥花序顶生，长10～40厘米，开散状，稍下垂，下部枝腋有白柔毛，小穗含4～7小花，长12～16毫米；颖有3脉，第一颖长3～7毫米，第二颖长 5 ～ 11 毫米，第一花为雄性，第一外稃比颖大，长 8 ～ 15 毫米，内稃长 3 ～ 4 毫米，雄蕊 3。颖果长圆形。花、果期 7 ～ 11 月。

分布在全国各地温带地区，常生水边。北京多见。

认识

有匍匐根状茎，秆高大，高达 3 米。圆锥花序顶生，宽散状，有长丝状密柔毛。

用途 ⊕

由于秆高大，为编席原料。又可造纸。嫩茎叶为营养高的饲料。

根状茎入药，有健胃镇呕、生津止渴和利尿的功能，可治热病、高烧、烦渴、牙龈出血、鼻出血。

古人咏芦苇诗

唐代雍裕之的《芦花》是五言诗，简单几句，芦花的形象跃然纸上：

夹岸复连沙，枝枝摇浪花。
月明浑似雪，无处认渔家。

唐代翁洮有《苇丛》诗：

得地自成丛，那因种植功。
有花皆吐雪，无韵不含风。
倒影翘沙鸟，幽根立水虫。
萧萧寒雨夜，江汉思无穷。

《苇丛》前六句写了芦苇的生态状态是得地就长成丛，生命力顽强，给人一种恬适之感。末两句透露出作者的孤寂情怀。

纤毛鹅观草

纤毛鹅观草花序下垂

纤毛鹅观草很少只见一株，总是成片而生，又比较高，秆也较粗，在燕园各处的草地上总能见到。

特征

纤毛鹅观草属于禾本科鹅观草属，拉丁名为 *Roegneria ciliaris* (Trin.) Nevski。多年生草本，茎秆单生或疏丛生，常直立，高可达 80 厘米或更高，无毛而有白粉，常有 3 ～ 4 节。叶鞘无毛，有时下部的叶鞘边缘略有毛，上部二节的叶鞘短于节间。叶片长 10 ～ 20 厘米，宽 3 ～ 10 毫米，无毛，边粗糙。穗状花序顶生，多少呈下垂状，长 10 ～ 20 厘米，每节生 1 小穗，穗轴节间长 10 ～ 15 毫米，小穗绿色，长 15 ～ 22 毫米（不含芒），有 7 ～ 10 小花，稍两

侧压扁；颖片椭圆披针形，有5～7脉，边缘及边脉有纤毛；第一颖长7～8毫米，第二颖长8～9毫米；外稃长圆状披针形，背部有粗毛，边缘有长硬纤毛，上部有5脉；基盘两侧及腹面有极短的毛；第一外稃长8～9毫米，有芒，芒长10～20毫米，平时芒向外反曲，内稃长为外稃的2/3，脊上有短纤毛。花、果期5～7月。

分布于南北各省区。北京山区、平原极常见，生荒地、路边草地或河沟边丛林下。

巧识 ◉

如在营养期，注意其叶片两面和边缘处都无毛，茎秆光滑无毛，有时见有白粉。如已出花序，注意花序可长达20厘米，小穗互生。外稃有长12～20毫米长的芒，芒平时向外反曲。小穗含7～10小花。

用途 ◈

嫩草为饲料。

牛筋草

牛筋草茎下部压扁

燕园的草地上，可见到牛筋草。它又名蟋蟀草，没有一定的生长地，凡路边草地或荒地，都可见到，但不如狗尾草那么普遍。我一直对蟋蟀草这个名字感到不解。为什么用昆虫蟋蟀为它命名？后听人说是因为用此草可以逗蟋蟀打架……

特征 ◉

牛筋草属于禾本科䅟属，拉丁名为 *Eleusine indica* (L.) Gaertn.。一年生草本，茎秆丛生，基部倾斜膝曲，有时完全直立，高 15 ～ 90 厘米；茎基部压扁。叶鞘扁而有脊，无毛或有疏毛，口部有柔毛。叶舌长 1 毫米，叶片长 15 厘米，宽 3 ～ 5 毫米，无毛或上有疣基的柔毛。穗状花序长 3 ～ 10 厘米，宽 3 ～ 5 毫米，簇生于茎顶，指状排列，有时下部有分枝；小穗有 3 ～ 6 小花，长 4 ～ 7 毫米，宽 2 ～ 3 毫米；颖披针形，有脊；第一颖长 1.5 ～ 2 毫米，第二颖长 2 ～ 3 毫米；第一外稃长 3 ～ 3.5 毫米，有脊，脊上有窄翅，内稃较短，脊上有纤毛。果实为胞果，果皮疏松；种子长 1.5 毫米，卵形，有波状皱纹。花、果期 6 ～ 10 月。

分布于我国各省区。北京多见，生于田野、荒地。

巧识 ⊙

牛筋草有特殊性，它的茎叶压扁形，下部膝曲。花序 2 至多个呈指状排列。其果实不为颖果（果皮、种皮愈合分不开称颖果）而为胞果。果皮疏松，是与种子分开的。

用途 ⊕

此全草可为家畜饲料。全草可入药，有清热解毒、祛风利湿、散瘀止血的作用，可用以防治流行性乙型脑炎等病。外用治跌打损伤，将鲜草捣烂外敷患处。

虎尾草

虎尾草花序簇生茎顶

燕园有虎尾草，高不过 20 ～ 60 厘米，和其他杂草一样，虎尾草也为一年生。凡路边草地或绿篱下边总能见到它。

特征

虎尾草属于禾本科虎尾草属，拉丁名为 *Chloris virgata* Swartz.。一年生草本，高达 60 厘米，茎秆丛生，直立或中下部膝曲，无毛。叶鞘无毛，背面有脊，较疏松，最上叶鞘内包花序，呈肿胀形；叶舌长约 1 毫米，有小纤毛；叶片长 5 ～ 25 厘米，宽 3 ～ 6 毫米，无毛。穗状花序顶生，长 3 ～ 5 厘米，有 4 ～ 10 个，簇生茎顶，指状排列；小穗长 3 ～ 4 毫米（芒在外），覆瓦状紧密排于穗轴的一侧，幼时淡绿色，熟后带紫色；颖片膜质，有 1 脉；第一颖长 1.5 ～ 2 毫米，第二颖长 3 毫米，有 3 脉，芒长 0.5 ～ 1.5 毫米；第一外稃长 3 ～ 4 毫米，有 3 脉，边脉密生长毛，芒出自顶端下部，长 5 ～ 15 毫米；内稃稍短，脊上有纤毛；不育花外稃顶端截平，长 2 毫米，芒长 4 ～ 8 毫米。颖果长约 2 毫米。花期 6 ～ 7 月，果期 7 ～ 9 月。

分布于全国各省区。北京各地均多见。

巧识 ⊙

未出花序前，注意其为丛生，叶鞘无毛，松弛，最上部叶鞘内包有花序，肿成棒槌状。出花序后，可见 10 多个花序呈指状排列；小穗列于穗轴的一侧，有芒，芒生于外稃顶端靠下方的位置。

用途 ⊙

为各种牲口的饲草。

狗牙根

狗牙根地上茎匍匐生

狗牙根是草本，由于有根状茎和匍匐茎，因此在地面上发展快，有点“霸道”。我曾在西校门外承泽园的一块草地中见过它，它盘踞在草地上，牵一根茎扯起来一片，真是与众不同。

特征 ◉

狗牙根属于禾本科狗牙根属，拉丁名为 *Cynodon dactylon* (L.) Pers.。多年生草本，有根状茎，地上茎秆匍匐生，可长达 1 米，向上直立部分高仅 10 ～ 30 厘米。叶片窄条形，长 1 ～ 6 厘米，宽 1 ～ 3 毫米。穗状花序数个，长 1.5 ～ 5.5 厘米，簇生茎顶，呈指状排列；小穗灰绿色或带紫色，长 2 ～ 2.5 毫米，含 1 小花；颖几等长，有 1 中脉，形成背脊，两侧膜质，长 1.5 ～ 2 毫米；外稃草质，有 3 脉和小穗同等长；内稃与外稃等长。颖果。花、果期 5 ～ 9 月。

分布于黄河以南多省区。北京可见，多作为草皮用草。

巧识 ⦿

注意有地上匍匐茎，叶较短窄，地上茎细长，达 30 厘米，顶有 3 ～ 6 个穗状花序，指状排列。小穗无芒，仅含 1 小花。

用途 ⦿

利用茎的匍匐性和较矮的特性，作草坪植物很适宜。又可作护堤岸的草以保土，防止水土流失。

根状茎及全草入药。有清热利尿、散瘀止血、舒筋活络的功能，治上呼吸道感染、尿道感染和风湿骨疼，外用治跌打损伤。

茭白

茭白秆基的“茭白”可做菜

北大镜春园有个大水池，池上有一架东西向的石桥，桥下水池中多芦苇，但也有茭白。茭白的叶子很厚，植株可高2米以上，是一种特别的植物。

特征

茭白属于禾本科菰属或茭白属，拉丁名为 *Zizania caduciflora* (Turcz. ex Trin.) Hand.-Mazz.。多年生高草本，挺水生，有细长根状茎，须根粗壮；茎秆直立，可高2米以上，下部节上有不定根。叶片宽、长，长达30～80厘米，宽1～2.5厘米；叶鞘肥厚，长于节间；叶舌膜质，三角形。花单性，雌雄同株；圆锥花序长30～50厘米，分枝多簇生，下部分枝开展。雄小穗生花序下部，有短柄，紫色，长 10 ～ 15 毫米，颖退化；外稃有 5 脉，先端渐尖，或有短芒；内稃有 3 脉，雄蕊 6 个。雌小穗位于花序上部，长 10 ～ 25 毫米；外稃有 5 脉，脉粗糙，有芒；内稃有 3 脉。颖果圆柱形，长约 10 毫米。花、果期 7 ～ 9 月。

分布于我国南北各省区。北京各水域多见，为挺水植物，与芦苇、香蒲混生。

巧识 ⊙

首先它是挺水高草本，高达 2 米，叶片长达 80 厘米，比芦苇叶片长得多，又茭白的叶舌膜质，不同于芦苇叶舌毛状。茭白花单性，雌小穗外稃有长芒。芦苇小穗两性，小穗基盘有长丝状柔毛。

用途 ⊙

茭白有一个特点：秆基节为茭白黑粉菌（*Ustilago esculenta*）寄生，因此膨大、柔嫩，在北京叫作茭白或茭笋，可以炒食，为著名蔬菜。

秆和叶为饲料。根和谷粒（称菰米）可入药，治冠心病。茭白多栽于水边，既可护岸又为蔬菜，一举两得。

茭白自古多别名

“苽”，据《本草纲目 · 卷二 · 三菰米》：“菰”本作“苽”，茭草也。其中生菌如瓜形，可食，故谓之“苽”。此外，亦称其为茭笋、菰、茭、雕胡、茭耳菜、菰蒋、蒋等。

求米草

求米草叶缘起皱

临湖轩西边有一条向北去的路，路西树林下有成片生长的求米草。有些奇怪的是它怎么来的？只能说燕园原来也是一块荒地，当初就有求米草生长，后来在荒地上盖房子，年深日久，才有了燕园，而求米草由于繁殖力强，也就跟着人的活动待下来了。如今燕园，凡有树荫的地方，几乎都可以看见求米草。

特征

求米草属于禾本科求米草属，拉丁名为 *Oplismenus undulatifolius* (Ard.) Roem. et Schult.。一年生草本，茎秆细弱，下部横卧，斜上升，高不过 10 ～ 20 厘米，有毛或无毛。叶鞘上多疣基短刺毛或仅边缘有缘毛；叶舌短小；叶片披针形，有横脉，常有皱，长 2 ～ 8 厘米，宽 5 ～ 18 毫米，先端尖，基部近圆形，稍不对称，有细毛。复总状花序顶生，花轴长 2 ～ 8 厘米，无毛或有密毛。小穗簇生，顶部成对生，小穗卵圆形，几无毛，长仅 4 毫米，第一颖有 3 脉，长为小穗的 1/2。顶生硬而直的芒，长 1 厘米，第二颖有 5 脉，长于第一颖，有短芒，长 5 毫米。第一外稃草质，与小穗等长，有 7 ～ 9 脉，无芒或有短尖头，内稃有或无。颖果椭圆形，长 3 毫米。花、果期 7 ～ 10 月。

分布于南北各省区。北京也有。

巧识 ⊙

在林荫下成片生长的矮小禾草，叶片披针形，有皱，为重要识别标志。另须注意为复总状花序，小穗簇生。

用途 ⊙

可作饲料。

稗

稗无叶舌

稗在燕园近水处，如北部的朗润园、镜春园一带均可见。

特征

稗又称稗草、稗子，属于禾本科稗属，拉丁名为 *Echinochloa crusgallii* (L.) Beauv.。一年生草本，茎直立或下部倾斜，有时膝曲状，可高达 1 米，无毛，丛生。叶鞘疏松，无毛，无叶舌。叶片条形，长 20 ～ 50 厘米或更长，宽 5 ～ 20 毫米，边缘粗糙，上面略粗糙，中脉宽白色。圆锥花序顶生，疏松状，绿色或带紫色，长 9 ～ 20 厘米或更长。穗轴粗糙，基部有硬刺疣毛。小穗多，密集生于穗轴一侧，单生或簇生；小穗一面平，一面凸出，几无柄，除芒外长 3 ～ 4 毫米；第一颖三角形，基部包卷小穗，长为小穗的 1/3 ～ 1/2，有 5 脉；第二颖先端渐尖或小尖头，有 5 脉；第一外稃草质，有 7 脉，有硬刺疣毛，且延伸成粗壮的芒，芒长 5 ～ 10 毫米或更长，粗糙；内稃等长于外稃，薄膜质，有 2 脊，脊上糙涩，能育花的外稃外凸内平，光滑发亮，下部边缘内卷，上部平展；内稃尖端外露，内有 3 雄蕊，1 雌蕊，2 个鳞被。颖果白色或棕色，长 2.5 ～ 3 毫米，宽 1.5 ～ 2 毫米，椭圆形，坚硬。花、果期 7 ～ 9 月。

分布几遍全国，平原、山地均可见。北京普遍分布。

巧识 ⊙

首先注意它的叶片内侧基部无叶舌这一点相当有用，因大部分禾本科野草有叶舌。稗在无叶舌之处色淡光滑，另外稗草叶片中脉宽而白的形象最好认。以上两点能更好与稻的植株区分。

用途 ⊙

稗粒可食，也可造酒，茎叶可造纸。绿秆叶为优良饲料，牲口爱食。

止血马唐

止血马唐小穗长 2 毫米

止血马唐为一种杂草，在未名湖边几乎随处可见。别的杂草地、路边或树丛下也有，静园可以见到。

特征

止血马唐属于禾本科马唐属，拉丁名为 *Digitaria ischaemum* (schreb.) ex Muhl.。一年生草本，茎秆直立或下部倾斜，比较细弱，高 30 ～ 40 厘米。叶鞘疏松状，多短于节间，有脊，无毛或有软毛；叶舌长 0.5 ～ 1 毫米；叶片疏生柔毛，长 2 ～ 8 厘米，宽 1 ～ 5 毫米。总状花序顶生，常有 2 ～ 4 个，长 2 ～ 8 厘米，彼此较近或最下一个较远离；穗轴稍呈波状，宽 0.8 ～ 1.2 毫米，中肋白色，两侧绿色，边缘粗糙；小穗长 1.8 ～ 2.4 毫米，每节有小穗 2 ～ 3

个；第一颖小或无，膜质，无脉；第二颖与小穗等长或稍短，较窄，有3脉，脉间及边缘有棒状柔毛；第一外稃有5脉，脉间及边缘有棒状柔毛。谷粒熟时黑褐色，与小穗等长，颖果。花、果期7～10月。

分布在我国大部分地区。在北京为常见杂草。

巧识⊙

有点像牛筋草，是由于它花序多个，像指状排列；但止血马唐的小穗细小，长只有2.4毫米以下，且茎叶不压扁。

用途⊙

全草可做饲料。

近缘种：燕园应还有另外2种马唐，即马唐和毛马唐。以下仅论2种与止血马唐的区别，供参考。

1. 马唐小穗长3～3.5毫米

马唐（*Digitaria sanguinalis* (L.) Scop.），一年生草本，高可达1米。叶片宽可达1厘米。花序3～10个，小穗长3～3.5毫米。叶舌长1～3毫米。

分布于全国，北京较多见。为优良牧草，谷粒可制淀粉供食用。

2. 毛马唐小穗有疣基状长柔毛

毛马唐（*Digitaria ciliaris* (Retz.) Kvel.），一年生草本，高20～60厘米，无毛。叶舌膜质，长1.5～3毫米；叶片宽3～10毫米；花序4～6个，在花茎顶指状排列，长5～12厘米。小穗长3.5～4毫米，小穗第二颖的脉间和第一外稃的两侧成熟后有疣基状长柔毛。后者为与马唐的重要区别。

分布于全国，北京多见，常与前二种混生。为优等牧草，牛和羊均喜吃。

狗尾草

狗尾草刚毛绿色或紫色

狗尾草在燕园几乎到处都有，而且不是单株的，总是成片成丛繁生。为了便于给树浇水，会在树木主干的基部挖一个环绕的低坑，这样的小环境，狗尾草也“喜欢”来，且往往成片覆盖，因为人工为树浇水，使土壤湿润，很合狗尾草的“胃口”。

特征 ◉

狗尾草属于禾本科狗尾草属，拉丁名为 *Setaria viridis* (L.) Beauv.。一年生草本，秆直立，高 30 ～ 100 厘米或更高，较细弱。叶鞘较松，有毛或无毛；叶舌纤毛状，长 1 ～ 2 毫米；叶片长 5 ～ 30 厘米，宽 3 ～ 10 毫米，无尾。圆锥花序顶生，圆柱状，长 3 ～ 15 厘米，径 1.5 ～ 3 厘米（含刚毛长度），直立或点头状弯（稍弯）有刚毛，每簇均有 9 条，长 4 ～ 12 毫米，绿色、黄色或带紫色花序，颜色变化多。小穗椭圆形，端钝，长达 2.5 毫米。第一颖卵形，长为小穗长的 1/3，有 3 条脉；第二颖几与小穗等长，有 5 条脉；第一外稃与小穗等长，有 5 ～ 7 条脉；内稃狭窄。颖果，谷粒长圆形，端钝，有皱纹。花、果期 6 ～ 10 月。

分布于全国各省区，较普遍。北京山区、平原均多见。

巧识 ⊙

开花时，看花穗圆柱状，又不是特粗，有刚毛，即为狗尾草。但必须确定花穗的刚毛是不脱落的，即颖果成熟掉落之后，刚毛均在植株的花序轴上。

如果在未开花时，可看其叶舌必是纤毛状的，长 1 ～ 2 毫米。

用途 ◈

狗尾草苗期幼嫩，为好饲料，其成熟种子可以食用，家禽也喜食。

狗尾草全株入药，有祛风明目、清热利尿的作用，治风热感冒、目赤疼痛。

近缘种：金狗尾草刚毛金黄色

金狗尾草（*Setaria glauca* (L.) Beauv.）与上种不同处：金狗尾草的刚毛金黄色，小穗较大，长 3 ～ 4 毫米。全草为马、牛、羊喜食的牧草。

分布于全国各省区。北京较多见。

荻

荻有点像芦

在未名湖北部那个岛上东北角的水边，我见过荻，因为环境好，没人去践踏它，荻生长得不错。在原化学楼东侧，我也曾见过杂草地中有荻，但后来不见了。荻有点像芦苇，也有丝状长柔毛，也是高大草本，高达 1.5 米，因此荻和芦常并称。

特征

荻属于禾本科芒属，拉丁名为 *Miscanthus sacchariflorus* (Maxim.) Hack.。多年生高大草本，根状茎粗壮，有鳞片。秆直立，无毛，高 1.2 ～ 1.5 米，多节，节上有长须毛。下部叶鞘比节间长，叶舌先端钝圆，长 0.5 ～ 1 毫米，有小纤毛；叶片长条形，长可达 60 厘米，宽可达 12 毫米。圆锥花序顶生，呈扇形，长达 30 厘米，主轴无毛，分枝的腋间有短毛，分枝弱，长可达 20 厘米；穗轴节间无毛，长 4 ～ 8 毫米，每节生一对小穗，小穗无芒，一有短柄，另一有长柄；小穗柄无毛或腋间有少量茸毛，先端稍膨大，短柄长 1 ～ 2.5 毫米，长柄长 3 ～ 5 毫米；基盘有白色丝状长柔毛，长达小穗的 2 倍。第一颖有 2 脊，无脉或脊间有 1 不明显脉，边部和上部有长柔毛，毛长为小穗 2 倍以上；第二颖有 3 脉。第一外稃披针形，比颖稍短，无脉或 1 脉不明显；内稃长为外稃之半，先端不规则齿裂。颖果。花、果期 8 ～ 9 月。

分布于东北、华北、华东和西北。北京有分布。

巧识 ◉

注意有横生根状茎，茎秆直立，其节处有长毛。如已出扇形花序，看其小穗无芒，只有第二外稃有极短之芒，且内藏；小穗基盘上的毛长为小穗的 2 倍。

用途 ⊙

根状茎可入药，有清热、活血的作用。

白茅

白茅花序一团白柔毛

燕园有白茅，在朗润园、镜春园杂草地上发现过。

特征

白茅属于禾本科白茅属，拉丁名为 *Imperata cylindrica* (L.) Beauv.。多年生草本，有根状茎。秆直立，成丛，高达 50 厘米，有 2 ～ 3 节，节上有长柔毛。叶集中于基部，叶鞘无毛或上部边缘和鞘上有纤毛，叶鞘老时破裂为纤维状；叶舌干膜质，长 1 毫米，钝尖形；叶片长 10 ～ 50 厘米，宽 2 ～ 8 毫米，主脉明显，向背部突出，顶生叶片短小。圆锥花序，圆柱状，长5～20厘米，宽1.5～3厘米，分枝短而密集；小穗多成对，有时单生，基部围以细长丝状柔毛，毛长达15毫米；小穗披针形或长圆形，长3～4毫米。两颖等长，颖边缘有纤毛，背面疏生丝状柔毛。第一颖较狭，3～4脉，第二颖较宽，4～6脉；第一外稃长1.5毫米，无内稃，第二外稃长1.2毫米，内稃等长，先端截平，有数齿。雄蕊2，花药黄色，柱头2，深紫色。颖果。花期4～6月，果期6～7月。

分布几遍全国各地。北京山区多见，平原也有。

巧识⊙

如果在开花时，明显为圆锥花序，圆柱形，长10～20厘米，花序外为白色丝状长毛所包。顶生叶多见叶鞘，叶片极端小或近于无叶片，大部分叶片集中在基部。地下茎长，因此往往长成一片。

用途

其秆为造纸原料；其根状茎入药，叫“茅根”，是一种利尿清热剂。

由于根状茎发达，可植于山坡，防水土流失。

白茅又称丝茅、甜草和万根草

《本草纲目·草部·白茅》中有云：“白茅短小，三四月间开白花成穗，结细实。其根甚长，白软如筋而有节，味甘，俗呼丝茅。”由于白茅根状茎有甜味，因此白茅在民间又称“甜草”；又由于根状茎发达，被称为“万根草”。

《诗经》的《野有死麕》中提到白茅：“野有死麕，白茅包之。……白茅纯束，有女如玉。”借白茅的柔美、白皙，引发读者对少女的联想。

野牛草

野牛草雌小穗簇生成头状

野牛草是近20年引进的“草坪草”，在大图书馆东侧、生物楼西南侧等处的草地都可见到它。因它有匍匐枝，又矮小，所以“占地”能力很强。

特征

野牛草属于禾本科野牛草属，拉丁名为 *Buchloe dactyloides* (Nutt.) Engelm.。多年生草本，有地上匍匐枝，高 5 ～ 25 厘米，细弱而广泛。叶鞘很紧，略有毛；叶舌短小，有细柔毛；叶片粗糙，细条形，长达 20 厘米，宽 1 ～ 2 毫米，两面有疏白柔毛。雄花序 2 ～ 3 个，长 5 ～ 15 毫米，宽仅 5 毫米，草黄色；雄小穗有 2 花，无柄，呈两行紧密排列于穗轴的一侧。颖不相等，有 1 脉；外稃长于颖片，有 3 脉；内稃等长于外稃。雌小穗含 1 花，4 ～ 5 个簇生成头状，常 2 个并生，外有膨大的叶鞘。第一颖薄，位于花序内侧；第二颖位于花序外侧，硬草质，背部圆形，下部膨大，顶端有 3 个绿色裂片；外稃厚膜质，有 3 脉，顶端有 3 个绿色裂片；内稃与外稃均等长。颖果。花、果期 6 ～ 8 月。

原产自美洲，我国引种，北京栽培作草坪草。

巧识 ⊙

要注意它有地上匍匐茎，向四面扩张力强，又矮小；两个雌花序并生，外包一膨大的叶鞘。

用途 ⊙

优良草坪植物，因矮小，铺散力强。

莎草科

Cyperaceae

头状穗莎草

头状穗莎草小穗成团

一般莎草都较矮小，但头状穗莎草可高达 1 米，甚至过之。我在北大校园西南校门（未走汽车之门）内的水池边见过，它长得高高的，易识别。

特征 ◉

头状穗莎草属于莎草科莎草属，拉丁名为 *Cyperus glomeratus* L.。一年生草本，茎秆散生，粗壮，高可达 1 米；钝三棱形，无毛。叶少数，短于秆，宽 4 ～ 8 毫米；叶鞘长，红棕色。叶状总苞的苞片 3 ～ 4 枚，长于花序，边缘粗糙；长侧枝聚伞花序复出，有辐射枝 3 ～ 8 条，长短不同，最长者有 12 厘米。穗状花序无总梗，近圆形、椭圆形或长圆形，长 1 ～ 3 厘米，宽 6 ～ 17 毫米；有多数小穗，多列，排序紧密，条状披针形或条形，稍扁平，长 5 ～ 10 毫米，宽 1.5 ～ 2 毫米，有小花 8 ～ 16 朵；小穗轴有白色透明的翅；鳞片排列疏松，膜质，近长圆形，端钝，长 2 毫米，棱红色，背部无龙骨状突起，脉不明显，边缘内卷。雄蕊 3 枚，花药短，长圆形，暗血红色；花柱长，柱头 3 枚，较短。小坚果三棱形，长为鳞片的 1/2，灰色，有网纹。果期 7 ～ 9 月。

分布于东北，以及河北、河南、山西、陕西和甘肃等省区，多生水边沙土上或阴湿草丛中。北京有分布。

巧识 ⊙

首先为高达 1 米的杂草，茎秆钝三棱形，叶短于茎秆。注意其长侧枝聚伞花序复出，3 ～ 8 条辐射枝，长短不一。穗状花序有极多的小穗，小穗多列，排列极密，小穗条形、条状披针形。小坚果三棱形。

用途 ⊙

为水田的杂草，尚不知有何用处。

细叶薹草

细叶薹草叶狭细

北大校园的一些草地上，能见到细叶薹草，其茎秆矮，叶片窄细，宽不到2毫米，像胡须一样，因此又称羊胡子草。

特征

细叶薹草属于莎草科薹草属，拉丁名为 *Carex rigescens* (Franch.) V. Krecz.。多年生草本，有细长的根状茎，疏丛或密丛生。叶片狭细，长3～9厘米，宽0.5～1.5毫米。花序顶生，隐于叶丛或伸出。小穗有少数小花，紧排成卵形，红褐色；苞片宽卵形，膜质，红褐色，背部有1脉，先端锐尖；小穗异性，雄小穗在上，花药条形，长约2.5毫米；雌花鳞片卵形，先端尖，膜质，背部有1脉，中部红褐色，边缘膜质。果囊卵状披针形，下部黄褐色，上部有喙，膜质，口部有2裂，柱头2。花、果期4～6月。

分布于东北、华北、西北、等地。北京山区、平原均可见。

巧识

注意其为矮小草本，有细长根状茎，秆细长，仅10厘米以下。叶片窄细，宽仅0.5～1.5毫米。花穗顶生，一个小穗内上部为雄花，其余为雌花，雌蕊柱头2个。

用途

因其秆矮而丛生，极宜于作草坪植物。

异穗薹草

异穗薹草成片生

异穗薹草在燕园各草坪上都有，成片生，有时见于路边灌丛附近。

特征 ◉

异穗薹草属于莎草科薹草属，拉丁名为 *Carex heterostachya* Bge.。多年生草本，有细根状茎。茎秆高达 35 厘米，三棱形，基部有棕色鞘状叶。基生叶条形，长 5 ～ 30 厘米，宽 2 ～ 3 毫米，边缘外卷，有细锯齿。小穗 3 ～ 4 个，顶生小穗雄性，尖形；鳞片卵状披针形，背部黑褐色。雌小穗侧生，长圆形或卵球形，花密，长 1 ～ 1.5 厘米，有短苞；雌花鳞片卵形，锐尖，背部黑色，中脉及两侧有一条赤褐色条纹，锐尖，且有时突出成尖头，边缘微膜质。果囊卵形、广椭圆形，上下两端渐尖，革质，有光泽，无脉。柱头 3，花柱及柱头密生柔毛。小坚果长 3 毫米，无柄，不落。花、果期 4 ～ 6 月。

分布于东北、华北和西北，北京多见于平原及山区。

巧识 ⊙

注意其有横走的根状茎，茎秆三棱形，高达 35 厘米。小穗单性，最顶生的为雄性小穗，柱头 3。小坚果三棱形。

用途 ⊙

常被用作草坪植物。

青绿薹草

青绿薹草雌穗鳞片有芒

燕园不时见到青绿薹草，都在各草地中，但不是很多。显著的特点是它的花穗绿色，植株比较矮，叶片窄。

特征

青绿薹草属于莎草科薹草属，拉丁名为 *Carex leucochloa* Bge.。多年生草本，无匍匐根状茎，有丛生的细须根，秆丛生，高 10 ～ 40 厘米。叶片长 4 ～ 25 厘米，宽 1 ～ 5 毫米。花序矮，不伸出叶丛外或略伸出。小穗 2 ～ 6 个，直立；顶小穗为雄的，长 4 ～ 20 毫米；中下为雌小穗，呈球形或短圆柱形；常无梗，长 5 ～ 30 毫米。最长苞片叶状，绿色，基部有鞘。雌花的鳞片倒卵形，背面中部绿色，两侧白色，有 1 脉先端延长成芒状或尖头状。

果囊倒卵形，长 1.5 ～ 3 毫米，有短毛，有脉，端有短喙，口部有 2 小齿，柱头 3。花、果期 5 ～ 7 月。

分布于东北、华北、西北等地区。北京山区、平原均可见，多生向阳山坡上。

巧识 ⊙

注意其为矮草本，无匍匐根状茎，叶片窄，宽不超过 5 毫米。花序绿色十分显著，一般不超出叶丛，顶生小穗为雄性，中下部为雌性，柱头 3 个。

用途 ⊙

嫩茎叶为优良饲料，作草皮也适合。

涝峪薹草果囊大，长 5 ～ 6 毫米

涝峪薹草集中在大图书馆东边台阶下两侧的小斜坡上，成弧形的一线，南北两侧均有。生长旺盛。

特征 ◎

涝峪薹草属于莎草科薹草属，拉丁名为 *Carex giraldiana* Kük.。多年生草本，株高达 25 厘米，丛生。有木质化的根状茎，匍匐状；茎秆直立，扁三棱形，平滑。近基部生叶，叶短与秆或等长，宽 3 ～ 6 毫米，绿色；苞片佛焰苞状，有鞘。小穗 3 ～ 5 个，疏近生；顶生为雄性，呈棒状圆柱形，长 1.5 厘米；雌性小穗侧生，卵形，有 3 ～ 5 花，长 8 ～ 10 毫米。短总梗细而平滑，藏于鞘内，上部 2 小穗与下部的小穗相距略远，最下小穗近秆的基部。雌花鳞片倒卵状，长圆形，先端钝形或截形，有粗糙的芒，背部中肋绿色，两侧污白色，膜质。果囊与鳞片等长，倒卵形，长 5 ～ 6 毫米，淡褐绿色，鞘革质，呈膨胀三棱形，疏有短硬毛，多脉，先端急狭成喙，基部渐狭成梗，喙长 1.2 毫米，口部有 2 齿。小坚果倒卵形，有三棱，长 4 毫米，淡黄绿色，先端缢缩成环状，基部凹陷，平滑。花柱尖塔形，柱头 3。花、果期 4 ～ 5 月。

分布于河北、陕西等省区，北京山区有分布。

巧识 ⊙

它的叶片粗硬，有匍匐木质化根状茎，秆丛生，扁三棱形，近基部生叶。苞片佛焰苞状，有鞘，小穗 3 ～ 5 个，顶生的为雄性。小坚果倒卵形，有三棱，淡黄绿色。

用途 ⊙

全草嫩时为饲料草，可用于公园草坪绿化。

天南星科

Araceae

半夏

半夏叶片 3 全裂

在蔡元培塑像东，下坡的小路西侧树林下，有半夏生长；由塑像西南方向一条小路向南去，路的西侧草地中，也有半夏。半夏喜欢有荫的地方，上述两地都符合它的要求。

特征 ◉

半夏属于天南星科半夏属，拉丁名为 *Pinellia ternata* (Thunb.) Breit.。多年生草本，块茎呈圆球形。叶基生，一年生者为单叶，呈心状箭形或椭圆状箭形，2 ～ 3 年生者为 3 全裂叶，生于叶柄之顶；小叶卵状椭圆形或倒卵状，长圆形；总叶柄长 10 ～ 20 厘米，基部有鞘，鞘内鞘部以上或叶片基部有一小形的珠芽。花序柄长于叶柄，佛焰苞绿色或绿白色，管部狭圆柱形；肉穗花序，花序下部为雌花序，长2厘米，花序上部为雄花序，长5～7毫米，两者间隔约3毫米；顶部的附属器尾状，绿色变青紫色；雌雄花均无花被，雄花有2雄蕊，雌花的子房卵圆形，1室，1胚珠。浆果卵圆形，黄绿色，先端渐狭成花柱。花期5～7月，果期8月。

分布于东北、华北、华东和西南地区。北京多见，多生阴湿地方。

巧识⊙

注意单叶为一年生，多见三小叶。花序为佛焰花序，外有一佛焰苞，伸出1绿色尾状附属器，即知为半夏。特别注意其叶柄上有小形球芽。切忌入口，因有毒。

用途⊙

草地上生长，因佛焰花序奇特，有观赏价值；为有毒植物，不可入口。

其块茎有毒，但经炮制后可入药，有开胃、止呕、健脾、祛痰和镇静的作用，可治咳嗽痰多、恶心呕吐。

近缘种：掌叶半夏叶片掌状裂

掌叶半夏（*Pinellia pedatisecta* Schott）又称虎掌半夏或狗爪半夏，与上种明显不同处为，本种的叶片为掌状裂，中裂片全缘，长椭圆披针形，侧裂片再裂成 3 ～ 4 片，呈鸟足状分裂。整个植株较半夏粗壮，叶也宽大得多，分布与药效同半夏。

北大校园过去从未有此种，2014 年夏忽见老哲学楼西南角草地有一小片，生长尚好，处于山麦冬草丛中，尚未受到人为干扰。

解半夏中毒的故事

宋代时，有个判官忽得喉痈病，痛得吃不下，睡不着，请了多位医生开药不见好，判官的儿子听说有个老中医医道高，就去请他来治。医生看了病情之后说，这病必须吃一斤生姜才可治好。儿子将医生的话告知父亲，于是判官决定试吃，等吃了半斤生姜后，疼痛明显减轻了，等吃满一斤生姜时，喉部疼痛完全好了。这位判官亲自问老中医，为什么吃生姜能治好他的喉痛？医生笑着说："听说你做官时喜食鹧鸪肉，这鹧鸪平时常啄食生半夏，有半夏的毒性，那你吃鹧鸪肉不就会中毒，使喉部生疮疼痛了嘛。现在吃了生姜，生姜可以解半夏的毒，病就好了。以后还是不要吃鹧鸪肉了。"

浮萍科

Lemnaceae

浮萍

萍水相逢的浮萍

在燕园北部的水域，常可见到漂浮水面的浮萍，植株个体极小，近圆形，形成一片盖满水面。

特征

浮萍属于浮萍科浮萍属，拉丁名为 *Lemna minor* L.。植物体呈叶状体，两面平光，绿色，圆形、倒卵形或倒卵状椭圆形，全缘，有 3 脉，背面有一垂生的丝状根，白色，有根冠，钝头形；叶状体基部两侧有囊，新叶状体在囊内形成后浮出，以极短细柄与母体相连，后即脱落。花单性，雌雄同株，佛焰苞膜质，二唇形，每花序有雄花 2，雌花 1。雄花有 2 雄蕊，花丝细，花药 2 室；子房 1 室，胚珠单生。果实近陀螺状，无翅；种子有凸出的胚乳和不规则脉纹。

花期 7 ～ 8 月，果期 9 ～ 10 月。

分布于南北各省区，多生水塘内。北京水域多见。

巧识 ⊙

看水面漂着的无数小圆形的绿色漂浮物，往往形成大片，捞起一看，每个小漂浮物下，有一直立细根，即知为浮萍。

用途 ⊙

猪和鸭喜食浮萍。

全草入药，有发汗、利水和消肿之功效。

鸭跖草科

Commelinaceae

鸭跖草

鸭跖草总苞对折卵形

校园湿润的地方，如未名湖边、池塘边，可偶见鸭跖草。它是一种小草，开花时最显眼的特征是，一个边缘对合折叠样的总苞内，常出 2 朵花，花瓣 3 枚，其中 2 枚较大，近圆形，蓝色。

特征 ◉

鸭跖草属于鸭跖草科鸭跖草属，拉丁名为 *Commelina communis* L.。一年生草本，茎分枝多，基部枝匍匐形，于节上生根。单叶互生，披针形至卵状披针形，长 4 ～ 9 厘米，宽 1.5 ～ 2 厘米；叶几无柄，有短叶鞘，膜质，白色。佛焰苞（即总苞片）有柄，心状卵形，长达 2 厘米，边缘对合折叠，不相连，有毛。花蓝色，萼片 3，薄膜质，内侧 2 个基部相连，花瓣 3，离生；侧生 2 个较大，有爪，近圆形，蓝色。雄蕊3，另2～3个雄蕊发育不全，呈4药室状，黄色，子房2室，每室2胚珠。蒴果2室，每室2种子，种子暗褐色，有皱纹。花、果期6～10月。

分布于全国，北京多见。

巧识◉

草本。注意其叶基有短叶鞘，花常2朵伸出于一心状卵形对折样的总苞内，花瓣蓝色。

用途⊙

全草可入药，有清热利水、抗病毒之功效，治流行性感冒、急性扁桃体炎、咽炎、水肿。

百合科

Liliaceae

玉簪

玉簪花被漏斗状

原化学楼西侧有个三角形区域，那里有松树和丁香等花木。近几年，在三角地北部栽上了不少玉簪。玉簪的叶子大，卵形或卵状心形，开白色的花；由于花朵大，叶也大，颇引人注目。

特征 ◉

玉簪属于百合科玉簪属，拉丁名为 *Hosta plantaginea* (Lam.) Aschers.。多年生草本，有根状茎。叶大，基生，无毛，有长叶柄；叶片卵形、心状卵形至卵圆形，先端短渐尖，基部心形，边缘呈波状，叶脉 6 ～ 10 对。花莛高 40 ～ 80 厘米，花序总状，外苞片卵形或披针形，内苞片小；花白色有香气，花被漏斗状，上部 6 裂，裂片开展；雄蕊 6，稍外伸；子房 3 室，每室多胚珠。蒴果近圆柱形，有棱，室背开裂，种子黑色，边缘有翅。花期 6 ～ 8 月，果期 8 ～ 10 月。

分布于全国各地，公园多栽培。北京多见。

巧识⊙

注意它的叶基生，叶片大，卵状心形，有 4 ～ 10 对脉，边全缘，波状。花较大，白色，花被 6 裂，雄蕊 4。蒴果圆柱状，有 3 棱。

用途⊙

为公园观赏花卉，多栽于北面墙下或阴凉处。

根和叶有清热解毒的作用，花有清咽、利尿和通经之功效。

玉簪诗

古诗有云："玉簪香好在，墙角几枝开。"

古代诗人喜欢玉簪的清淡素雅，甚至编出神话故事来赞美它，宋代黄庭坚的《玉簪》诗可为代表："宴罢瑶池阿母家，嫩琼飞上紫云车。玉簪落地无人拾，化作江南第一花。"诗中瑶池阿母指神话中居住在瑶池的西王母，瑶池据传说在昆仑山上。嫩琼指年轻的美女，意指玉簪是瑶池仙子宴罢醉中落下的簪子掉入人间化作的一枝花。古代女子多采玉簪花送情人，以表示坚贞的爱情。

凤尾丝兰

凤尾丝兰叶硬有刺尖

凤尾丝兰在北大校园东门内南侧草地有多株。这种植物是常绿小乔木，因为它有个木质主干，有时还有分枝；在原产地北美可能高得多。叶片像剑形，光滑而硬，手不敢近。

特征

凤尾丝兰属于百合科丝兰属，拉丁名为 *Yucca gloriosa* L.。长绿小乔木，有时有分枝，主干直立，高 1 米以上。叶片倒剑形，硬质，多集生于主干上部，长 40 ～ 60 厘米，宽 5 ～ 6 厘米，先端有硬刺尖，无毛，有白粉；幼时有疏离的齿，老时叶缘略有纤维丝。圆锥花序顶生，花白色，下垂花冠近钟形，下垂花被片 6，离生；雄蕊6，短于花被片；花柱短，柱头3裂；子房近长圆形，3室。蒴果下垂，长圆卵形，不开裂。种子多，扁平，黑色。花期4～9月，果期8～10月。

原产于北美洲，我国有引种栽培。

巧识

小乔木，主干直立，叶丛生，剑形，硬质，顶有刺尖。花序顶生，多花，花钟形下垂，乳白色，花被片6个。蒴果。

用途

栽于庭院，为美丽的观赏植物，其株形、花朵与其他植物不同，叶也很特殊。

山麦冬

山麦冬叶条形、小花淡蓝紫色

校园内许多草地，如哲学楼西南侧草地上，有山麦冬成片生长。由于是人工栽种的纯草皮种，所以生长得好。

特征

山麦冬属于百合科山麦冬属，拉丁名为 *Liriope spicata* (Thunb.) Lour.。多年生草本，根稍粗，有时分枝多，近末端膨大成肉质状。根状茎短，木质，有地下横生茎。叶片狭长，丛生，长 15 ～ 60 厘米，宽 2 ～ 8 毫米，叶边缘有细齿。花莛 6 ～ 20 厘米，长于叶或与叶等长；花略疏生；苞片披针形，干膜质；花柄有关节，位于中部以上。花两性，花被片 6，长圆形或长圆状披针形，深紫色或淡蓝色；雄蕊 6，生花被片基部；花药狭长圆形，长约 2 毫米；子房上位，近球形，3室，每室2胚珠；花柱长2毫米，三棱柱形，柱头小，3浅裂。果实浆果状，球形，果成熟后暗蓝色。种子近球形。花期5～8月，果期8～10月。

原产自我国。北京公园有栽培。

巧识 ⊙

应注意植物体无地上匍匐茎。子房上位，花柄直立，因此花不下垂；花药钝头，不尖锐。叶片狭长，丛生。

用途 ⊙

为公园草坪重要草种，也可作盆景，供观赏。

块根入药，有滋阴生津、润肺止咳的作用。

山麦冬、吉祥草和沿阶草的区别

山麦冬、吉祥草和沿阶草的叶均狭长，样子相像，它们都属于百合科，但为不同属。

吉祥草属（*Reineckia*）有地上的匍匐茎，叶较宽短，花莛低矮，花穗短，花被筒状，先端反卷。

山麦冬属（*Liriope*）无地上匍匐茎，花被片顶端不反卷，子房上位，花柄直立，故花不下垂，花药钝头。

沿阶草属（*Ophiopogon*）子房半下位，无地上匍匐茎，花柄弯曲，故花下垂，花药锐头。

鸢尾科

Iridaceae

鸢尾

鸢尾叶剑形

校园内人工栽植的鸢尾很多，在未名湖边或老化学楼西侧以及静园等地，都可以见到。一看它那剑形的叶子就认识了。

特征 ◉

鸢尾属于鸢尾科鸢尾属，拉丁名为 *Iris tectorum* Maxim.。多年生草本，有短根状茎，较粗。叶剑形，宽约 2 厘米，与花茎约等长。花茎高 30 ～ 45 厘米，佛焰苞倒卵状椭圆形，长达 7 厘米。花蓝紫色，花被片 6，分两轮；外轮较大，倒卵形，上面的中央有鸡冠状突起，有深色网纹，有白色须毛；内轮花被片倒卵形，有短爪。雄蕊 3，生外轮花被片基部；子房下位，3 室，每室多个胚珠；花柱 3，分枝，且扩大成花瓣状，反折盖住花药，分枝顶 2 裂。蒴果长圆形，有 6 棱。种子多粒，球形或圆锥状，深棕褐色，有假种皮。花期 4 ～ 6 月，果期 5 ～ 7 月。

原产自我国中部地区，北京多栽培。

巧识 ⊙

看其叶片为剑形，宽 2 厘米以上，即知为鸢尾。开花时可看其花柱 3 分枝，每枝 2 分叉，且较宽，呈花瓣状，蓝色；再看雄蕊为 3 枚，不是 6 枚，即可肯定为鸢尾。

用途 ⊙

公园观赏花卉，叶形特殊，花形也特殊。

根状茎可入药，有活血去瘀、祛风利湿、解毒消积的作用，治跌打损伤、风湿疼痛和咽喉肿痛。

近缘种：马蔺叶狭条形

马蔺（*Iris lactea* Pall. var. *chinensis* (Fisch) Koidz.）与上种不同处：本种叶狭条形，直立。花较小，淡蓝紫色；外轮花被片弯而下垂，内轮花被片小而直立；子房狭长。蒴果细长，圆柱形。

分布于河北至西北多省区，华东各省也有。北京多有栽培，北大校园近年也有栽培。

本种叶纤维强韧，可代替麻用来捆物或为造纸原料。

黄花鸢尾高达 2 米

黄花鸢尾（*Iris pseudacorus* L.）为多年生草本，根状茎粗壮，基生叶灰绿色，宽剑形，花茎粗壮，高 1 ～ 2 米，上部分枝，茎生叶比基生叶短、窄。花鲜黄色，径达 10 厘米，花被片 6，排列成 2 轮，雄蕊 3，花柱 3 分枝，每枝上部 2 分叉，淡黄色。蒴果有三棱，种子多个。花期 5 ～ 6 月，果期 6 ～ 8 月。

原产自欧洲，我国有引种栽培。北大校园未名湖西岸的小石桥之西有一小水沟，那里栽了多丛黄花鸢尾，生长很好。

黄花鸢尾与鸢尾最明显的区别是花黄色，植株比鸢尾高很多。叶片有点像菖蒲，故又名“黄菖蒲”，但从花的形态结构来说仍属鸢尾属，故以黄花鸢尾为正名。

本书摄影图片由刘华杰、刘冰、阿蒙、余天一、马二提供。

手写稿录入工作得到以下人员协助（按姓氏音序排列）：蔡珩瑜、陈慧、陈敏、冯倩丽、黄今、黄小桐、雷杜兰、林泽宇、刘浩、骆佳伟、倪瑞锋、仇艳、单德民、肖丽、许多林、张思怡、赵昌丽。特此致谢。